Werner Oswald

Mercedes-Benz Personenwagen 1945–1985

– Band 2 –

Werner Oswald

Band 2

Mercedes-Benz 1945–1985

Personenwagen

Motor
buch
Verlag

Redaktion und Umbruch: Werner Oswald

Bilder-Nachweis: Archiv Daimer-Benz AG (819), Archiv Werner Oswald (394), Bunte Illustrierte/Lehmann (4), Archiv Rupert Stuhlemmer (4), Foto Joachim Wölfer (4), Deutsches Museum (3), Zeichnung Görlitz (3), Foto Engelbert Männer (3), Archiv Klaus Benter (2), Jürgen Pönisch (2), Verkehrsmuseum Dresden (1), Technisches Museum Wien (1), Foto Dieter Jokisch (1), Foto Reinhardt Lintelmann (1), Sammlung Erich Schlie † (1), Foto Hans-Peter Seufert (1), Privatfoto Hans Thudt (1)

Redaktionell abgeschlossen nach dem Stand vom 30. Juni 1986.

Einbandgestaltung: Katja Draenert

ISBN 3-613-02168-04

2. Auflage 2004

Ein Unternehmen der Paul Pietsch Verlage GmbH + Co.

Sie finden uns im Internet unter
www.motorbuch-verlag.de

Lektorat: Joachim Kuch
Druck und Bindung: Fotolito LONGO, Bozen
Printed in Italy.

Inhaltsverzeichnis

Liebe Leser,

über Automobile der Marke Mercedes-Benz gibt es eine Menge Bücher verschiedenster Art, aber bezeichnenderweise vor dieser Dokumentation noch keine komplette Übersicht aller Typen samt deren wesentlichen Daten. Eine regelrechte Typologie sämtlicher in der nunmehr hundertjährigen Geschichte der Daimler-Benz AG. und ihrer beiden Ursprungsfirmen auf den Markt gekommenen (oder auch nicht auf den Markt gekommenen) Personen- und Lieferwagen zu erstellen wurde zwar schon versucht, aber bis dahin nie zu einem brauchbaren Ergebnis gebracht. Es ist ja auch die reinste Sysiphus-Arbeit, die keineswegs nur Fleiß und Geduld erfordert, sondern auch viel einschlägiges Wissen. Denn wer sich allein auf die »Aktenlage« stützt bleibt von vornherein zum Untergang mit fliegenden Fahnen verurteilt. Selbst auf das schier unerschöpfliche Archiv der Daimler-Benz AG. darf man sich kaum unbesehen verlassen, und Lücken hat es ohnehin, was die bis zur Fusion der Ursprungsfirmen gebauten Automobile anbelangt. Das hat im wesentlichen zwei Gründe. Erstens sah man in der Anfangszeit der Motorisierung keinen Anlaß, alle speziellen und individuellen Ausführungen, die man damals in Handarbeit und oft nur in wenigen Exemplaren oder gar in Einzelanfertigung hergestellt wurden, genau mit Daten und Zahlen zu registrieren. Zweitens bieten Prospekte und andere Drucksachen ebenso wie die damaligen Pressebericht bis in die 20er Jahre hinein zwar manchmal interessante technische Beschreibungen, aber fast niemals genaue Spezifikationen. Solche dienten anscheinend nur der unmittelbaren Produktion, galten darüber hinaus aber wohl als uninteressant. So kommt es, daß die vorliegende Typologie nicht nur Schwachstellen sondern gewiß auch nahezu unvermeidbare Fehler aufweist. Oft genug nämlich befinden sich in den dürftigen Quellen der Frühzeit Widersprüche, die unvereinbar bleiben, so daß man sich notgedrungen nach bestem Wissen und Gewissen für jene Angabe entscheidet, die am ehesten richtig erscheint. Aber da kann man sich auch gewaltig täuschen, weshalb Unstimmigkeiten zuweilen geradezu vorprogrammiert sind. Leider!

Immerhin haben intensive Nachforschungen im Archiv der Daimler-Benz AG. und an anderen Stellen dazu geführt, daß einige wichtige Dinge ans Tageslicht kamen, die offenbar bisher ganz oder fast ganz in Vergessenheit geraten waren. Insbesondere freut sich der Verfasser, in diesem Buch neben vielen mehr oder weniger bekannten Fotos auch eine stattliche Zahl bisher völlig unbekannter oder vermeintlich nicht mehr vorhandener Fotos zeigen zu können. Einige davon darf man getrost als Sensation bezeichnen. Vor allem wird mit der vorliegenden Dokumentation ein Wissensstand erreicht, der alle bisher vorhandenen Bücher zum gleichen Thema ihrer Aktualität entkleidet.

Schließlich darf der Verfasser für sich in Anspruch nehmen, mit diesem Buch die Typengeschichte der ältesten Automobilfabrik beziehungsweise der beiden ältesten Automobilfabriken der Welt nachhaltig aufzuhellen, zu klären, durchsichtiger zu machen. Gewiß wird es anhand der Ergebnisse dieser Grundlagenforschung hier und da gelingen, weitere oder präzisere Daten zu ermitteln, was aber der Verfasser nicht etwa bedauern, sondern mit ehrlicher Freude zur Kenntnis nehmen sird. Denn allein entscheidend für ihn ist und bleibt die möglichst genaue Darstellung der automobilgeschichtlichen Tatsachen, Ereignisse und Zusammenhänge.

In diesem Bemühen sah sich der Verfasser von den Mitarbeitern des Archivs der Daimler-Benz AG. in höchst erfreulicher und angenehmer Weise unterstützt. Veranlaßt und gefördert hat das als zuständiger Abteilungleiter Direktor Max-Gerrit von Pein, dem hierfür aufrichtig gedankt sei. Mit unermüdlicher Hilfsbereitschaft haben dann vor allem Herr Karnowski, Frau Francke-Neu, Herr Rau, Herr Koller und Fräulein Bubeck zum Gelingen des Werkes beigetragen. Viel Aufgeschlossenheit und verständnisvolle Unterstützung für seine Arbeit fand der Verfasser ferner bei seinem alten Freund und Kollegen Günther Molter, der als Abteilungsdirektor den Fachbereich Presse und Information der Daimler-Benz AG. leitet.

Die Arbeit an diesem Buch hat dem Verfasser unendlich viel Freude bereitet. Wenigstens ein bißchen was davon dem geneigten Leser zu vermitteln, möchte er wünschen und hoffen.

Ing. Werner Oswald
Postfach 126
8024 Deisenhofen

Daimler-Benz und die Mercedes-Benz Personenwagen von 1945 bis 1985

Die Zerstörungen, Schäden und Folgen des zweiten Weltkriegs hatten die einzelnen Werke der Daimler-Benz AG. unterschiedlich betroffen. Total ausgefallen war das Werk Berlin-Marienfelde, weshalb dort erst im Sommer 1950, über fünf Jahre nach dem Ende des Krieges, der Motorenbau wieder aufgenommen werden konnte. Als unwiederbringliche Verluste mußte man jene während des Krieges eingerichteten Produktionsbetriebe hinnehmen, die nunmehr in der russischen Besatzungszone lagen und der Enteignung anheimfielen. Einer davon, nämlich das Werk Ludwigsfelde, wurde seitdem im Rahmen des staatlichen IFA-Konzerns zur wichtigsten Lastwagenfabrik der DDR ausgebaut. Man fertigt dort den Fünftonner-Lastwagen IFA W 50. Nur geringe Schäden hatten die Werke Mannheim und Gaggenau erlitten, die beide schon bald nach der Kapitulation mit der Herstellung ihrer Lastwagen weitermachen konnten. Die Verwüstungen in Untertürkheim und Sindelfingen veranschlagte man auf 60 Prozent, doch immerhin konnte bereits im Mai 1946 die Produktion des Typs 170 V fortgesetzt werden. Die Belegschaft der beiden Stuttgarter Betriebe war zu jener Zeit etwa halb so groß wie im Jahr 1938.

Obwohl der Neu- und Wiederaufbau der einzelnen Werke recht zügig erfolgte, konnte zunächst die Produktion nur zaghaft anlaufen und auf bescheidenem Niveau mühsam durchgezogen werden. Ursache hierfür war vordergründig der scheinbare Rohstoffmangel, tatsächlich aber war es vor allem die Zwangsbewirtschaftung mit dem schrecklichen Wust von Kontingenten, Bezugsscheinen und Stop-Preisen. Schwarzmarkt und Schwarzarbeit standen in höchster Blüte.

Den für die gesamte Wirtschaft entscheidenden Anstoß und Fortschritt brachte schlagartig Ende Juni 1948 die Währungsreform, die einzige große, die wichtigste und erfolgreichste Reform, die seit 1945 bis heute in Deutschland stattfand. Die Einführung einer kaufkräftigen Währung beseitigte von einem Tag auf den anderen den Mangel an qualifizierten Fachkräften und der bei der Industrie bis auf 25 Prozent gestiegene Krankenstand ging sofort auf ein normales Maß von drei bis vier Prozent zurück. Vor allem aber waren ganz plötzlich Eisen, Stahl und anderes Material wieder in jeder Menge verfügbar. Die Belebung der Wirtschaft setzte derart stürmisch ein, daß beispielsweise die Automobilfabriken nur wenige Wochen nach der Währungsreform Lieferzeiten von zwölf Monaten und mehr in Anspruch nehmen mußten. Es kam so weit, daß ab 1951 zeitweise tatsächlich Material- und Versorgungsschwierigkeiten entstanden, von denen freilich der Bürger im einzelnen kaum jemals etwas spürte.

Auch bei Daimler-Benz wußte man das durch die Währungsreform eingeleitete »Wirtschaftswunder« bestmöglich zu nutzen. Die Produktionszahlen wuchsen so rapid, daß nach nur zehn Jahren alle in den vorhandenen Betriebsstätten verfügbaren Kapazitäten voll und ganz ausgeschöpft waren. Wer sie miterlebt hat, wird gern an diese gewiß hektische, aber dennoch schöne Zeit zurückdenken. Es wurde hart und viel gearbeitet, aber man tat es gern und war zufrieden. Denn es ging aufwärts, und die Leute wußten damals noch, wie gut sie es hatten, besser als jemals zuvor. Volksverhetzer und Klassenkampfprediger konnten in diesen Aufbaujahren kaum mit Erfolgen rechnen.

Im Aufsichtsrat der Daimler-Benz AG. fanden entscheidende Neubesetzungen statt. Zum 1. Juli 1955 wurden Hermann J. Abs als Vorsitzender sowie Friedrich Flick und Herbert Quandt als dessen Stellvertreter hinzugewählt. Vor dem zweiten Weltkrieg hatte es keine

Person oder Gesellschaft mehr gegeben, die einen größeren Anteil am Geschäftskapital der Firma besaß. Wohl vertrat die Deutsche Bank über Depotstimmen damals zeitweise bis zu 40 Prozent der Aktien, doch dessen ungeachtet war Daimler-Benz eine reine Publikumsgesellschaft. Nun aber gehörten bereits seit 1951 der Industriellen-Familie Quandt 14 Prozent der Aktien, gekauft noch zu einem für heutige Begriffe lächerlich billigen Preis. Als weiterer Großaktionär trat aber vor allem Dr. Friedrich Flick auf, der 1955 mit 18 Prozent und wenige Jahre später schon mit bis zu 40 Prozent am Aktienkapital teilhatte. Das fortdauernde Aufstocken dieses Besitzes trieb den Kurs der Daimler-Aktie in traumhafte Höhen. Im August 1960 betrug er das Sechzigfache des Nennwertes! Drei der insgesamt zehn Aktionärsitze im Aufsichtsrat von Daimler hielten schließlich Flick und seine Leute besetzt.

Der Konzernherr übte aber nicht nur bei Daimler-Benz, sondern auch bei der damaligen Auto-Union GmbH. bestimmenden Einfluß aus. Als deren DKW-Automobile an Beliebtheit verloren und zunehmend Verluste einbrachten, verlangte und erreichte Flick, daß Daimler-Benz per 1. Januar 1959 die Auto-Union übernahm. Deren Produktion konzentrierten die Stuttgarter 1961 im Werk Ingolstadt und verlegten 1962 in das freigewordene Werk Düsseldorf die Herstellung der eigenen Transporter-Baureihe, die, erst im September 1955 auf den Markt gebracht, so rasch anwuchs, daß Untertürkheim und Sindelfingen dringend davon entlastet werden mußten. Nachdem das DKW-Geschäft trotz neuer Typen und rationalisierter Fertigung weiterhin nur schleppend lief, leitete Daimler mittels eines bereits vorhandenen, ursprünglich für einen ganz anderen Zweck vorgesehenen Motors sowie durch die Abstellung einiger hervorragender Konstrukteure den Übergang vom aussichtslos gewordenen DKW-Zweitakter zum erfolgversprechenden Audi-Viertakter ein. Noch vor Abschluß dieser Prozedur freilich verkaufte Daimler Anfang 1965 die ungeliebte Tochter Auto-Union an den Volkswagen-Konzern, behielt dabei aber deren Auslandsbeteiligungen sowie vor allem das Werk Düsseldorf. Nur ungern hatte sich Daimler einstmals auf die von Flick gewünschte Übernahme der Auto-Union eingelassen, doch unter dem Strich wurde das Zwischenspiel zu einem glänzenden Geschäft!

Der Erlös aus dem Verkauf der Auto-Union wurde für die 1962 begonnene Errichtung des neuen, gegenüber Karlsruhe gelegenen Lastwagenwerks Wörth am Rhein mitverwendet. In dieser riesigen Anlage fand hinfort die Endmontage aller leichten, mittleren und schweren Lastwagen statt. Was sich im Personenwagenbau schon seit Jahren bewährt hatte, wurde damit auch im Lastwagenbereich eingeführt, nämlich die Trennung der Aggregate-Fertigung von der Montage. Die so erreichte Großserienfabrikation brachte Kostenvorteile und ermöglichte darüber hinaus die raschere Anpassung an wechselnde Bedürfnisse des Marktes. Weil allerdings das Lastwagengeschäft im Inland schon damals kaum noch Zuwachs erhoffen ließ, mußte die Mehrproduktion künftig im nicht minder schwierigen Export untergebracht werden. Daß und wie dies gelang, ist ein Schulbeispiel für die erfolgreiche Arbeit eines freien Privatunternehmens. Jedenfalls handelt es sich beim Lastwagenwerk Wörth um die wichtigste Investition der Daimler-Benz AG. seit 1945 bis heute.

Die Ertragskraft und Gesundheit der Gesellschaft erlaubte es, daß außerdem 1965 die Maschinenfabrik Esslingen erworben und in den Fertigungsbereich des Stammwerks Untertürkheim einbezogen werden konnte. Überdies hatte man zuvor bereits mehrere kleinere Betriebe vereinnahmt, so 1960 die Horex-Motorradfabrik in Bad Homburg, eine Baumwollspinnerei bei Esslingen und einen Hallenkomplex in Hedelfingen. 1968 kaufte Daimler die Mehrheit der Ernst Heinkel AG. und damit hauptsächlich deren Betrieb in Stuttgart-Zuffenhausen.

Auch für eine kräftige Ausweitung der Motorenherstellung, soweit sie nicht zum Automobilbau gehörte, wurde bei der Daimler-Benz AG. gesorgt. 1960 erfolgte die Beteiligung und 1966 die mehrheitliche Übernahme der Firma Maybach in Friedrichshafen. Alle Großmotoren wurden von da an am Bodensee gefertigt, wozu Daimler auch das frühere Dornier-Gelände in Manzell aufgekauft hatte. Die neue Firmengruppe wiederum betrieb mit der Gründung der Motoren- und Turbinen-Union (MTU) die Zusammenarbeit mit der MAN auf dem Gebiet der Flugzeug-Gasturbinen und der Hochleistungs-Dieselmotoren. An der MTU-München waren Daimler-Benz und MAN je zur Hälfte beteiligt, ehe sie im März 1985 von den Stuttgartern zu 100 % übernommen wurde. Bei der MTU-Friedrichshafen verblieben 16 % des Kapitals bei den Familien Maybach und Zeppelin.

Der größte Zukauf schließlich fand Anfang 1968 statt, als Daimler-Benz von den Rheinischen Stahlwerken (Rheinstahl) die Lastwagenfabriken Hanomag und Henschel übernehmen konnte. Sie wurden ab Frühjahr 1970 in Hanomag-Henschel-Fahrzeugwerke GmbH (HHF) umbenannt und als sogenannter »zweiter Vertriebsweg« weitergeführt. Doch schon 1974 verschwanden die alten Marken und ab Jahresende 1977 gehörten die Werke Bremen, Harburg und Kassel auch dem Namen nach zur Daimler-Benz AG. Das einstige Kasseler Henschel-Lastwagenwerk stellt heute Achsen für alle Nutzfahrzeuge des Konzerns her und montierte jahrelang die schweren Hauben-Lastwagen für den Export. Das frühere Tempo-Werk in Hamburg-Harburg produziert Fahrzeuggestelle und Gelenkwellen. Das Werk Bremen-Sebaldsbrück, 1938 hochmodern errichtet und nach dem Krieg wiederaufgebaut, war einstmals Stolz und Mittelpunkt der Firma Borgward. Nach deren Pleite übernahm Hanomag 1961 die Anlagen und verlegte dorthin die eigene Lastwagenproduktion. 1965 kaufte die nunmehrige Rheinstahl-Hanomag AG. das Tempo-Werk in Hamburg-Harburg und überführte dessen Kleintransporter-Fertigung ebenfalls nach Bremen. Als das Werk schließlich in den Besitz der Daimler-Benz AG. überging, stellte diese den Bau der Hanomag-Lastwagen ein, ließ aber zunächst die Kleintransporter unter dem eigenen Markenzeichen weiterlaufen, weil solche Fahrzeuge im seitherigen Lieferprogramm sowieso noch fehlten. Im Mai 1977 brachte Daimler dann eine völlig neue Reihe leichter Transporter eigener Konstruktion auf den Markt. Auch deren Herstellung erfolgte zunächst in Bremen, aber sie wurde etappenweise bis Mitte 1984 in das Werk Düsseldorf verlegt. Bremen nämlich ist neben Stuttgart als zweiter Schwerpunkt für den Personenwagenbau vorgesehen. Schon seit 1978 läuft dort die T-Reihe, also der von der mittelgroßen Limousine abgeleitete Kombi. 1979 lieferte Bremen bereits 30 000 Wagen dieser Ausführung, außerdem damals noch 50 000 Leichttransporter. Als Hauptaufgabe für Bremen aber ist die Großserienproduktion des kompakten Typs 190 geplant. Die erforderlichen Ausbaumaßnahmen wurden eine Zeitlang durch Bürgerinitiativen blockiert, für die jedoch der Umweltschutz offenbar mehr einen Vorwand als ein Anliegen bedeutet. Das führte dazu, daß die Produktion des völlig neuen Typs 190 Ende 1982 zunächst in Stuttgart anlief und nun wohl auch zum Teil dort verbleiben wird.

Überraschung in der Öffentlichkeit und viel Kritik löste Ende 1974 die sensationelle Nachricht aus, daß die Erben des im Jahr 1967 mit seinem Flugzeug tödlich abgestürzten Harald Quandt ihre 14 Prozent Anteile am Kapital der Daimler-Benz AG. dem Ölscheichtum Kuwait überlassen hatten. Der Wert des Pakets (nominell 165 Millionen DM) betrug etwa 1 Milliarde = 1000 Millionen DM. Notwendig geworden war der Verkauf zwecks Regelung der Erbschaftssteuern, wobei vorher jahrelange Angebote des Paketes an deutsche Großanleger wegen des zu hohen Preises scheiterten. Die Verwaltung des nunmehrigen Kuwait-Besitzes verblieb jedoch in Deutschland, nämlich bei der Dresdner Bank. Das eröffnete insofern einen beachtenswerten Aspekt, als bis dahin außer der Deutschen Bank keine andere Großbank bei Daimler engagiert war. Längst freilich bietet die Teilhabe der Araber an dem renommierten deutschen Unternehmen keinen Grund mehr zur Aufregung, nachdem sich in der zwischenzeitlichen Praxis die damalige Erklärung bestätigt hat, daß keineswegs eine unternehmerische Betätigung, sondern lediglich die Vermögensanlage angestrebt sei.

Freilich verschwand die Quandt-Kuwait-Geschichte hauptsächlich deshalb so rasch aus den Schlagzeilen, weil sich das interessierte Publikum nur sechs Wochen später mit einem viel dickeren Hund konfrontiert sah. Mitte Januar 1975 verkaufte der Flick-Konzern 29 Prozent der Anteile an Daimler-Benz für knapp zwei Milliarden DM an die Deutsche Bank, die damit vorübergehend 57,5 Prozent des Aktienkapitals hielt. Zehn Prozent verblieben bei Flick. Man vermutete, daß ähnlich wie im Fall Quandt auch hier Auseinandersetzungen unter den Erben des im Sommer 1972 verstorbenen Konzern-

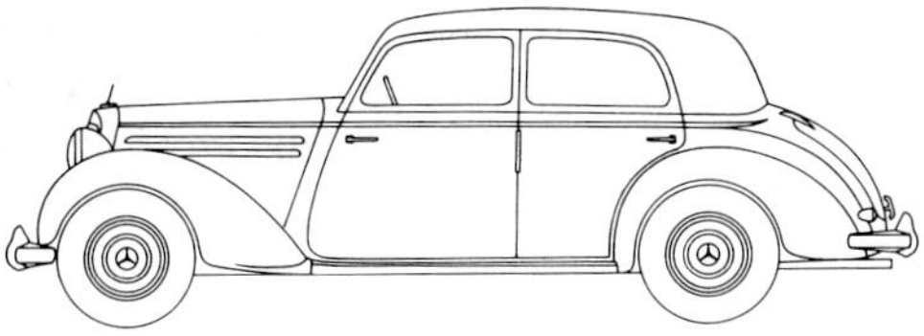

Mercedes-Benz Typ 170 S Limousine 1949

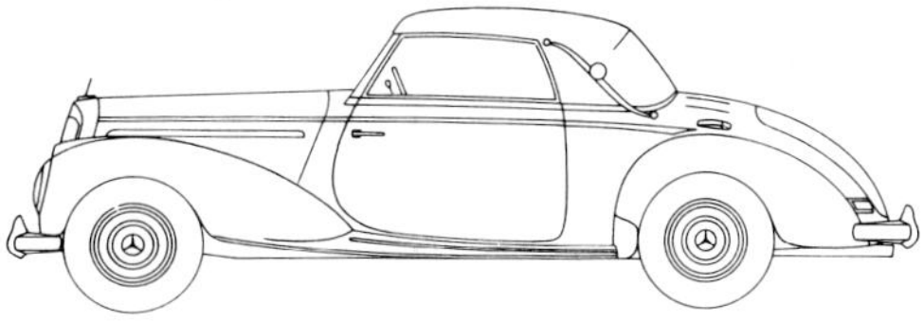

Mercedes-Benz Typ 220 Cabriolet A 1951

Mercedes-Benz Typ 300 Limousine 1951

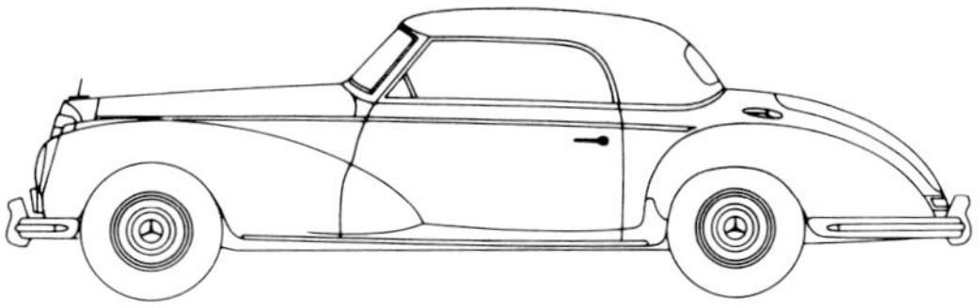

Mercedes-Benz Typ 300 S Coupé 1952

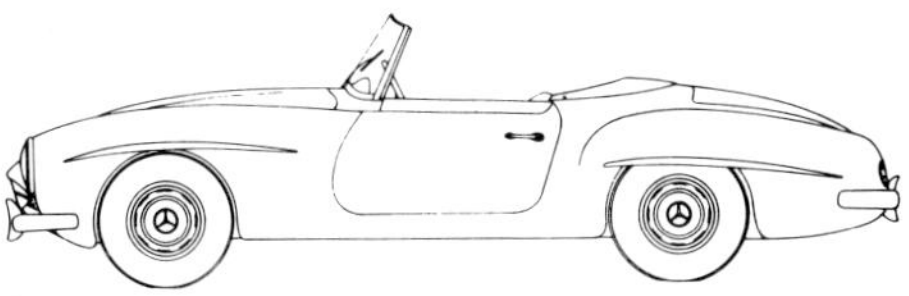

Mercedes-Benz Typ 190 SL Roadster 1955

Mercedes-Benz Typ 300 SL Coupé 1954

Mercedes-Benz Typ 180/180 D Limousine 1953

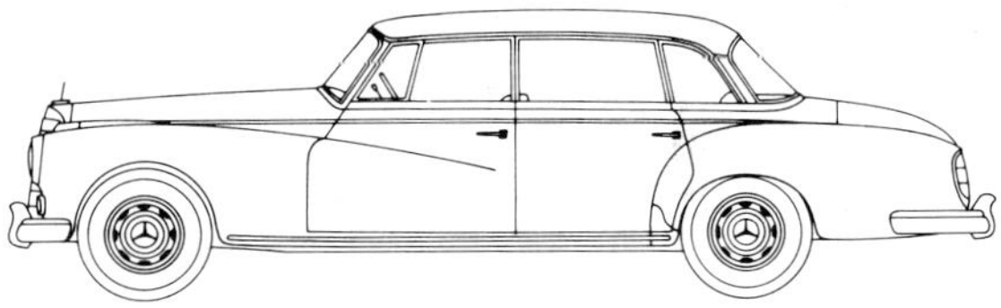

Mercedes-Benz Typ 300 d Limousine 1957

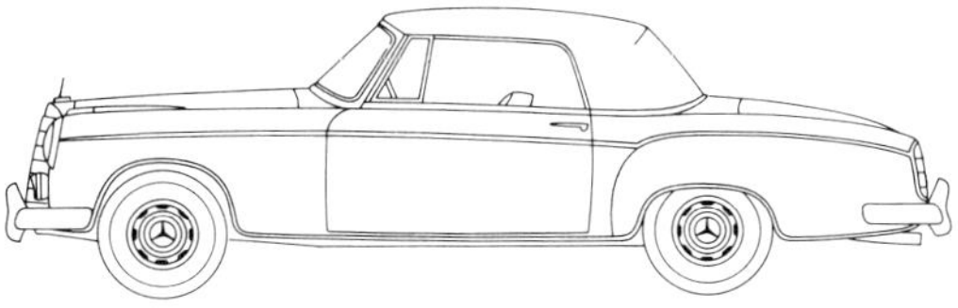

Mercedes-Benz Typ 220 SE Coupé 1958

Mercedes-Benz Typ 220 S Limousine 1959

Mercedes-Benz Typ 190 c Limousine 1961

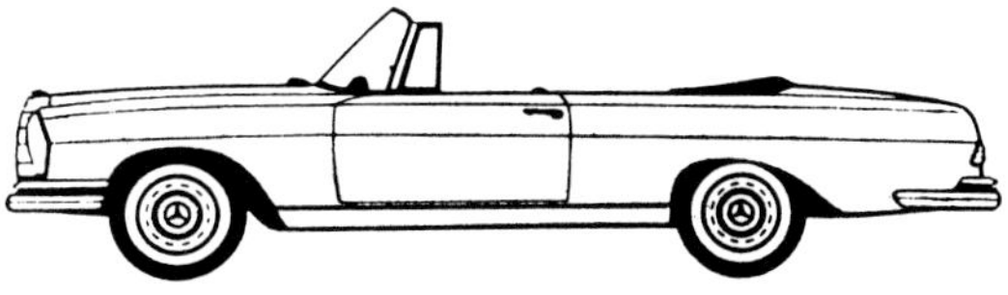

Mercedes-Benz Typ 220 SE Cabriolet 1961

gründers Dr. Friedrich Flick zur Notwendigkeit des Verkaufs führten. Nachdem sich aber bald herausgestellt hatte, daß von Liquiditätsschwierigkeiten überhaupt keine Rede sein konnte, lag das Motiv für den Verkauf vermutlich ganz einfach darin, daß man noch rechtzeitig Kasse machen wollte. Die zu jener Zeit von sozialistischen Systemveränderern heftig geschürte Autoverteufelung erweckte in der Tat den Eindruck, als ob die Automobilindustrie am Ende der Fahnenstange angelangt sei. Nachdem es erfreulicherweise doch anders kam, weil sich Verstand und Leistung gegen eine wirtschaftsschädliche Ideologie durchzusetzen vermochten, hätte sich rückblickend das Haus Flick den Aktienverkauf samt den Problemen der Wiederanlage, der Versteuerung und den bis heute fortdauernden Aufregungen wohl ganz gewiß erspart. Die Fehlspekulationen und Kunstfehler, die da in unschuldiger Naivität passierten, wären zu Zeiten des Vaters Flick unvorstellbar gewesen.

Der Deutschen Bank und ihrem damaligen Vorstandsvorsitzenden Franz Heinrich Ulrich, der seit 1970 als Nachfolger von Dr. Hermann J. Abs auch den Vorsitz im Aufsichtsrats von Daimler-Benz innehatte, ist es hoch anzurechnen, daß er gerade noch im letzten Augenblick das Flick-Paket »gerettet« hat. Schon war der Schah von Persien im Begriff, den gesamten 39prozentigen Kapitalanteil von Flick und dazu gegen ein stattliches Aufgeld die Beteiligung des Kuwait zu holen, um sich bei Daimler-Benz die absolute Mehrheit zu verschaffen. Die Folge wäre gewesen, daß Abgesandte des Ayatollah Khomeini längst die Geschicke der ältesten Automobilfabrik der Welt bestimmen könnten. – Ulrich war es übrigens auch, der Dr. Friedrich Karl Flick, den Sohn des genialen Konzerngründers, dazu überredete, wenigstens zehn seiner 39 Prozent Kapitalanteile zu behalten, weil andernfalls selbst für einen Riesen wie die Deutsche Bank der Brocken vielleicht doch zu groß geraten wäre.

Andererseits bestand bei der Deutschen Bank von vornherein keine Absicht, die neu hinzugekommenen Flick-Aktien selbst zu behalten. Das Institut gründete deshalb im Dezember 1975 die Mercedes Automobil Holding AG. und dieser nachgeordnet die Stern sowie die Stella Automobil-Beteiligungs-GmbH. Die Konstruktion einer doppelstöckigen Holding bezweckte durch Ausnützung des Schachtelprivilegs den Schutz vor steuerlicher Übervorteilung. Im übrigen bestand der Sinn des Unternehmens darin, die ehemaligen Flick-Aktien weit gestreut unter das Volk zu bringen. Dies gelang über Erwarten gut: Innerhalb von zwei Tagen waren die neuen Holding-Aktien glatt plaziert! – Seit 1976 verteilt sich das Grundkapital von Daimler-Benz ungefähr wie folgt: Deutsche Bank 28 Prozent, Mercedes Holding 26 Prozent, Kuweit 14 Prozent, Flick 10 Prozent, Bosch und Siemens je etwa 2 Prozent, Rest von etwa 18 Prozent im Streubesitz von schätzungsweise 60 000 freien Aktionären. Die Mercedes Holding vertritt ihrerseits etwa 50 000 Kleinaktionäre.

Im Dezember 1985 hat F.K. Flick seinen gesamten Aktienbesitz an die Deutsche Bank veräußert, die ihrerseits den damit erworbenen 10 %-Anteil an Daimler-Benz umgehend und mühelos an der Börse unterbrachte.

Seit Mitte 1985 war Daimler-Benz mit 65,5 % an der Dornier GmbH beteiligt, die 9000 Mitarbeiter zählt und hauptsächlich in der Luft- und Raumfahrt, aber auch auf anderen zukunftsträchtigen Gebieten tätig ist.

Im Februar 1986 schließlich übernahm Daimler-Benz für etwa 1,6 Milliarden DM mit 56 % die Kapitalmehrheit des Elektrokonzerns AEG. Sinn dieses Geschäfts war die Erschließung neuer Anwendungsbereiche der Hochtechnologie sowie ganz allgemein die Verbreiterung der Unternehmensbasis.

Während das Unternehmen seit der Fusion im Jahre 1926 bis zur Mitte des zweiten Weltkriegs von einem einzigen Mann, nämlich Dr. Wilhelm Kissel, souverän beherrscht, geführt und geprägt wurde, bekleidete und wollte vielleicht auch keiner seiner Nachfolger mehr eine ähnlich dominierende Position. Am ehesten hätte es wohl Dr.-Ing. Wilhelm Haspel † (Generaldirektor von 1942 bis 1952) in normalen Zeiten dem Vorgänger gleichgetan, zumal er vom Anfang seiner Laufbahn an zu den engsten Mitarbeitern Kissels gehört hatte und mit dessen Führungsstil vertraut war. Aber unter den Zwängen der sich immer mehr verschlechternden

Automobil-Produktion der Daimler-Benz AG. seit 1945 (ohne Ausland)

	Personenwagen (und davon abgeleitete Liefer-, Kranken- und Polizeiwagen)	Geländewagen (G-Reihe)	Transporter	Lastwagen	Klein-Omnibusse	Groß-Omnibusse	Unimog	MB – trac	Lastwagen-Teilesätze	Omnibus-Teilesätze
1945	–			1 037						
1946	214			2 019						
1947	1 045			2 406						
1948	5 116			4 688		82				
1949	17 417			5 517		398				
1950	33 906			6 914		1 532				
1951	42 222			11 140		1 081	1 005			
1952	36 824			13 447		1 592	3 799		980	
1953	34 975			12 279		2 173	1 753		480	
1954	48 816			13 415		2 161	2 544		974	
1955	63 683			17 997		2 296	4 727		4 648	
1956	69 601		1 037	20 200	In Zahl der »Transporter« enthalten	2 035	4 999		10 104	
1957	80 899		6 438	17 256		2 922	5 940		12 092	150
1958	99 209		9 209	17 785		3 263	5 391		20 490	1 344
1959	108 440		8 092	23 945		3 364	6 766		19 324	1 097
1960	122 684		8 209	30 412		4 153	9 450		20 400	336
1961	137 431		8 901	28 929		4 182	9 826		25 344	1 296
1962	146 393		10 140	29 882		4 196	10 514		17 868	1 286
1963	153 182		13 373	33 503		3 778	10 358		18 898	–
1964	165 532		14 609	33 805		3 451	9 596		27 723	536
1965	174 007		13 784	36 758		3 560	8 882		26 222	812
1966	191 625		13 483	41 424		4 548	9 339		40 071	1 542
1967	200 470		14 895	31 533		4 802	6 416		34 251	2 182
1968	216 284		17 297	41 960		6 035	8 368		38 961	3 326
1969	256 713		24 055	52 988	2 791	8 296	12 292		46 643	4 010
1970	280 419		25 672	65 254	4 061	9 531	12 185		28 652	3 676
1971	284 230		29 922	63 459	2 804	8 047	8 290		26 160	2 608
1972	323 878		41 072	63 070	3 698	10 997	7 393		29 204	4 472
1973	331 682		51 498	72 962	5 088	12 100	7 291	520	30 310	2 920
1974	340 006		50 782	81 548	6 605	13 726	9 044	1 100	32 594	1 414
1975	350 098		53 396	105 762	6 572	13 344	5 986	1 468	24 488	2 500
1976	370 348		71 784	98 832	7 425	12 824	7 671	2 093	20 836	5 216
1977	401 255		70 615	95 543	4 421	11 595	7 395	2 150	37 838	6 344
1978	393 203		73 814	81 777	1 657	8 210	7 302	1 998	29 240	9 919
1979	421 159	2 508	80 085	90 008	1 763	8 529	8 149	2 001	32 238	5 927
1980	429 078	6 667	83 977	99 501	1 841	9 643	8 201	1 799	8 300	9 515
1981	440 778	6 455	69 357	107 142	2 335	9 647	7 817	2 113	2 912	7 706
1982	458 345	6 566	64 473	101 446	1 466	7 925	10 497	2 703	2 200	6 882
1983	476 183	5 662	63 050	75 845	908	7 123	7 100	3 700		
1984	478 349	5 532	60 717	68 008	901	5 186	6 108	3 082		

Kriegslage und des anschließenden Wiederaufbaus hatte Dr. Haspel wenig Gelegenheit, eigenwillige Intentionen durchzusetzen. Seinem Nachfolger Heinrich Wagner † waren nur zehn Monate »Regierungszeit« beschieden. Ihm folgten Dr. Fritz Koennecke † (Generaldirektor von 1953 bis 1960) und der österreichische Baurat h. c. Walter Hitzinger † (Generaldirektor von 1961 bis 1966). Beide strebten danach, die Personenwagen aus Stuttgart rar und teuer zu halten. Lange Lieferfristen galten ihnen als Ergebnis einer klugen Geschäftspolitik.

Erst der Finanzexperte Professor Dr. jur. Joachim Zahn (Vorstandsvorsitzender von 1966 bis 1979) bracht wieder mehr Schwung in das Unternehmen. Vor allem sorgte er für einen überproportionalen Anstieg der Automobilproduktion seines Hauses. Sie betrug von 1965 bis 1978 bei den Personenwagen plus 12 % gegenüber plus 4,3 % und bei den Nutzfahrzeugen sogar plus 175 % gegenüber plus 22 % im Durchschnitt aller deutscher Hersteller. Die Absicherung des Wachstums erfolgte durch verstärkten Ausbau der Auslandsbasis, so durch die Übernahme der unternehmerischen Verantwortung bei Mercedes-Benz Argentina (1960), bei Mercedes-Benz do Brasil (1967), durch eigene Vertriebsgesellschaften in den USA (1964), Frankreich (1969), Großbritannien (1974) und für Nutzfahrzeuge in Italien (1973). Nächster Vorsitzender des Vorstands der Daimler-Benz AG. war von 1980 bis 1983 Dr. jur.

Bilanz-Entwicklung des Gesamtunternehmens (alle Zahlen: Millionen DM)

	Grund-Kapital	Inland-umsatz	Ausland-umsatz	Gesamt-umsatz	Investitionen	Jahres-überschuß	Ausschüttung
1950	72	435	67	502	41	4,6	3,6
1955	72	925	510	1 435	78	8,9	7,2
1960	270	1 444	1 027	2 471	185	131	32
1965	507	2 822	1 653	4 475	467	155	85
1970	761	6 473	5 202	11 675	967	246	141
1975	1 189	8 102	10 149	19 051	1 096	310	202
1980	1 529	13 855	17 199	31 054	2 140	1 102	297
1982	1 529	13 316	25 589	38 905	3 626	921	350
1984	1 699	14 682	28 823	43 505	3 592	1 104	356

Gerhard Prinz †, vorher Chefeinkäufer des Unternehmens und einstens Vorstandsvorsitzender von Audi-NSU. Ein früher Tod ereilte ihn im Alter von nur 55 Jahren.

Am 1. Dezember 1983 wurde Professor Dipl.-Ing. (und seit Mai 1984) Dr.-Ing. E. h. Werner Breitschwerdt zum Vorsitzenden des Vorstands gewählt. Geboren 1927 in Stuttgart, war er 1953 in die Firma eingetreten, wurde 1960 Leiter des Konstruktionsbüros für Pkw-Aufbauten, übernahm 1974 den Verantwortungsbereich Entwicklung Pkw-Aufbauten, wurde 1977 stellvertretendes und 1979 ordentliches Vorstandsmitglied, zuständig für die Forschung und Entwicklung des gesamten Unternehmens. Seine Ernennung zu dessen obersten Chef bedeutete insofern eine Überrraschung, weil bisher für diese hervorgehobene Position Persönlichkeiten mit kaufmännischer Bewährung bevorzugt worden waren.

Freilich besaß die Technik bei Daimler-Benz immer einen hohen Stellenwert, was hier die bekanntesten Namen auf dem Personenwagengebiet belegen sollen:

- Professor Dr.-Ing. E. h. Fritz Nallinger (Chefingenieur bis 1965)
- Max Wagner (Leiter der Pkw-Konstruktion bis 1951)
- Professor Dr.-Ing. Dr.-Ing. E. h. Hans Scherenberg (Leiter der Pkw-Konstruktion 1952–1956, Chefingenieur 1965–1977)
- Dipl.-Ing. Josef Müller (Leiter der Pkw-Konstruktion 1956–1967)
- Dr.-Ing. E. h. Dipl.-Ing. Rudolf Uhlenhaut (Leiter des Pkw-Versuchs bis 1972)
- Dr.-Ing. E. h. Karl Wilfert (Entwicklung Pkw-Aufbauten bis 1973)
- und schließlich Professor Breitschwerdt, Vorstandsvorsitzender bis 1987

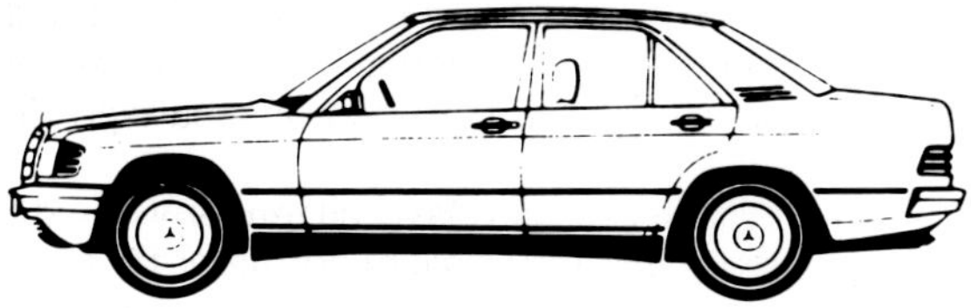

Mercedes-Benz Typ 190 (1982)

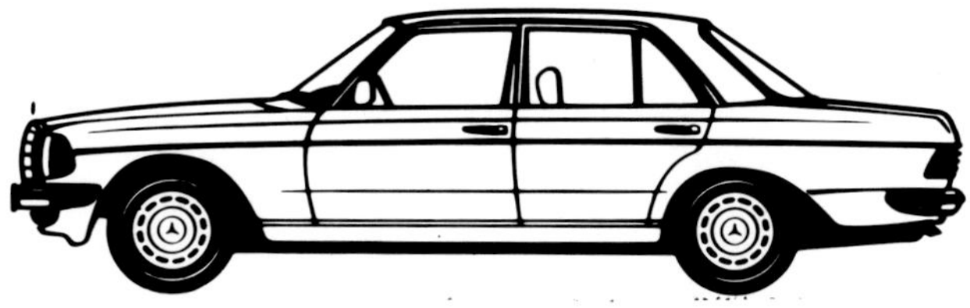

Mercedes-Benz Typ 230 (1979)

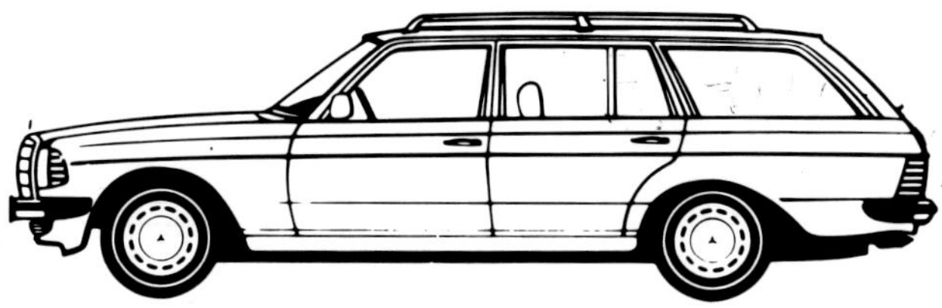

Mercedes-Benz Typ 240 TD (1978)

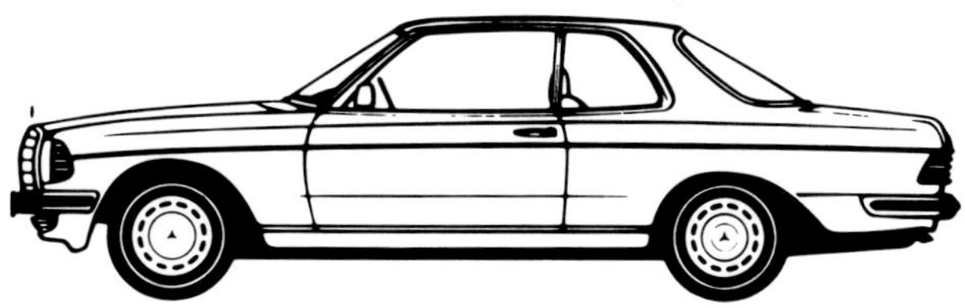

Mercedes-Benz Typ 280 CE (1976)

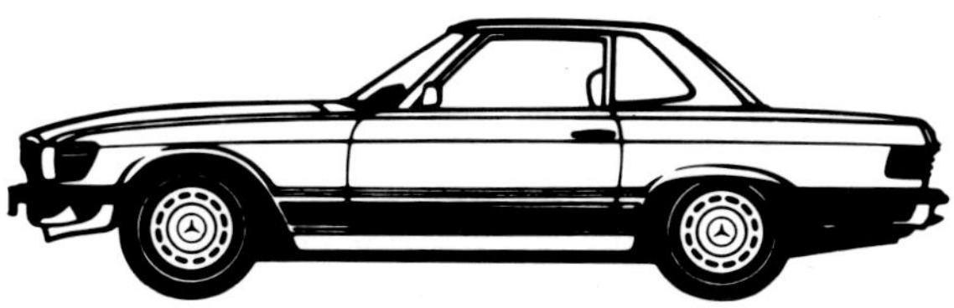

Mercedes-Benz Typ 280 SL (1974)

Mercedes-Benz Typ 280 S (1979)

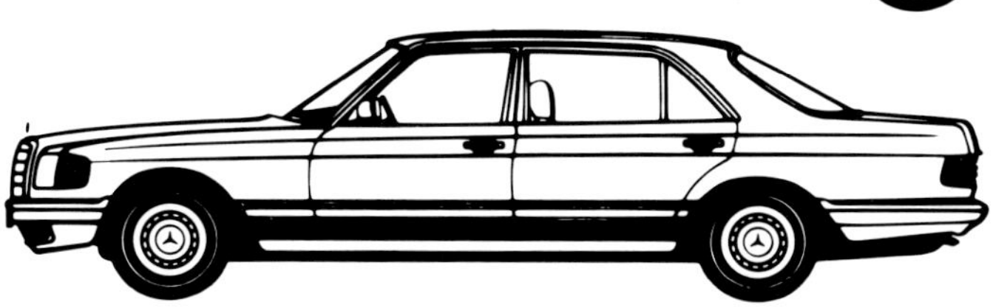

Mercedes-Benz Typ 500 SEL (1979)

Mercedes-Benz Typ 500 SEC (1981)

Die Daimler-Benz AG. gedieh mittlerweile zum umsatzstärksten Automobilunternehmen Europas. Die Investitionen im Konzern liegen jetzt jährlich bei über drei Milliarden DM. Trotzdem werden bei der Firma Größe und Wachstum keineswegs als Selbstzweck betrachtet. Alles Handeln wird vielmehr bestimmt vom ständigen Ringen um das Bessere oder das Beste. Vorrang hat die Wertbeständigkeit, die Qualität vor der Quantität, die Liebe zum Detail, das Augenmaß für eine möglichst harmonische Entwicklung auf allen Arbeitsgebieten. Moderne und ausgereifte Technik, die konstruktive Ausgewogenheit von Sicherheit, Fortschritt, Lebensdauer und Wirtschaftlichkeit sind die Grundlagen

Zahl der Mitarbeiter

Jahresende	**1950**	**1955**	**1960**	**1965**	**1970**	**1975**	**1980**	**1984**
Zentrale Untertürkheim	864	1 724	3 213	3 903	5 613	6 533	8 810	9 931
Werk Untertürkheim	7 447	10 805	14 049	15 663	20 633	22 095	25 565	27 215
Werk Sindelfingen	9 444	12 504	19 620	21 446	26 440	30 955	37 194	41 300
Werk Mannheim	4 422	8 635	11 437	11 681	12 322	12 900	14 619	14 494
Werk Wörth	–	–	–	2 600	6 952	8 687	10 192	10 743
Werk Gaggenau	4 211	5 501	7 605	8 201	6 020	8 680	9 354	9 682
Werk Bremen	–	–	–	–	3 924	4 099	6 515	10 254
Werk Düsseldorf	–	–	–	4 116	4 932	4 401	5 118	6 404
Werk Kassel	–	–	–	–	5 663	3 838	4 341	4 177
Werk Berlin-Marienfelde	553	1 214	1 868	2 621	2 522	2 886	3 252	3 302
Werk Hamburg-Harburg	–	–	–	–	2 184	1 736	2 535	2 479
Werk Bad Homburg	–	–	307	506	613	692	855	893
Hannover	–	–	–	–	1 078	568		
Niederlassungen	3 905	5 843	9 422	11 108	15 059	14 705	17 182	16 375
Daimler-Benz AG.	**30 846**	**46 226**	**67 521**	**81 845**	**116 985**	**122 775**	**145 532**	**157 249**
Daimler-Benz Konzern								
Ausland						26 597	37 209	41 829
Inland						123 145	146 323	158 043
Gesamtzahl					**144 372**	**149 742**	**183 532**	**199 872**

einer erfolgreichen Modellpolitik. Seit jeher pflegt Daimler-Benz die Vielseitigkeit und Breite des Produktionsprogramms. Umfassend angelegt und zukunftsorientiert ist deshalb die Forschungs- und Entwicklungsarbeit. Allein hierfür werden jährlich rund 1,4 Milliarden DM aufgewendet.

Automobile mit dem Mercedes-Stern sind auf allen Straßen der Welt unterwegs. Fast die Hälfte der Personenwagen und ein noch größerer Anteil der im Inland hergestellten Nutzfahrzeuge werden exportiert, wobei die Schwerpunkte in Westeuropa, in Nordamerika sowie im Nahen und Mittleren Osten liegen.

Zur Betreuung der Mercedes-Benz Personenwagen und Nutzfahrzeuge stehen im Inland rund 1150 Stützpunkte zur Verfügung. Welches Potential in dieser Organisation steckt, verdeutlicht die Zahl der etwa 54 000 hier Beschäftigten. Im Ausland ist Daimler-Benz in rund 170 Ländern mit 4800 Stützpunkten vertreten, in denen 71 000 Leute arbeiten. Für die Betreuung der Kunden in aller Welt sind somit 125 000 Menschen tätig, etwa genauso viele wie in allen inländischen Produktionsbetrieben.

Ein riesiger Stab tüchtiger Ingenieure und Kaufleute sowie ein Heer bewährter Facharbeiter sorgen für Spitzentechnik und Qualität, begründen den internationalen Ruf und den weltweiten Erfolg der Marke Mercedes-Benz.

Mercedes-Benz Typ 170 V (1946 – 1953)
Mercedes-Benz Typ 170 D (1949 – 1953)

Daimler-Benz nahm die Produktion von Personenwagen nach dem zweiten Weltkrieg mit dem bereits von 1936 bis 1942 gebauten Typ 170 V wieder auf. Unter größten Schwierigkeiten – es mangelte an Facharbeitern, an Eisen und Rohmaterial, an Kohle und Strom – kam der Betrieb in Untertürkheim langsam in Gang. Im Februar 1946 hatte man den ersten Nachkriegsmotor fertig, von dem man es im gleichen Jahr noch auf ganze 737 Stück brachte. Im Mai 1946 erfolgte, noch in Untertürkheim, die Endmontage des ersten Fahrzeugs. Hergestellt wurden zunächst nur Lieferwagen in geringer Stückzahl, deren zeitgemäß primitive Aufbauten die Stuttgarter Karosseriefabrik Hägele lieferte. 1650 solcher Kasten-, Kranken-, Pritschen- und Polizeistreifenwagen wurden bis Februar 1949 hergestellt.

Im Juli 1947 konnte auch die Produktion der normalen Viertüren-Limousine wieder beginnen. (Sie war zu diesem Zeitpunkt hauptsächlich deshalb schon möglich, weil die große Tiefziehpresse in Sindelfingen den Krieg fast unbeschädigt überstanden hatte.) Die Limousine wurde nun in Ganzstahlbauweise hergestellt, weshalb die zahlreichen anderen Modellvarianten des Typs 170 V entfielen, die es vor dem Krieg gegeben hatte. Ansonsten entsprach die Viertüren-Limousine, von unbedeutenden Einzelheiten abgesehen, dem Vorkriegsmodell. Sonderausstattungen gab es zunächst noch keine, außerdem war der Wagen nur in schwarzer oder grauer Farbe lieferbar. Bis zur Währungsreform galt der behördlich festgesetzte Höchstpreis von RM 6200,–, während einigermaßen gut erhaltene Vorkriegs-170 V mindestens den doppelten Betrag kosteten. Erst mit der Währungsreform entstanden realistische Neu- und Gebrauchtwagenpreise. Die Produktion der Limousine in der ersten Ausführung endete im Mai 1950.

Mit Beginn der Limousinen-Fertigung trat übrigens eine entscheidende Änderung im Fabrikationsablauf ein. Während früher der 170 V (und die anderen dort gebauten Typen) in Untertürkheim fertiggestellt wurde, verlegte man nunmehr (ursprünglich als Notmaßnahme) die Endmontage nach Sindelfingen, um den Transport der sperrigen Karosserien zu vermeiden. Dabei ist es geblieben, so daß die Endmontage der in Stuttgart gebauten Personenwagen auch heute noch in Sindelfingen stattfindet.

Seit Mai 1949 gab es auch den Typ 170 D, der bis auf den Dieselmotor genau dem Typ 170 V entsprach und äußerlich nur durch das laute Motorengeräusch von diesem unterschieden werden konnte.

Produktion	**1946**	**1947**	**1948**	**1949**	**1950**	**1951**	**1952**	**1953**		
170 V										
Kastenwagen 0,75 t										552
Pritschenwagen 0,75 t	183	464	616	387					**1 650**	658
Polizeistreifenwagen										440
Krankenwagen	31	200	369						**600**	
Off. Tourenwagen										3
Limousinen		381	4130	12 714	11 876	12 687	3 657	1 637	**47 082**	45 741
Fahrgestelle *)										1 338
Kastenwagen 0,5 t							35		**35**	
170 D										
Polizei-Tourenwagen										530
Limousinen				907	5 609	14 306	7 966	4 519	**33 307**	26 758
Fahrgestelle *)										6 020
Kastenwagen 0,5 t						316	149	50	**515**	
	214	1 045	5 116 **)	14 008	17 485	27 309	11 807	6 206	**83 190**	

*) Fahrgestelle für Kasten-, Kombi-, Kranken-, Taxi-Aufbauten usw. durch Fremdfirmen
**) bis 20. 6. 1948 (Währungsreform): 1304 Wagen

Ab Mai 1950 bis April 1952 lief die Produktion der Typen 170 Va und 170 Da. Merkmale: Größerer Hubraum, mehr Leistung, breitere Hinterspur (schon seit Januar 1950), weichere Federung, Teleskop- statt Kolbenstoßdämpfer, größere Bremsen, Gepäckraum von außen zugänglich, Lüftungsblenden an den Vorderfenstern, Frontscheibe nicht mehr ausstellbar (schon seit März 1950), Lenkspindelrohr, Winkerschaltung mittels Signalring auf dem Lenkrad. Ab August 1950 Einbaumöglichkeit für Autoradio, außerdem Liegesitzbeschläge und Kopfstützen als Sonderausstattung. Ab September 1950 Frontscheibe aus Verbundglas.

Ab Mai 1952 bis September 1953 lief die Produktion der Typen 170 Vb und 170 Db. Merkmale: Nochmals breitere Hinterspur, größere Frontscheibe, verdeckter Wischerantrieb, durchgehende Stoßstangen, glatte Motorhaube.

Nachdem die ersten Lieferwagen mit den primitiven Aufbauten nicht mehr hergestellt wurden, erhielt die Firma Lueg (Bochum) den Auftrag, für Daimler-Benz den Typ 170 V als Krankenwagen zu liefern. Dies geschah bis zum Jahr 1953, wobei die gleiche Rohkarosserie auch für Kasten-, Kombi- und Kundendienstwagen Verwendung fand. Außerdem bauten die Fahrzeugwerke Lueg in ziemlich großer Zahl Sechssitzer-Limousinen als Taxi, die jedoch hauptsächlich nach Dänemark exportiert wurden.

Ab März 1951 bis Mitte 1953 gab es den Typ 170 D auch wieder als Kastenwagen mit Sindelfinger Aufbau, der jedoch weniger geräumig als der Lueg-Aufbau war und sich deshalb nicht zum Ausbau als Krankenwagen eignete.

1951/52 erhielt der damals neu aufgestellte Bundesgrenzschutz 530 offene Polizei-Tourenwagen (OTP) des Typs 170 Da als Erstausstattung. Wieso sich die Beschaffer hier für den Diesel- statt für den Vergasertyp entschieden, bleibt unerfindlich und beruhte vermutlich auf einer völlig falschen Einschätzung der Betriebskosten. Der BGS gab die Fahrzeuge seinerzeit bald an die Bereitschaftspolizeien der Länder ab, wo sie teilweise bis zu 20 Jahre lang zuverlässig ihren Dienst verrichteten. Inzwischen sind diese offenen Autos mit Klappverdeck, nach vorn umlegbarer Frontscheibe und seitlichen Einsteckscheiben zu begehrten Liebhaberstücken geworden. Es blieben nämlich nur mehr ganz wenige Wagen übrig, weil besonders geschäftstüchtige Leute den größten Teil derselben phantasievoll mit Tarnfarben, Balkenkreuzen und taktischen Zeichen bemalten, um sie als angebliche Fahrzeuge der ehemaligen Wehrmacht an gutgläubige Sammler nach Amerika zu verkaufen. Das war ein glänzendes Geschäft, und sicherlich glauben viele der neuen Besitzer heute noch an die Echtheit ihrer viel zu teuer eingekauften Scheinheiligtümer.

Mercedes-Benz Typ 170 V Fahrgestell

	Mercedes-Benz Typ 170 V Lieferwagen (W 136 I) 1946 – 1949	Mercedes-Benz Typ 170 V Krankenwagen (W 136 I) 1946 – 1948	Mercedes-Benz Typ 170 V Krankenwagen (W 136 I) 1948 – 1950
Aufbau	Werk Sindelfingen	Werk Sindelfingen	Firma Lueg (Bochum)
Motor	4 Zylinder Vergaser	4 Zylinder Vergaser	4 Zylinder Vergaser
Hubraum	1697 ccm	1697 ccm	1697 ccm
Leistung	38 PS bei 3600 U/min	38 PS bei 3600 U/min	38 PS bei 3600 U/min
Getriebe	4 Gang	4 Gang	4 Gang
Antriebs-Übersetzung	1:4,72	1:4,125	1:4,125
Radstand	2845 mm	2845 mm	2845 mm
Spur vorn/hinten	1310/1330 mm	1310/1296 mm	1310/1296 mm
Reifen	6,50–16	5,50–16	5,50–16
Gesamtmaße	4340 × 1620 × 1850 mm	4340 × 1620 × 1850 mm	4450 × 1620 × 1720 mm
Laderaum	Kastenwagen: 1655 × 1410 × 1000 mm Pritschenwagen: 1685 × 1500 mm	1655 × 1410 × 1000 mm	1910 × 1725 × 900 mm
Wagengewicht (mit Fahrer)	Kastenwagen 1130 kg Pritschenwagen 1090 kg	Krankenwagen 1170 kg	Krankenwagen 1230 kg
Zuläss. Gesamtgewicht	2100 kg	1480 kg	1480 kg
Nutzlast	750 kg	300 kg	250 kg
Höchstgeschwindigkeit	80 km/h	100 km/h	108 km/h
Verbrauch/100 km	11 Liter	11 Liter	11 Liter
Preise	1948/49: Pritschenwagen DM 7 200,– Kastenwagen DM 7 770,–	1948: Krankenwagen DM 8 685,–	1949: Krankenwagen DM 9 700,–

	Mercedes-Benz Typ 170 V Krankenwagen (W 136 VI) 1950 – 1953	Mercedes-Benz Typ 170 D Krankenwagen (W 136 VI D) 1950 – 1953	Mercedes-Benz Typ 170 D Lieferwagen (W 136 VI D) 1951 – 1953
Aufbau	Firma Lueg (Bochum)	Firma Lueg (Bochum)	Werk Sindelfingen
Motor	4 Zylinder Vergaser	4 Zylinder Diesel	4 Zylinder Diesel
Hubraum	1767 ccm	1767 ccm	1767 ccm
Leistung	45 PS bei 3600 U/min	40 PS bei 3200 U/min	40 PS bei 3200 U/min
Getriebe	4 Gang	4 Gang	4 Gang
Antriebs-Übersetzung	1:4,44	1:4,44	1:4,44
Radstand	2845 mm	2845 mm	2845 mm
Spur vorn/hinten	170 Va: 1310/1342 mm 170 Vb: 1310/1360 mm	170 Da: 1310/1342 mm 170 Db: 1310/1360 mm	170 Da: 1310/1342 mm 170 Db: 1310/1360 mm
Reifen	6,00–16	6,00–16	6,00–16
Gesamtmaße	4450 × 1630 × 1720 mm	4450 × 1630 × 1720 mm	4372 × 1670 × 1610 mm
Laderaum	1910 × 1725 × 900 mm	1910 × 1725 × 900 mm	1780 × 1320 × 880 mm
Wagengewicht (mit Fahrer)	1285 kg	1350 kg	1335 kg
Zuläss. Gesamtgewicht	1605 kg	1655 kg	1800 kg
Nutzlast			465 kg
Höchstgeschwindigkeit	110 km/h	100 km/h	100 km/h
Verbrauch/100 km	11 Liter	8 Liter Diesel	8 Liter Diesel
Preis	Krankenwagen DM 11 850,– In entsprechender Ausführung Kastenwagen DM 10 350,– Kombi DM 11 000,– Außerdem lieferbar: Pullman-Limousine (Taxi) 6 Sitze DM 11 400,–	Krankenwagen DM 12 900,– In entsprechender Ausführung Kastenwagen DM 11 400,– Kombi DM 12 050,– Außerdem lieferbar: Pullman-Limousine (Taxi) 6 Sitze DM 12 450,–	Kastenwagen DM 10 400,–

←

←

Mercedes-Benz Typ 170 V
Pritschenwagen
1946 – 1949

Mercedes-Benz Typ 170 V
Polizei-Streifenwagen
1946 – 1948

Mercedes-Benz Typ 170 V
Kasten-Lieferwagen
1946 – 1949

Mercedes-Benz Typ 170 V
Krankenwagen
Modell 1946/47

→
→
→

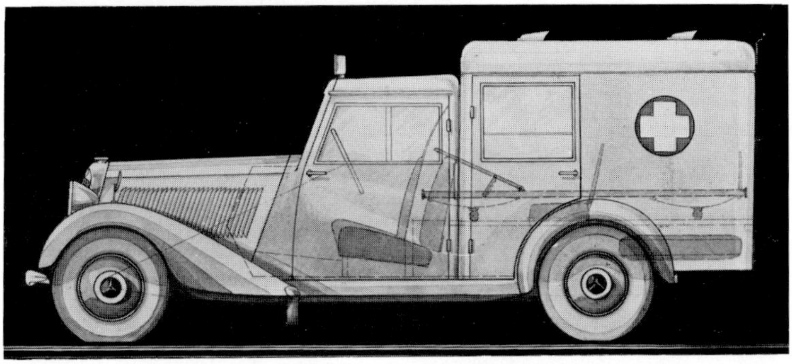

Mercedes-Benz Typ 170 V
Krankenwagen
Modell 1947/48

Motor

Zylinderzahl
Bohrung × Hub
Hubraum
Leistung
Drehmoment
Verdichtung
Vergaser bzw.
Einspritzpumpe
Ventile

Kurbelwellenlager
Kühlung
Schmierung
Batterie

Lichtmaschine
Anlasser

Kraftübertragung
Kupplung
Schaltung
Getriebe
Synchronisierung
Übersetzungen

Antriebs-Übersetzung

Fahrwerk
Vorderradaufhängung
Hinterradaufhängung
Lenkung
Fußbremse

Handbremse
Schmierung

Allgemeine Daten
Radstand
Spur vorn/hinten

Gesamtmaße

Felgen
Reifen
Wendekreis
Wagengewicht
Zuläss. Gesamtgewicht
Höchstgeschwindigkeit
Beschleunigung 0–100 km/h
Verbrauch/100 km
Kraftstofftank

Preise

Mercedes-Benz Typ 170 V (W 136 I) 1947 – 1950	Mercedes-Benz Typ 170 D (W 136 I D) 1949 – 1950	Mercedes-Benz 170 V (W 136 VI) 1950 – 1953	Mercedes-Benz Typ 170 D (W 136 VI D) 1950 – 1953
Daimler-Benz M 136 I	Daimler-Benz OM 636 I	Daimler-Benz M 136 VI	Daimler-Benz OM 636 VI
Vergasermotor	Vorkammer-Dieselmotor	Vergaser	Vorkammer-Dieselmotor
4 (Reihe)	4 (Reihe)	4 (Reihe)	4 (Reihe)
73,5 × 100 mm	73,5 × 100 mm	75 × 100 mm	75 × 100 mm
1697 ccm	1697 ccm	1767 ccm	1767 ccm
38 PS bei 3600 U/min	38 PS bei 3200 U/min	45 PS bei 3600 U/min	40 PS bei 3200 U/min
10 mkg bei 1800 U/min	9,8 mkg bei 2000 U/min	11 mkg bei 1800 U/min	10,3 mkg bei 2000 U/min
1:6 bzw. (ab 1949) 1:6,5	1:19	1:6,5	1:19
1 Steigstromvergaser Solex 30 BFLVS	Einspritzpumpe Bosch	1 Steigstromvergaser Solex 30 BFLVS	Einspritzpumpe
Seitlich stehend	Hängend	Seitlich stehend	Hängend
Seitliche Nockenwelle	Seitliche Nockenwelle	Seitliche Nockenwelle	Seitliche Nockenwelle
Antrieb durch Stirnräder	Antrieb durch Stirnräder	Antrieb durch Stirnräder	Antrieb durch Stirnräder
3	3	3	3
Pumpe, 9 Liter Wasser	Pumpe, 9 Liter Wasser	Pumpe, 9 Liter Wasser	Pumpe, 9 Liter Wasser
Druckumlauf, 4 Liter Öl	Druckumlauf, 4 Liter Öl	Druckumlauf, 4 Liter Öl	Druckumlauf, 4 Liter Öl
6 V 75 Ah	2 × 6 V 75 Ah	6 V 75 Ah	2 × 6 V 75 Ah
(unter Fahrersitz)	(je 1 unter jedem Vordersitz)	(unter Fahrersitz)	(je 1 unter jedem Vordersitz)
130 W	130 W	130 W	130 W
0,6 PS	1,8 PS	0,6 PS	1,8 PS

Antrieb auf Hinterräder, Gelenkwelle einteilig
Einscheibentrockenkupplung
Schalthebel Wagenmitte
4 Gang
I – IV
I. 4,025
II. 2,280
III. 1,420
IV. 1,000
4,125

X-Form-Ovalrohr-Rahmen, Ganzstahlkarosserie
2 Querfedern
Pendel-Schwingachse, Schraubenfedern
Schnecke ZF-Roß (1:14,1)

170 V / 170 D (W 136 I, W 136 I D)	170 V / 170 D (W 136 VI, W 136 VI D)
Hydraulisch	Hydraulisch
Trommel-∅ 240 mm, Bremsfläche 546 cm^2	Trommel-∅ 240 mm, Bremsfläche 736 cm^2
Mechanisch (Seilzug), Hinterräder	Mechanisch (Seilzug), Hinterräder
WV-Eindruck-Zentralschmierung	WV-Eindruck-Zentralschmierung

2845 mm	2845 mm	2845 mm	2845 mm
1310/1296 mm	1310/1296 mm	170 Va: 1310/1342 mm 170 Vb: 1310/1360 mm	170 Da: 1310/1342 mm 170 Db: 1310/1360 mm
4285 × 1580 × 1610 mm	4285 × 1580 × 1610 mm	4285 × 1630 × 1610 mm	4285 × 1630 × 1610 mm Polizei-Tourenwagen (OTP): 4300 × 1630 × 1650 mm
3,50 D × 16	3,50 D × 16	3,50 D × 16	3,50 D (OTP: 4,00 E) × 16
5,50–16	5,50–16	5,50–16	5,50–16 (OTP: 6,00–16)
11,5 Meter	11,5 Meter	11,5 Meter	11,5 Meter
1160 kg	1250 kg	1185 kg	1250 kg (OTP: 1220 kg)
1480 kg	1540 kg	1505 kg	1565 kg (OTP: 1700 kg)
108 km/h	100 km/h	116 km/h	105 km/h (OTP: 100 km/h)
		Limousine 34 sec	Limousine 50 sec
11 Liter	7,5 Liter Diesel	10 Liter	7,5 (OTP: 8) Liter Diesel
42 Liter (im Motorraum)	37 Liter (im Motorraum)	42 Liter (im Motorraum)	37 Liter (im Motorraum)
Limousine 4 Türen	Limousine 4 Türen	Limousine 4 Türen	Limousine 4 Türen
bis Juni 1948 RM 6200,– ab Juli 1948 DM 8180,– ab Mai 1949 DM 7800,– ab Januar 1950 DM 7400,–	ab Mai 1949 DM 9200,– ab Januar 1950 DM 8620,–	170 Va: DM 7400,– 170 Vb: DM 7900,–	170 Da: DM 8900,– 170 Db: DM 8900,–
Fahrgestell	Fahrgestell	Fahrgestell	Fahrgestell
ab Januar 1950 DM 5500,–	ab Januar 1950 DM 6750,–	170 Va: DM 5500,– 170 Vb: DM 6000,–	DM 6750,–

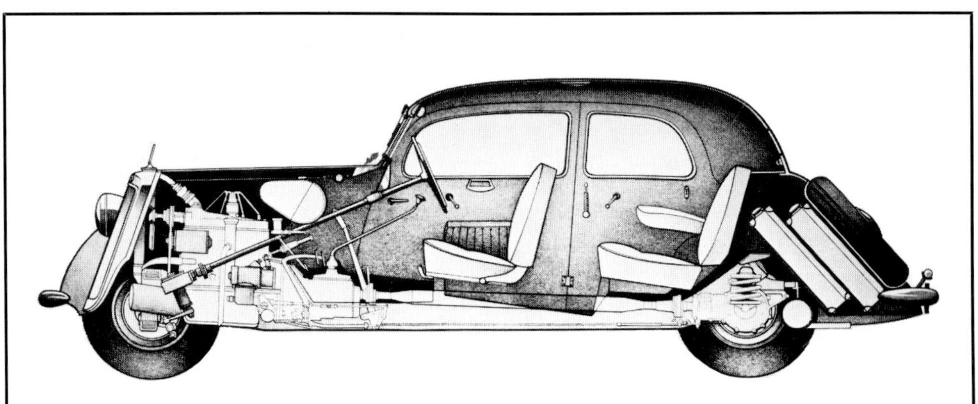

Mercedes-Benz Typ 170 V
Limousine 4 Türen
1947 – 1950

Mercedes-Benz Typ 170 D
Limousine 4 Türen
1949 – 1950

←
←

→
→

Mercedes-Benz Typ 170 Va
Mercedes-Benz Typ 170 Da
Limousine 4 Türen
1950 – 1952

Mercedes-Benz Typ 170 Vb
Mercedes-Benz Typ 170 Db
Limousine 4 Türen
1952 – 1953

→

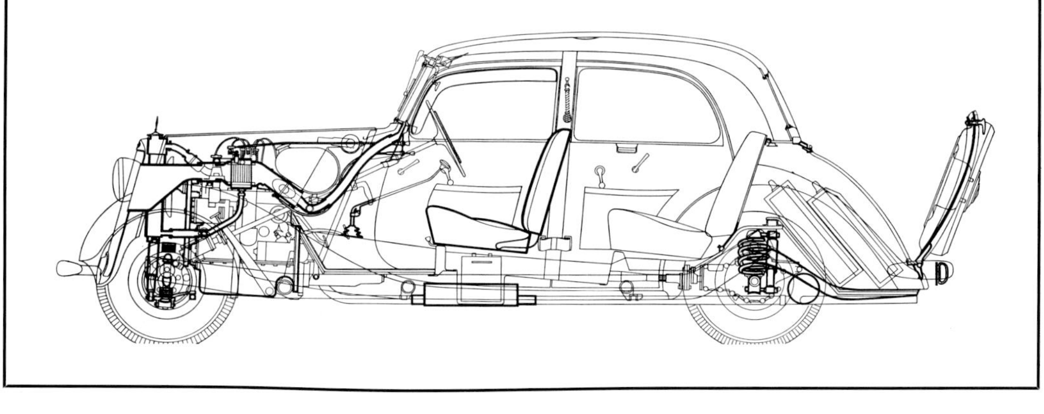

Mercedes-Benz Typ 170 Da
Polizei-Tourenwagen (OTP)
1951 – 1952

←
←
←
←

→

Mercedes-Benz Typ 170 D
Droschken-Limousine 6 Sitze
Aufbau Lueg (Bochum)
1949 – 1953
(nur für Export)

Mercedes-Benz Typ 170 D
Droschken-Limousine 6 Sitze
Feierliche Übergabe des
100. Diesel-Taxis im
Juli 1953 in Kopenhagen

→

→

Mercedes-Benz Typ 170 D
Kasten-Lieferwagen
Aufbau Sindelfingen
1951 – 1953

52490

Mercedes-Benz Typ 170 V
Mercedes-Benz Typ 170 D
Krankenwagen
Aufbau Lueg (Bochum)
Modell 1949 – 1950

←

→

Mercedes-Benz Typ 170 Va
Mercedes-Benz Typ 170 Da
Kombiwagen
Aufbau Lueg (Bochum)
1950 – 1952

Mercedes-Benz Typ 170 Vb
Mercedes-Benz Typ 170 Db
Kombiwagen
Aufbau Lueg (Bochum)
1952 – 1953

→

←

Mercedes-Benz Typ 170 V
Mercedes-Benz Typ 170 D
Krankenwagen
Aufbau Lueg (Bochum)
Modell 1951 – 1953

←

→

→

Mercedes-Benz Typ 170 Vb
Mercedes-Benz Typ 170 Db
Kundendienstwagen
Aufbau Lueg (Bochum)
1952 – 1953

Mercedes-Benz Typ 170 S (1949 – 1953)
Mercedes-Benz Typ 170 DS (1952 – 1953)

Geradezu als ein Symbol des angehenden Wirtschaftswunders erschien im Mai 1949 der Typ 170 S, nicht viel größer, aber deutlich komfortabler und repräsentativer als der Typ 170 V. Es gab damit zum ersten Mal einen Wagen der S-Klasse, deren Größe von da an bis heute ein Maßstab für einen höheren Grad von Wohlstand blieb. Für jüngere Leute ist es vielleicht kaum mehr vorstellbar, daß ein 170 S damals (bis zum Erscheinen des Typs 220) rasch zum bevorzugten Auto der Direktoren und Geschäftsführer, der Vermögenden und Spitzenverdiener wurde. Man lebte und dachte eben noch relativ bescheiden. Und gar der 170 S als Cabriolet A galt als ehrwürdig bewundertes Traumauto, schon wegen seines Preises von fast 16 000 DM für die Begriffe des zeitgenössischen Normalverbrauchers ein unerreichbarer Luxus.

Der Typ 170 S war die Weiterentwicklung des Typs 170 V. Er besaß jedoch eine größere und modernere Karosserie im Stil des Vorkrieg-Typs 230, eine neue Vorderradaufhängung und eine höhere Motorleistung. Die Limousine der ersten Ausführung wurde von Mai 1949 bis Februar 1952 gebaut, die beiden Cabriolets bis November 1951.

Nur mehr als Limousine gab es den, wenn auch von außen kaum sichtbar, überarbeiteten Typ 170 Sb von Januar 1952 bis August 1953. Seine besonderen Merkmale: Lenkradschaltung, bessere Heizung, Hypoid-Hinterachse, Nockenwellen-Antrieb durch Kette, breitere Spur, Knopf-Anlasser am Armaturenbrett. Der verfeinerte Typ 170 Sb blieb immer noch ein Auto von hohem Prestigewert.

Parallel zum Typ 170 Sb gab es ebenfalls von Januar 1952 bis August 1953 nun auch eine Diesel-Ausführung als Typ 170 DS. Der kratzte aber schon am Image des 170 S!

Mercedes-Benz Typ 170 S Fahrgestell

Mercedes-Benz Typ 170 DS Fahrgestell

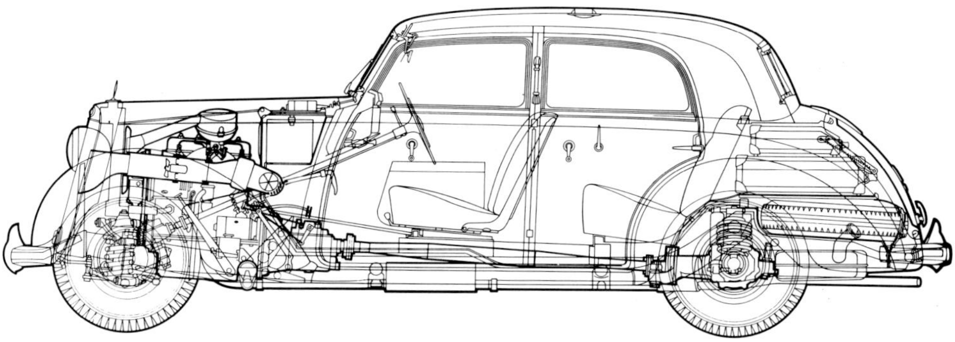

Mercedes-Benz Typ 170 Sb

Mercedes-Benz Typ 170 S-V (1953 – 1955)
Mercedes-Benz Typ 170 S-D (1953 – 1955)

Im Zuge der Einführung des neuen Typs 180, angeboten zum etwa gleichen Preis wie der seitherige Typ 170 S, wurden zum Zweck einer deutlichen Verbilligung die Typen 170 V und 170 S sowie die Dieselbrüder 170 D und 170 DS miteinander gewissermaßen verschmolzen. Man setzte die nun einfacher ausgestattete Karosserie des 170 S bzw. DS auf das Fahrgestell der (im wahrsten Sinn des Wortes) alten Typen 170 V bzw. 170 D. Die Autos, die sich daraus ergaben, waren zwar äußerlich für den Laien von den seitherigen S-Typen kaum zu unterscheiden, standen aber dennoch beim Publikum in geringerem Ansehen und minderten überdies dasjenige der vorhandenen 170 S in einem Maße, wie es sonst Mercedes-Besitzer bei Modellwechseln kaum kennen. Woraus man sieht, daß die Leute zwar die bessere Technik eines neueren Typs nicht als Entwertung des älteren betrachten, wohl aber, wenn ein vorhandener Typ mit reduzierter Technik weitergeführt wird. Es paßt in dieses Bild, daß der Mischtyp fast nur noch als Diesel verkauft wurde, also an eine weniger sensible Kundschaft. – Die Produktion des Typs 170 S-V lief von Juli 1953 bis Februar 1955, die des Typs 170 S-D von Juli 1953 bis September 1955.

Produktion	**1949**	**1950**	**1951**	**1952**	**1953**	**1954**	**1955**		
170 S	3 370	14 735	10 333	326				**28 764**	28 708 Limousinen 56 Fahrgestelle
170 S Cabriolet	39	1 686	708					**2 433**	1 603 Cabriolet B 830 Cabriolet A
170 Sb				4 580	3 514			**8 094**	8 080 Limousinen 14 Fahrgestelle
170 DS				6 734	6 251			**12 985**	12 857 Limousinen 128 Fahrgestelle
170 S-V					2 102	880	140	**3 122**	3 002 Limousinen 120 Fahrgestelle
170 S-D					6 494	5 992	2 401	**14 887**	11 800 Limousinen 3 087 Fahrgestelle
	3 409	**16 421**	**11 041**	**11 640**	**18 361**	**6 872**	**2 541**	**70 285**	

Mercedes-Benz Typ 170 S
Limousine 4 Türen
Versuchswagen 1948/49

←

Mercedes-Benz Typ 170 S
Limousine 4 Türen
1949 – 1952

←

→
→

Mercedes-Benz Typ 170 S
Cabriolet B
1949 – 1951

Mercedes-Benz Typ 170 S
Cabriolet A
1949 – 1951

→
→

←

Mercedes-Benz Typ 170 Sb
Limousine 4 Türen
1952 – 1953

Mercedes-Benz Typ 170 S
Polizei-Funkwagen
Aufbau Binz (Lorch/Württ.)
1950 – 1951

←
←

Mercedes-Benz Typ 170 S
Polizei-Streifenwagen
Aufbau: Hersteller?
1950 – 1953

Mercedes-Benz Typ 170 DS
Droschken-Limousine
Aufbau Lueg (Bochum)
1952 – 1953

Mercedes-Benz Typ 170 DS
Taxi 6 Sitze
mit dänischem Aufbau
1952 – 1953

Mercedes-Benz Typ 170 S
Mercedes-Benz Typ 170 DS
Kombi 5 bis 7 Sitze
1952 – 1953

	Mercedes-Benz Typ 170 S (W 136 IV) 1949 – 1952	Mercedes-Benz Typ 170 Sb (W 191) 1952 – 1953	Mercedes-Benz Typ 170 DS (W 191 D) 1952 – 1953
Motor	Daimler-Benz M 136 III Vergasermotor	Daimler-Benz M 136 III Vergasermotor	Daimler-Benz OM 636 VI Vorkammer-Dieselmotor
Zylinderzahl	4 (Reihe)	4 (Reihe)	4 (Reihe)
Bohrung × Hub	75 × 100 mm	75 x 100 mm	75 × 100 mm
Hubraum	1767 ccm	1767 ccm	1767 ccm
Leistung	52 PS bei 4000 U/min	52 PS bei 4000 U/min	40 PS bei 3200 U/min
Drehmoment	11,4 mkg bei 1800 U/min	11,4 mkg bei 1800 U/min	10,3 mkg bei 2000 U/min
Verdichtung	1:6,5	1:6,5	1:19
Vergaser bzw. Einspritzpumpe	1 Fallstromvergaser Solex 32 PICB	1 Fallstromvergaser Solex 32 PICB	Einspritzpumpe Bosch
Ventile	Seitlich stehend Seitliche Nockenwelle Antrieb durch Stirnräder	Seitlich stehend Seitliche Nockenwelle Antrieb durch Duplex-Kette	Hängend Seitliche Nockenwelle Antrieb durch Stirnräder
Kurbelwellenlager	3	3	3
Kühlung	Pumpe, 10,5 Liter Wasser	Pumpe, 10,5 Liter Wasser	Pumpe, 10,1 Liter Wasser
Schmierung	Druckumlauf, 4 Liter Öl	Druckumlauf, 4 Liter Öl	Druckumlauf, 4 Liter Öl
Batterie	6 V 75 Ah (im Motorraum)	6 V 75 Ah (im Motorraum)	2 × 6 V 75 Ah (im Motorraum)
Lichtmaschine	130 W	130 W	130 W
Anlasser	0,6 PS	0,6 PS	1,8 PS
Kraftübertragung	Antrieb auf Hinterräder Gelenkwelle einteilig	Antrieb auf Hinterräder Gelenkwelle einteilig	Antrieb auf Hinterräder Gelenkwelle einteilig
Kupplung	Einscheibentrockenkupplung	Einscheibentrockenkupplung	Einscheibentrockenkupplung
Schaltung	Schalthebel Wagenmitte	Lenkradschaltung	Lenkradschaltung
Getriebe	4 Gang	4 Gang	4 Gang
Synchronisierung	I – IV	I – IV	I – IV
Übersetzungen	I. 4,025 II. 2,280 III. 1,420 IV. 1,000	I. 4,025 II. 2,280 III. 1,420 IV. 1,000	I. 4,025 II. 2,280 III. 1,420 IV. 1,000
Antriebs-Übersetzung	4,375	4,44	4,125
Fahrwerk	X-Form-Ovalrohr-Rahmen, Ganzstahlkarosserie		
Vorderradaufhängung	Doppel-Querlenker, Schraubenfedern, Stabilisator		
Hinterradaufhängung	Pendel-Schwingachse, Doppel-Schraubenfedern		
Lenkung	Schnecke (13,9:1), 2,75 Lenkraddrehungen		
Fußbremse	Hydraulisch, 4 Räder Trommel-∅ 240 mm. Bremsfläche 736 cm^2		
Handbremse	Mechanisch (Seilzug), Hinterräder		
Schmierung	WV-Eindruck-Zentralschmierung		
Allgemeine Daten			
Radstand	2845 mm	2845 mm	2845 mm
Spur vorn/hinten	1315/1420 mm	1315/1435 mm	1315/1435 mm
Gesamtmaße	Limousine und Cabriolet B: 4455 × 1684 × 1610 mm Cabriolet A: 4510 × 1684 × 1560 mm	Limousine: 4455 × 1684 × 1610 mm	Limousine: 4455 × 1684 × 1610 mm
Felgen	4,50 K × 15	4,50 K × 15	3,50 D × 16
Reifen	6,40–15	6,40–15	5,50–16
Wendekreis	12 Meter	12 Meter	12 Meter
Wagengewicht	Limousine: 1220 kg Cabriolet A und B: 1270 kg	Limousine: 1250 kg	Limousine: 1275 kg
Zuläss. Gesamtgewicht	Limousine: 1540 kg Cabriolet B: 1605 kg Cabriolet A: 1530 kg	Limousine: 1625 kg	Limousine: 1640 kg
Höchstgeschwindigkeit	122 km/h	122 km/h	105 km/h
Beschleunigung 0–100 km/h	32 sec	32 sec	56 sec
Verbrauch/100 km	12 Liter	12 Liter	8,5 Liter Diesel
Kraftstofftank	47 Liter (im Heck)	47 Liter (im Heck)	47 Liter (im Heck)
Preise	Limousine DM 10 100,– Cabriolet B DM 12 850,– Cabriolet A DM 15 800,–	Limousine DM 10 100,–	Limousine DM 10 985,–

Mercedes-Benz Typ 170 S-V (W 136 VIII) 1953 – 1955	**Mercedes-Benz Typ 170 S-D (W 136 VIII D) 1953 – 1955**
Daimler-Benz M 136 VIII	Daimler-Benz OM 636 VIII
Vergasermotor	Vorkammer-Dieselmotor
4 (Reihe)	4 (Reihe)
75 x 100 mm	75 × 100 mm
1767 ccm	1767 ccm
45 PS bei 3600 U/min	40 PS bei 3200 U/min
11 mkg bei 1800 U/min	10,3 mkg bei 2000 U/min
1:6,7	1:19
1 Steigstromvergaser	Einspritzpumpe Bosch
Solex 30 BFLVS	
Seitlich stehend	Hängend
Seitliche Nockenwelle	Seitliche Nockenwelle
Antrieb durch Duplex-Kette	Antrieb durch Stirnräder
3	3
Pumpe, 10,5 Liter Wasser	Pumpe, 10,1 Liter Wasser
Druckumlauf, 4 Liter Öl	Druckumlauf, 4 Liter Öl
6 V 70 Ah (im Motorraum)	2 × 6 V 84 Ah (im Motorraum)
130 W	130 W
0,6 PS	1,8 PS
Antrieb auf Hinterräder	Antrieb auf Hinterräder
Gelenkwelle einteilig	Gelenkwelle einteilig
Einscheibentrockenkupplung	Einscheibentrockenkupplung
Lenkradschaltung	Lenkradschaltung
4 Gang	4 Gang
I – IV	I – IV
I. 4,025	I. 4,025
II. 2,280	II. 2,280
III. 1,420	III. 1,420
IV. 1,000	IV. 1,000
4,125	4,125

X-Form-Ovalrohr-Rahmen, Ganzstahlkarosserie
2 Querfedern
Pendel-Schwingachse, Schraubenfedern
Schnecke (14,1:1), 2,75 Lenkraddrehungen
Hydraulisch, 4 Räder
Trommel-∅ 240 mm, Bremsfläche 736 cm^2
Mechanisch (Seilzug), Hinterräder
WV-Eindruck-Zentralschmierung

2845 mm	2845 mm
1310/1435 mm	1310/1435 mm
Limousine:	Limousine:
4450 × 1685 × 1590 mm	4450 × 1685 × 1590 mm
3,50 D × 16	3,50 D × 16
5,50–16	5,50–16
12 Meter	12 Meter
Limousine: 1220 kg	Limousine: 1300 kg
Limousine: 1650 kg	Limousine: 1700 kg
115 km/h	105 km/h
39 sec	56 sec
11,5 Liter	8,5 Liter Diesel
47 Liter (im Heck)	47 Liter (im Heck)
Limousine DM 8 300,–	Limousine DM 9 350,–

Mercedes-Benz Typ 170 S-V Limousine 4 Türen 1953 – 1955
Mercedes-Benz Typ 170 S-D Limousine 4 Türen 1953 – 1955

Mercedes-Benz Typ 170 S-V bzw. Typ 170 S-D 1953 – 1955 Krankenwagen, Aufbau Lueg (Bochum)

Mercedes-Benz Typ 170 S-V bzw. Typ 170 S-D 1953 – 1955 Kasten-Lieferwagen, Aufbau Lueg (Bochum)

Mercedes-Benz Typ 170 S-V bzw. Typ 170 S-D 1953 – 1955 Kombiwagen, Aufbau Lueg (Bochum)

Mercedes-Benz Typ 220 (1951 – 1955)

Typ 220 (W 187). Neues Modell, vorgestellt auf der Frankfurter Automobil-Ausstellung April 1951. Ganz neuer Motor, Fahrwerk und Karosserie vom Typ 170 S, jedoch Scheinwerfer nicht freistehend. Produktion ab Juli 1951 bis Mai 1954, Cabriolet A bis August 1955. Letzteres wurde ab Mai 1954 in geringer Stückzahl auch als Coupé geliefert.

Der Typ 220, von der einschlägigen Kundschaft freudig begrüßt, war keine Überraschung im eigentlichen Sinn. Ein Wagen solchen Kalibers fehlte inzwischen dringend im Verkaufsprogramm der Daimler-Benz AG. Man konnte und wollte diese Größenklasse auf die Dauer nicht dem kräftig motorisierten und sehr erfolgreichen Opel Kapitän allein überlassen. Zudem weckten die hervorragenden Fahreigenschaften des Typs 170 zunehmend höhere Ansprüche an die Geschwindigkeit und das Beschleunigungsvermögen, was zwingend einen wesentlich stärkeren Motor erforderte. Dessen überaus moderne Konstruktion als Sechszylinder-Kurzhuber mit obenliegender Nockenwelle war nun tatsächlich eine Überraschung. Mit ihm gewann der Typ 220 auf Anhieb eine begeisterte Kundschaft, die aber jetzt andererseits bald wieder mehr Geräumigkeit und Komfort, also eine neue und größere Karosserie verlangte. So brachte es der erste Typ 220, obgleich er sich bestens bewährte, nur auf eine verhältnismäßig kurze Produktionsdauer.

Produktion	**1951**	**1952**	**1953**	**1954**	**1955**		
220	3 453	9 165	3 322	214		**16 154**	16 066 Limousinen 41 Off. Tourenwagen 47 Fahrgestelle
Cabriolet	368	1 178	403	259	152	**2 360**	1 278 Cabriolet A 997 Cabriolet B 85 Coupé
	3 821	**10 343**	**3 725**	**473**	**152**	**18 514**	

Mercedes-Benz Typ 220
Limousine 4 Türen 1951 – 1954

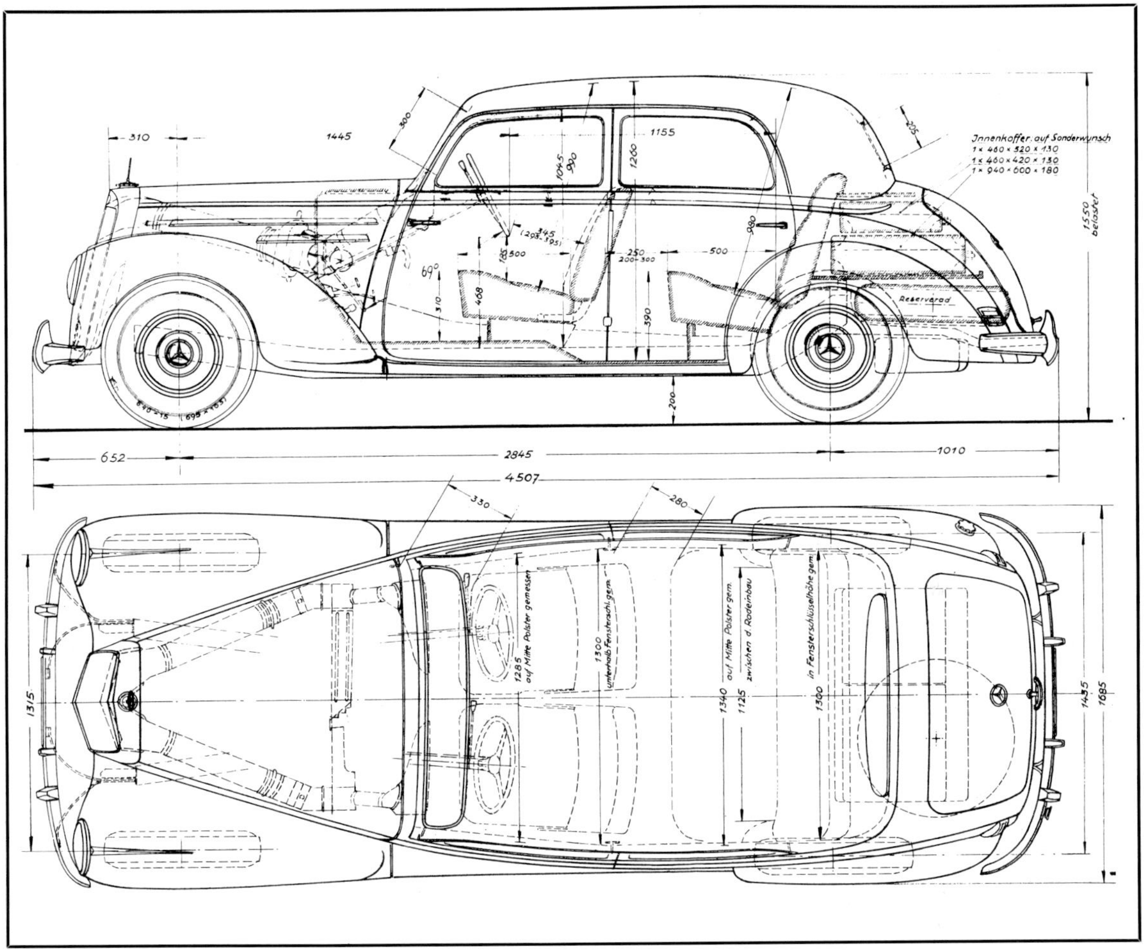

Mercedes-Benz Typ 220
Cabriolet B 1951 – 1954

Mercedes-Benz
Typ 220
Cabriolet A
1951 – 1955

Mercedes-Benz
Typ 220
Coupé 2 Sitze
1954 – 1955

Mercedes-Benz Typ 220
(W 187)
1951 – 1955

Motor	Daimler-Benz M 180 Vergasermotor
Zylinderzahl	6 (Reihe)
Bohrung × Hub	80 × 72,8 mm
Hubraum	2195 ccm
Leistung	80 PS bei 4850 U/min
Drehmoment	14,5 mkg bei 2500 U/min
Verdichtung	1:6,5
Vergaser	1 Doppel-Fallstromvergaser Solex 30 PAAJ
Ventile	Hängend Obenliegende Nockenwelle Antrieb durch Duplex-Kette
Kurbelwellenlager	4
Kühlung	Pumpe, 15,2 Liter Wasser
Schmierung	Druckumlauf, 6 Liter Öl
Batterie	6 V 75 Ah (im Motorraum)
Lichtmaschine	130 W
Anlasser	0,6 PS
Kraftübertragung	Antrieb auf Hinterräder Gelenkwelle geteilt
Kupplung	Einscheibentrockenkupplung
Getriebe	4 Gang
Synchronisierung	I – IV
Übersetzungen	I. 3,68 II. 2,25 III. 1,42 IV. 1,00
Antriebs-Übersetzung	4,44
Fahrwerk	X-Form-Ovalrohr-Rahmen Ganzstahlkarosserie
Vorderradaufhängung	Doppel-Querlenker, Schraubenfedern, Stabilisator
Hinterradaufhängung	Pendel-Schwingachse, Doppel-Schraubenfedern
Lenkung	Schnecke (13,9:1), 2,75 Lenkraddrehungen
Fußbremse	Hydraulisch, 4 Räder Trommel-∅ 240 mm, Bremsfläche 736 cm^2
Handbremse	Mechanisch (Seilzug), Hinterräder
Schmierung	WV-Eindruck-Zentralschmierung
Allgemeine Daten	
Radstand	2845 mm
Spur	1315/1435 mm
Gesamtmaße	4507× 1685 × 1610 mm Cabriolet A: 4538 × 1685 × 1560 mm
Felgen	4,50 K × 15
Reifen	6,40–15
Wendekreis	12 Meter
Wagengewicht	Limousine 1350 kg Cabriolet A und B 1440 kg
Zuläss. Gesamtgewicht	Limousine 1690 kg Cabriolet B 1785 kg Cabriolet A 1680 kg
Höchstgeschwindigkeit	140 km/h, Cabriolet A 145 km/h
Beschleunigung 0–100 km/h	21 sec
Verbrauch/100 km	Limousine 14, Cabriolets 14,5 Liter
Kraftstofftank	65 Liter (im Heck)

Preise

Limousine 4 Türen	1951 – 1954	DM 11 925,–
Limousine 4 Türen, mit Faltschiebedach	1951 – 1954	DM 12 525,–
Cabriolet B (2 Türen)	1951 – 1954	DM 15 160,–
Cabriolet A (2/3 Sitze)	1951 – 1955	DM 18 860,–
Coupé (2/3 Sitze)	1954 – 1955	DM 20 850,–
Coupé (2/3 Sitze) mit Stahlschiebedach	1954 – 1955	DM 22 000,–

Mercedes-Benz Typ 220
Cabriolet 2 Sitze
Karosserie Drews (Essen)
Einzelanfertigung 1952

Mercedes-Benz Typ 220
Cabriolet 2 Sitze
Karosserie Wendler (Reutlingen)
Einzelanfertigung 1952

Mercedes-Benz Typ 220
Polizei-Tourenwagen (OTP)
1952 – 1954

Mercedes-Benz Typ 220
Polizei-Funkwagen
Aufbau Binz (Lorch/Württ.)
1951 – 1954

Mercedes-Benz Typ 300 (1951 – 1962)

Bezeichnenderweise standen bei der Frankfurter Automobil-Ausstellung im April 1951 die Premieren der größeren Autos im Vordergrund des Interesses. Das Publikum drängte sich um den neuen BMW 501, um einen neuen Opel Kapitän, um den neuen Mercedes 220, vor allem aber um den neuen Mercedes 300. Dieser nun größte und schnellste deutsche Serienwagen sollte, ohne daß er jemals so geheißen wurde, zum »Großen Mercedes« der fünfziger Jahre werden. Er genoß zu seiner Zeit ein Ansehen, wie selbst der spätere 600 nicht. Die Autowelt in Deutschland war richtiggehend stolz auf ihn. Daß Bundeskanzler Adenauer und Bundespräsident Heuss bald nur noch mit dem Dreihundert fuhren, erhöhte dessen Ruhm ungemein, zumal diesen höchsten Staatsämtern damals viel mehr breitester Respekt entgegengebracht wurde als heute. Adenauer ging als der prominenteste Mercedes 300-Besitzer in die Automobilgeschichte ein. Jahrelang fuhr er einen 300 der ersten Ausführung, dann einen verlängerten 300 c und schließlich bis zu seinem Tod (1967) einen 300 d, der heute im Daimler-Benz Museum steht. Inzwischen werden die längst klassisch gewordenen Dreihunderter inoffiziell oft als Typ Adenauer oder Adenauer-Wagen bezeichnet. – Es gab insgesamt vier Bauserien:

Typ 300 (W 186 II), Produktion ab November 1951 (Vorserie ab April 1951) bis März 1954.

Typ 300 b (W 188 III) mit höherer Leistung und größeren Bremsen, Produktion ab März 1954 bis August 1955.

Typ 300 c (W 186 IV), wahlweise mit Vierganggetriebe oder Automatic (Borg-Warner) lieferbar. Produktion ab September 1955 bis Juli 1957. Das Cabriolet D wurde nur bis Juni 1956 gebaut. Hingegen gab es ab Juli 1956, ausgehend von einem Wunsch des Bundeskanzlers Adenauer, eine verlängerte Sonderausführung der Limousine (Radstand 3150 mm, Gesamtlänge 5165 mm, Aufpreis 3000 DM). Sie wurde mit einer Trennscheibe ausgerüstet und der hintere Beinraum hatte um 140 mm zugelegt.

Typ 300 d (W 189) mit modernisierter Karosserie in Hardtop-Bauart, längerem Radstand und Einspritzmotor. Normalausstattung mit Automatic, Viergang-Schaltgetriebe nur auf Sonderwunsch. Produktion von August 1957 bis März 1962. Das Cabriolet D wurde offiziell nicht angeboten, aber auf Sonderbestellung ab Juli 1958 wieder geliefert, wenn auch zu einem Preis, der darauf angelegt war, die Nachfrage möglichst zu dämpfen. Umso gesuchter sind heute die äußerst seltenen Cabriolets dieser letzten Dreihunderter-Serie.

Im Jahr 1960 baute das Werk drei Wagen des Typs 300 d in extralanger Sonderausführung mit extrahohem Dachaufsatz. Es handelte sich um eine Limousine und zwei Landaulets. Eines der letzteren erhielt der Papst Johannes XXIII. Die beiden anderen Wagen behielt das Werk, um sie an die Bundesregierung, aber auch an andere zahlungskräftige Interessenten für besondere Anlässe tageweise mit Fahrer zu vermieten. Besondere Daten dieser drei Staatskarossen: Radstand 3600 mm, Gesamtmaße 5640 × 1995 × 1720 mm, Reifen 8,00–15 extra Spezial, Wagengewicht 2365 kg.

In Anlage und Charakter war der 300 d übrigens deutlich anders geartet als seine Vorgänger. Deren sportliche Note hatte er verloren und fuhr sich nun amerikanischer als mancher Amerikaner, obschon er selbstverständlich unvergleichlich solider und sauberer gebaut war. In der Verarbeitung blieb er Spitzenklasse. Weiche Federung und Bedienung mit minimalem Kraftaufwand gehörten zu seinen Spezialitäten. Zum schnellen Fahren außerhalb der Autobahn eignete sich der Typ 300 d wenig, umso mehr aber für repräsentative Zwecke.

Mercedes-Benz Typ 300 S (1951 – 1958)

Der Typ 300 S (W 188 I), abgeleitet aus dem Typ 300, wurde auf dem Pariser Salon im Oktober 1951 vorgestellt. Die Produktion der ersten Serie begann im Juli 1952 (Vorserie September 1951) und endete im August 1955.

Der Typ 300 Sc (W 188 II) erhielt verchromte Lochscheibenräder und reichere Chromverzierungen (viel Lametta) sowie Lüftungsscheiben in den Seitenfenstern, vor allem aber einen PS-stärkeren Einspritzmotor und die neue Eingelenk-Pendel-Hinterachse. Die Produktion dieser zweiten Serie dauerte von September 1955 bis April 1958, wobei das Interesse an diesem im wahrsten Sinn des Wortes prachtvollen Wagen zuletzt stark abfiel.

Seit geraumer Zeit gehören die 300 S, ob aus der ersten oder zweiten Serie, zu den gesuchtesten Liebhaberautos überhaupt. Besitzer, die sich das leisten können, fahren ihn sogar noch im Alltagsbetrieb, wo ein 300 S auch heute noch keineswegs wie ein Oldtimer wirkt, sondern nach wie vor wegen seiner wundervollen Linienführung rundum allgemeine Bewunderung findet. Der 300 S war wohl der letzte deutsche Wagen, dessen Stil an die große Zeit der klassischen Automobile erinnerte.

Mercedes-Benz Typ 300 SL (1954–1963)

Typ 300 SL (W 198 I): Der Rennsport-Prototyp, vorgestellt im Frühjahr 1952, wurde von da an in verschiedenen Entwicklungsstufen bei der Mille Miglia, der Carrera Mexicana und anderen Großveranstaltungen überaus erfolgreich eingesetzt. Als Serien-Sportwagen – Coupé mit nach oben öffnenden Flügeltüren – wurde der 300 SL von August 1954 bis Mai 1957 gebaut. Der Wagen erfreute sich wegen seiner außergewöhnlichen Erscheinung großer Popularität, obgleich viele seiner Besitzer damals die Flügeltüren wegen ihrer Unbequemlichkeit im Alltagsbetrieb gar nicht so sehr schätzten. Ohnehin wurden die privaten 300 SL überwiegend als schnelle Reisewagen verwendet. Dementsprechend wuchs das Verlangen nach mehr innerem Komfort und nach (vermeintlich!) mehr äußerer Attraktivität. Diese versprach sich das Werk – vor allem im Hinblick auf den amerikanischen Markt – von einem offenen Roadster. Außerdem hatte wohl auch der hinreißend schöne BMW 507 Roadster (vorgestellt September 1955, Serie ab November 1956) ein bißchen Beklemmung verursacht.

So kam es zum Typ 300 SL (W 198 II) als Roadster mit normalen Türen. Produktion Februar 1957 bis Februar 1963. Ab September 1958 abnehmbares Coupédach lieferbar. Wesentlicher Mangel dieses Wagens waren die unzureichenden Bremsen infolge der kleinen Räder, deretwegen es auch Probleme mit den Reifen gab. Abhilfe brachten ab März 1961 Dunlop-Scheibenbremsen an allen vier Rädern.

Gewiß war im Gebrauch der Roadster praktischer als das Flügeltüren-Coupé, doch erreichte er niemals dessen Faszination. Das blieb so bis heute. Weltweit dürften noch an die tausend 300 SL vorhanden sein, die, wenn überhaupt, zu Traumpreisen gehandelt werden, wobei ein Flügeltüren-Coupé etwa doppelt so viel kostet wie ein entsprechend erhaltener Roadster.

Produktion	1951	1952	1953	1954	1955	1956	1957	1958	1959	1960	1961	1962	1963	
300, 300 b														
Limousine	47	2 659	1 776	1 185	547									**6 214** 1)
Cabriolet D	2	262	181	87	59									**591**
300 c														
Limousine					330	885	217							**1 432** 2)
Cabriolet D					3	48								**51**
300 d														
Limousine							144	1 165	607	581	535	45		**3 077** 3)
Cabriolet D								3	23	22	16	1		**65**
	49	**2 921**	**1 957**	**1 272**	**939**	**933**	**361**	**1 168**	**630**	**603**	**551**	**46**		**11 430**
300 S														
300 S	2	113	353	37	55									**560** 4)
300 Sc					5	140	52	3						**200** 5)
300 SL														
Coupé				146	867	311	76							**1 400**
Roadster							554	324	211	249	250	244	26	**1 858**
	51	**3 034**	**2 310**	**1 455**	**1 866**	**1 384**	**1 043**	**1 495**	**841**	**852**	**801**	**290**	**26**	**15 448**

1) darunter 12 Fahrgestelle
2) darunter 3 Fahrgestelle
3) darunter 1 Fahrgestell
4) Coupé 216, Cabriolet A 203, Roadster 141 Wagen
5) Coupé 98, Cabriolet A 49, Roadster 53 Wagen

Preise

Typ 300 (1951–1954)	Limousine 4 Türen	DM 19 900,–
	Cabriolet D	DM 23 700,–
Typ 300 b (1954–1955)	Limousine 4 Türen	DM 22 000,–
	Cabriolet D	DM 24 700,–
Typ 300 c (1955–1957)	Limousine 4 Türen	DM 22 000,–
	Cabriolet D	DM 24 700,–
	Automatic	+ DM 1 500,–
Typ 300 d (1957–1962)	Limousine 4 Türen	DM 27 000,–
	Cabriolet D	DM 35 500,–
	Automatic	+ DM 1 500,–
Typ 300 S (1951–1955)	Coupé 2/3 Sitze	DM 34 500,–
	Cabriolet A 2/3 Sitze	DM 34 500,–
	Roadster 2/3 Sitze	DM 34 500,–
Typ 300 Sc (1955–1958)	Coupé 2/3 Sitze	DM 36 500,–
	Cabriolet A 2/3 Sitze	DM 36 500,–
	Roadster 2/3 Sitze	DM 36 500,–
Typ 300 SL (1954–1957)	Sport-Coupé 2 Sitze	DM 29 000,–
Typ 300 SL (1957–1963)	Sport-Roadster 2 Sitze	DM 32 500,–
	Coupédach abnehmbar	+ DM 1 500,–

Mercedes-Benz Typ 300
Limousine 4 Türen
1951 – 1954

Mercedes-Benz Typ 300
Cabriolet D
1951 – 1954

	Mercedes-Benz Typ 300 (W 186 II) 1951 – 1954	Mercedes-Benz Typ 300 b (W 186 III) 1954 – 1955
Motor	Daimler-Benz M 186 Vergasermotor	Daimler-Benz M 186 II Vergasermotor
Zylinderzahl	6 (Reihe)	6 (Reihe)
Bohrung × Hub	85 × 88 mm	85 × 88 mm
Hubraum	2996 ccm	2996 ccm
Leistung	115 PS bei 4600 U/min	125 PS bei 4500 U/min
Drehmoment	20 mkg bei 2500 U/min	22,5 mkg bei 2600 U/min
Verdichtung	1:6,4	1:7,4 bis 7,5
Vergaser bzw. Einspritzpumpe	2 Fallstromvergaser Solex 40 PBJC	2 Register-Fallstromvergaser Solex 32 PAITA oder PAIAT mit Startautomatik
Ventile	Hängend Obenliegende Nockenwelle Antrieb durch Duplex-Kette	Hängend Obenliegende Nockenwelle Antrieb durch Duplex-Kette
Kurbelwellenlager	7	7
Kühlung	Pumpe, 20 Liter Wasser	Pumpe, 21 Liter Wasser
Schmierung	Druckumlauf, 6,5 Liter Öl	Druckumlauf, 6,5 Liter Öl
Batterie	12 V 50 Ah (im Motorraum)	12 V 70 Ah (im Motorraum)
Lichtmaschine	150 W	150 W
Anlasser	1,0 PS	1,0 PS
Kraftübertragung	Antrieb auf Hinterräder Kardanwelle geteilt	Antrieb auf Hinterräder Kardanwelle geteilt
Kupplung	Einscheibentrockenkupplung	Einscheibentrockenkupplung
Schaltung	Lenkradschaltung	Lenkradschaltung
Getriebe	4 Gang	4 Gang
Synchronisierung	I – IV	I – IV
Übersetzungen	I. 2,95, später 3,30, II. 2,13, III. 1,46, IV. 1,00	I. 3,44, II. 2,30, III. 1,53, IV. 1,00
Antriebs-Übersetzung	4,44	4,67
Fahrwerk	X-Form-Ovalrohr-Rahmen Ganzstahlkarosserie	X-Form-Ovalrohr-Rahmen Ganzstahlkarosserie
Vorderradaufhängung	Doppel-Querlenker Schraubenfedern, Stabilisator	Doppel-Querlenker Schraubenfedern, Stabilisator
Hinterradaufhängung	Pendel-Schwingachse, Doppel-Schraubenfedern Elektrisch zuschaltbare Drehstabfederung	Pendel-Schwingachse, Doppel-Schraubenfedern Elektrisch zuschaltbare Drehstabfederung
Lenkung	Schnecke (17,9:1), 3,3 Lenkraddrehungen bzw. ab 1952 Kugelumlauf (21,4:1), 3,75 Lenkraddrehungen	Kugelumlauf (21,4:1) 3,75 Lenkraddrehungen
Fußbremse	Hydraulisch, 4 Räder Trommel-∅ 260 mm, Bremsfläche 1270 cm^2	Hydraulisch, Servohilfe, 4 Räder Trommel-∅ 260 mm, Bremsfläche 1470 cm^2
Handbremse	Mechanisch (Seilzug), Hinterräder	Mechanisch (Seilzug), Hinterräder
Schmierung	WV-Eindruck-Zentralschmierung	WV-Eindruck-Zentralschmierung
Allgemeine Daten		
Radstand	3050 mm	3050 mm
Spur vorn/hinten	1480/1525 mm	1480/1525 mm
Gesamtmaße	4950 × 1840 × 1640 mm	5065 × 1840 × 1640 mm
Felgen	5 K × 15	5 K × 15
Reifen	7,00–15 extra (6 PR)	7,00–15 extra (6 PR)
Wendekreis links/rechts	12,6/13,1 Meter	12,6/13,1 Meter
Wagengewicht	Limousine: 1780 kg Cabriolet D: 1830 kg	Limousine: 1780 kg Cabriolet D: 1830 kg
Zuläss. Gesamtgewicht	Limousine: 2135 kg Cabriolet D: 2185 kg	2220 kg
Höchstgeschwindigkeit	160 km/h	163 km/h
Beschleunigung 0–100 km/h	18 sec	17 sec
Verbrauch/100 km	16,5 Liter	16 Liter Super
Kraftstofftank	72 Liter (im Heck)	72 Liter (im Heck)

<table>
<tr><th>Mercedes-Benz Typ 300 c
(W 186 IV)
1955 – 1957</th><th>Mercedes-Benz Typ 300 d
(W 189)
1957 – 1962</th></tr>
<tr><td>Daimler-Benz M 186 II
Vergasermotor
6 (Reihe)
85 × 88 mm
2996 ccm
125 PS bei 4500 U/min
22,5 mkg bei 2600 U/min
1:7,4 bis 7,5
2 Register-Fallstromvergaser
Solex 32 PAITA oder PAIAT
mit Startautomatik
Hängend
Obenliegende Nockenwelle
Antrieb durch Duplex-Kette
7
Pumpe, 21 Liter Wasser
Druckumlauf, 6,5 Liter Öl
12 V 70 Ah (im Motorraum)
150 W
1,0 PS</td><td>Daimler-Benz M 189
Einspritzmotor
6 (Reihe)
85 × 88 mm
2996 ccm
160 PS bei 5300 U/min
24,2 mkg bei 4200 U/min
1:8,55
Einspritzpumpe Bosch

Hängend
Obenliegende Nockenwelle
Antrieb durch Duplex-Kette
7
Pumpe, 21 Liter Wasser
Druckumlauf, 6,5 Liter Öl
12 V 70 Ah (im Motorraum)
300 W
1,0 PS</td></tr>
<tr><td>Antrieb auf Hinterräder
Kardanwelle geteilt
Einscheibentrockenkupplung
Lenkradschaltung
4 Gang
I – IV
I. 3,44, II. 2,30, III.I 1,53, IV. 1,00</td><td>Antrieb auf Hinterräder
Kardanwelle geteilt
Einscheibentrockenkupplung
Lenkradschaltung
4 Gang
I – IV
I. 3,44, II. 2,30, III. 1,53, IV. 1,00</td></tr>
<tr><td colspan="2">Auf Wunsch wahlweise: Automatic
Hydraulischer Drehmomentwandler + 3 Gang Planetengetriebe
I. 2,303, II. 1,435, III. 1,00, Wandler max. 2,1 fach
Wählhebel unter Lenkrad</td></tr>
<tr><td>4,67</td><td>4,67</td></tr>
<tr><td>X-Form-Ovalrohr-Rahmen
Ganzstahlkarosserie
Doppel-Querlenker
Schraubenfedern, Stabilisator</td><td>X-Form-Ovalrohr-Rahmen
Ganzstahlkarosserie
Doppel-Querlenker
Schraubenfedern, Stabilisator</td></tr>
<tr><td colspan="2">Eingelenk-Pendelachse, Schubstreben, Doppel-Schraubenfedern
Elektrisch zuschaltbare Drehstabfederung</td></tr>
<tr><td>Kugelumlauf (21,4:1)
3,75 Lenkraddrehungen</td><td>Kugelumlauf (21,4:1)
3,75 Lenkraddrehungen</td></tr>
<tr><td>Hydraulisch, Servohilfe, 4 Räder
Trommel-∅ 260 mm, Bremsfläche 1470 cm^2
Mechanisch (Seilzug), Hinterräder
WV-Eindruck-Zentralschmierung</td><td>Hydraulisch, Servohilfe, 4 Räder
Trommel-∅ 260 mm, Bremsfläche 1470 cm^2
Mechanisch (Seilzug), Hinterräder
WV-Eindruck-Zentralschmierung</td></tr>
<tr><td>3050 mm
1480/1525 mm
5065 × 1840 × 1600 mm
5,50 K × 15
7,60 S 15 (6 PR)
12,6/13,1 Meter
Limousine: 1860, Automatic 1900 kg
Cabriolet D: 1910, Automatic 1950 kg
2360 kg</td><td>3150 mm
1480/1525 mm
5190 × 1860 × 1620 mm
5,50 K × 15
7,60 S 15 (6 PR)
12,8/13,3 Meter
Limousine: 1950, Automatic 1990 kg
Cabriolet D: 2000, Automatic 2040 kg
2450 kg</td></tr>
<tr><td>160, Automatic 155 km/h
17, Automatic 18 sec
16, Automatic 17 Liter Super
72 Liter (im Heck)</td><td>170, Automatic 165 km/h
17, Automatic 18 sec
17, Automatic 18 Liter Super
72 Liter (im Heck)</td></tr>
</table>

Mercedes-Benz Typ 300 b
Berlina 4 Sitze
Karosserie Pininfarina (Turin)
Einzelanfertigung 1956

←
←

→

Mercedes-Benz Typ 300 b
Limousine 4 Türen
1954 – 1955

Mercedes-Benz Typ 300 b
Cabriolet D
1954 – 1955

→

Mercedes-Benz Typ 300 c
Limousine 4 Türen
Lange Ausführung
1956–1957

→

←
←

Mercedes-Benz Typ 300 b
Luxus-Cabriolet 4 Türen
Karosserie Ghia (Turin)
Einzelanfertigung 1956
für einen arabischen Kunden

A W 27 2014

Mercedes-Benz Typ 300 c Cabriolet D 1955 – 1956

Mercedes-Benz Typ 300
Krankenwagen
Aufbau Miesen (Bonn)
etwa 1955

Mercedes-Benz Typ 300
Bestattungswagen
Aufbau Kässbohrer (Ulm)
etwa 1955

Mercedes-Benz Typ 300
Bestattungswagen
Aufbau Lueg (Essen)
etwa 1955

Mercedes-Benz Typ 300
Kombiwagen
Aufbau Binz (Lorch/Württ.)
etwa 1957

←
←

→
→

Mercedes-Benz Typ 300 d
Krankenwagen (für Bern)
Aufbau Binz (Lorch/Württ.)
1958

4,30m

4,30m
BE
2007

Mercedes-Benz Typ 300 d
Limousine 4 Türen
1957 – 1962

Mercedes-Benz Typ 300 d, Limousine 4 Türen, 1957–1962

Mercedes-Benz Typ 300 d »Adenauer«, Limousine 4 Türen, 1957–1962

↑ ↑

Mercedes-Benz Typ 300 d
Cabriolet D
1958 – 1962

S-A 716

Mercedes-Benz Typ 300 d
Pullman-Limousine
Sonderausführung 1960
für Staatsempfänge

Mercedes-Benz Typ 300 d
Pullman-Landaulet
Sonderausführung 1960
für Staatsempfänge

Mercedes-Benz Typ 300 d
Pullman-Landaulet
Sonderausführung 1960
für Papst Johannes XXIII.
(Seite 59)

Mercedes-Benz Typ 300 S
Coupé 2/3 Sitze
und Cabriolet A (Seite 62)
1951–1955

Mercedes-Benz Typ 300 S Cabriolet A, 1952

Mercedes-Benz Typ 300 S
Roadster 2/3 Sitze
1951 – 1955

Mercedes-Benz Typ 300 S
Cabriolet trasformabile
Karosserie Pininfarina (Torino)
(im Stil eines Duesenberg 1937)
Einzelanfertigung 1956

Mercedes-Benz Typ 300 Sc Coupé 2/3 Sitze 1955 – 1958

Mercedes-Benz Typ 300 Sc Roadster 2/3 Sitze 1955 – 1958

Mercedes-Benz Typ 300 Sc Coupé 4 Sitze, Karosserie Pininfarina (Torino), Einzelanfertigung 1956

	Mercedes-Benz Typ 300 S (W 188 I) 1951 – 1955	Mercedes-Benz Typ 300 Sc (W 188 II) 1955 – 1958
Motor	Daimler-Benz M 188	Daimler-Benz M 199
	Vergasermotor	Einspritzmotor
Zylinderzahl	6 (Reihe)	6 (Reihe)
Bohrung × Hub	85 × 88 mm	85 × 88 mm
Hubraum	2996 ccm	2996 ccm
Leistung	150 PS bei 5000 U/min	175 PS bei 5400 U/min
Drehmoment	23,5 mkg bei 3800 U/min	26 mkg bei 4300 U/min
Verdichtung	1:7,8	1:8,55
Vergaser bzw. Einspritzpumpe	3 Fallstromvergaser Solex 40 PBJC	Einspritzpumpe Bosch
Ventile	Hängend	Hängend
	Obenliegende Nockenwelle	Obenliegende Nockenwelle
	Antrieb durch Duplex-Kette	Antrieb durch Duplex-Kette
Kurbelwellenlager	7	7
Kühlung	Pumpe, 19,5 Liter Wasser	Pumpe, 20 Liter Wasser
Schmierung	Druckumlauf, 6,5 Liter Öl	Trockensumpf, 9 Liter Öl
Batterie	12 V 50 Ah (im Motorraum)	12 V 70 Ah (im Motorraum)
Lichtmaschine	150 W	300 W
Anlasser	1,0 PS	1,0 PS
Kraftübertragung	Antrieb auf Hinterräder	Antrieb auf Hinterräder
	Kardanwelle geteilt	Kardanwelle geteilt
Kupplung	Einscheibentrockenkupplung	Einscheibentrockenkupplung
Schaltung	Lenkradschaltung	Lenkradschaltung
Getriebe	4 Gang	4 Gang
Synchronisierung	I – IV	I – IV
Übersetzungen	I. 3,33, später 3,68	I. 3,55
	II. 2,12, später 2,25	II. 2,30
	III. 1,46, später 1,42	III. 1,53
	IV. 1,00	IV. 1,00
Antriebs-Übersetzung	4,125	4,44
Fahrwerk	X-Form-Ovalrohr-Rahmen	X-Form-Ovalrohr-Rahmen
	Ganzstahlkarosserie	Ganzstahlkarosserie
Vorderradaufhängung	Doppel-Querlenker	Doppel-Querlenker
	Schraubenfedern, Stabilisator	Schraubenfedern, Stabilisator
Hinterradaufhängung	Pendel-Schwingachse	Eingelenk-Pendelachse
	Doppel-Schraubenfedern	Doppel-Schraubenfedern
Lenkung	Kugelumlauf (21,4:1)	Kugelumlauf (21,4:1)
	3,75 Lenkraddrehungen	3,75 Lenkraddrehungen
Fußbremse	Hydraulisch, ab 1954 Servohilfe, 4 Räder	Hydraulisch, Servohilfe, 4 Räder
	Trommel-∅ 260 mm, Bremsfläche 1270 cm^2	Trommel-∅ 260 mm, Bremsfläche 1470 cm^2
Handbremse	Mechanisch (Seilzug), Hinterräder	Mechanisch (Seilzug), Hinterräder
Allgemeine Daten		
Radstand	2900 mm	2900 mm
Spur vorn/hinten	1480/1525 mm	1480/1525 mm
Gesamtmaße	4700 × 1860 × 1510 mm	4700 × 1860 × 1510 mm
Felgen	5 K × 15	5 K × 15
Reifen	6,70–15 extra	6,70–15 extra
Wendekreis links/rechts	12,2/12,7 Meter	12,2/12,7 Meter
Wagengewicht	1760 kg	1780 kg
Zuläss. Gesamtgewicht	2000 kg	2020 kg
Höchstgeschwindigkeit	176 km/h	180 km/h
Beschleunigung 0–100 km/h	15 sec	14 sec
Verbrauch/100 km	17 Liter Super	17 Liter Super
Kraftstofftank	85 Liter (im Heck)	85 Liter (im Heck)

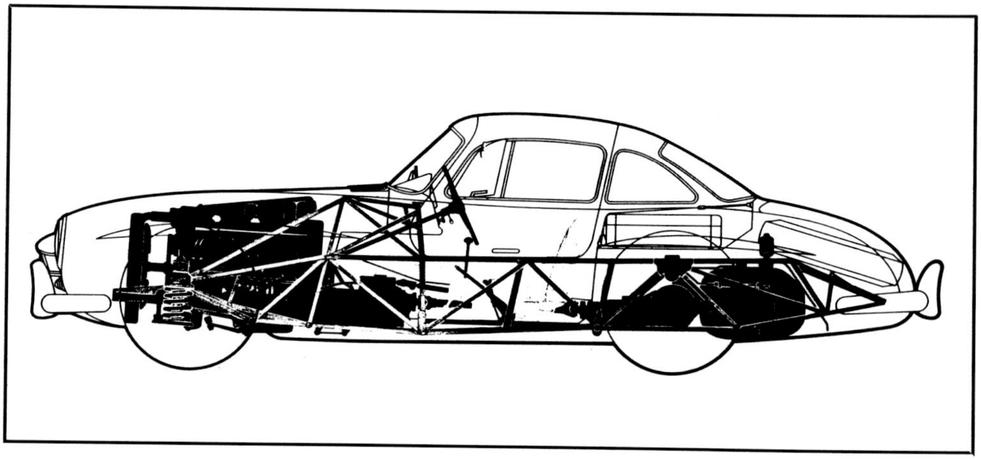

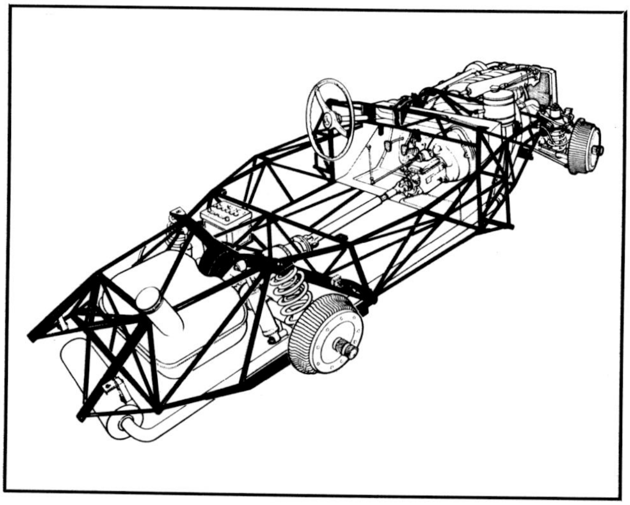

Mercedes-Benz Typ 300 SL
Flügeltüren-Coupé 2 Sitze
1954 – 1957

Mercedes-Benz Typ 300 SL Roadster 2 Sitze 1957 – 1963

Mercedes-Benz Typ 300 SL Roadster 2 Sitze (mit abnehmbarem Coupédach) 1958 – 1963

Mercedes-Benz Typ 300 SL, Roadster 2 Sitze 1958–1963

<table>
<tr><th></th><th>Mercedes-Benz Typ 300 SL
(W 198 I)
1954 – 1957</th><th>Mercedes-Benz Typ 300 SL
(W 198 II)
1957 – 1963</th></tr>
<tr><td>Motor</td><td colspan="2">Daimler-Benz M 198
Einspritzmotor</td></tr>
<tr><td>Zylinderzahl</td><td colspan="2">6 (Reihe), Block um 45° nach links zur Seite geneigt</td></tr>
<tr><td>Bohrung × Hub</td><td colspan="2">85 × 88 mm</td></tr>
<tr><td>Hubraum</td><td colspan="2">2996 ccm</td></tr>
<tr><td>Leistung</td><td colspan="2">215 PS bei 5800 U/min</td></tr>
<tr><td>Drehmoment</td><td colspan="2">28 mkg bei 4600 U/min</td></tr>
<tr><td>Verdichtung</td><td colspan="2">1:8,55</td></tr>
<tr><td>Einspritzpumpe</td><td colspan="2">Einspritzpumpe Bosch</td></tr>
<tr><td>Ventile</td><td colspan="2">Hängend
Obenliegende Nockenwelle, Antrieb durch Duplex-Kette</td></tr>
<tr><td>Kurbelwellenlager</td><td colspan="2">7</td></tr>
<tr><td>Kühlung</td><td>Pumpe, 25,5 Liter Wasser</td><td>Pumpe, 20 Liter Wasser</td></tr>
<tr><td>Schmierung</td><td colspan="2">Trockensumpf, 11 Liter Öl</td></tr>
<tr><td>Batterie</td><td colspan="2">12 V 56 Ah (hinter Sitz)</td></tr>
<tr><td>Lichtmaschine</td><td colspan="2">150 W</td></tr>
<tr><td>Anlasser</td><td colspan="2">1,0 PS</td></tr>
<tr><td>Kraftübertragung</td><td colspan="2">Antrieb auf Hinterräder</td></tr>
<tr><td>Kupplung</td><td colspan="2">Einscheibentrockenkupplung</td></tr>
<tr><td>Schaltung</td><td colspan="2">Schaltstock Wagenmitte</td></tr>
<tr><td>Getriebe</td><td colspan="2">4 Gang</td></tr>
<tr><td>Synchronisierung</td><td colspan="2">I – IV</td></tr>
<tr><td>Übersetzungen</td><td colspan="2">I. 3,34
II. 1,97
III. 1,385
IV. 1,00</td></tr>
<tr><td>Antriebs-Übersetzung</td><td colspan="2">3,64 oder wahlweise 3,25, 3,42, 3,89, 4,11</td></tr>
<tr><td>Fahrwerk</td><td colspan="2">Stahlrohr-Gitterrahmen
Leichtbau-Stahlblech-Karosserie *)</td></tr>
<tr><td>Vorderradaufhängung</td><td>Doppel-Querlenker
Schraubenfedern, Stabilisator</td><td>Doppel-Querlenker
Schraubenfedern, Stabilisator</td></tr>
<tr><td>Hinterradaufhängung</td><td>Pendel-Schwingachse
Schraubenfedern</td><td>Eingelenk-Pendelachse
Schraubenfedern+Ausgleichs-Schraubenfedern</td></tr>
<tr><td>Lenkung</td><td>Kugelumlauf (17,3:1)
3 Lenkraddrehungen</td><td>Kugelumlauf (17,3:1)
3 Lenkraddrehungen</td></tr>
<tr><td>Fußbremse</td><td>Hydraulisch, Servohilfe, 4 Räder
Trommel-∅ 260 mm, Bremsfläche 1470 cm²</td><td>Hydraulisch, Servohilfe, 4 Räder
Trommel-∅ 260 mm, Bremsfläche 1470 cm²
bzw. (ab März 1961)
Scheibenbremsen vorn und hinten (290 mm ∅)</td></tr>
<tr><td>Handbremse</td><td>Mechanisch, Hinterräder (Seilzug)</td><td>Mechanisch, Hinterräder (Seilzug)</td></tr>
<tr><td>Allgemeine Daten</td><td></td><td></td></tr>
<tr><td>Radstand</td><td>2400 mm</td><td>2400 mm</td></tr>
<tr><td>Spur vorn/hinten</td><td>1385/1435 mm</td><td>1398/1448 mm</td></tr>
<tr><td>Gesamtmaße</td><td>4520 × 1790 × 1300 mm</td><td>4570 × 1790 × 1300 mm</td></tr>
<tr><td>Felgen</td><td>5 K × 15</td><td>5 K × 15</td></tr>
<tr><td>Reifen</td><td>6,50–15 Supersport</td><td>6,70–15 Supersport</td></tr>
<tr><td>Wendekreis links/rechts</td><td>11,4/11,4 Meter</td><td>11,4/11,4 Meter</td></tr>
<tr><td>Wagengewicht</td><td>1310 kg</td><td>Roadster 1420 kg
mit Coupédach 1460 kg</td></tr>
<tr><td>Zuläss. Gesamtgewicht</td><td>1555 kg</td><td>1560 kg bzw.
(ab März 1961) 1660 kg</td></tr>
<tr><td>Höchstgeschwindigkeit</td><td>Hinterachse 3,64: 235 km/h
Hinterachse 3,42: 250 km/h
Hinterachse 3,25: 260 km/h</td><td>220 bis 250 km/h
je nach Hinterachse</td></tr>
<tr><td>Beschleunigung 0–100 km/h</td><td>10 sec</td><td>10 sec</td></tr>
<tr><td>Verbrauch/100 km</td><td>17 Liter Super</td><td>17 Liter Super</td></tr>
<tr><td>Kraftstofftank</td><td>130 Liter (im Heck)</td><td>100 Liter (im Heck)</td></tr>
</table>

*) 29 Wagen mit Aluminium-Karosserie

»Erlkönig« Nummer 1 war ein Mercedes!

»Der Begriff Erlkönig hat zwar seinen Ursprung in Goethes Ballade gleichen Namens (›Wer reitet so spät durch Nacht und Wind?‹), doch denken Menschen, die das Wort heute hören, eher an einen getarnten Versuchswagen, der, ganz im Geist der Ballade, bei Nacht und Nebel unterwegs ist. Der Begriff ›Erlkönig‹ ist bereits so festgefügt, daß ihn selbst der Duden, anerkannter Garant reinen Sprachgewissens, als Ausdruck der Umgangssprache in besagtem Sinne führt.« (Aus: autopress)

In der Tat ist die Bezeichnung »Erlkönig« längst für jeden automobilinteressierten Menschen ein fester Begriff. Nur: Wie es dazu kam, daß dieses Wort zu einem selbstverständlichen Bestandteil unserer Sprache wurde, das weiß heute – außer dem Verfasser dieses Buches – wohl niemand mehr. Ihm sei es daher erlaubt, hier eine persönliche Reminiszenz einzubringen. Werner Oswald, geb. 1920, war acht Jahre lang, nämlich von Anfang 1950 bis Ende 1957, zweiter Mann in der Redaktion der Zeitschrift »auto motor und sport«. Er erzählt:

Vor über 30 Jahren (genau: ab Heft 15 vom 19. Juli 1952) brachten wir in auto motor und sport eine Zeitlang Heft für Heft je das kleine Foto eines Prototyps. Diese nach heutigen Maßstäben lächerlich harmlosen Bildchen galten damals als eine sensationelle, noch nie dagewesene Provokation der Automobilindustrie. Deshalb hatten wir zuvor wochen-, ja vielleicht monatelang überlegt, ob und in welcher Form wir uns den Abdruck dieser Amateurfotos erlauben könnten. Chefredakteur Wieselmann kam schließlich auf die Idee, durch liebenswürdige Begleittexte den betroffenen Industriefirmen die bittere Pille ein wenig zu versüßen. In diesem Sinn reimte er eines schönen Sonntags für die ersten paar Bilder je ein kleines Achtzeilen-Gedicht im Stil des Erlkönig-Poems. Die legte er mir Montagfrüh auf den Tisch mit dem Auftrag, hieraus für die nächsten Hefte eine Folge vorzubereiten und diese mit einer gleichbleibenden Überschrift zu versehen. Nach kurzer Überlegung meinte ich: »Schreiben wir doch einfach ›Erlkönig‹ drüber!« Der Chefredakteur war von dem Vorschlag wenig begeistert und überlegte dann selbst noch eine Weile. Da ihm aber auch nichts Besseres einfiel, akzeptierte er meinen Gedankenblitz, und schließlich gefiel er ihm sogar. Fortan bezeichnete ich in auto motor und sport konsequent jeden Prototyp, gleich welcher Herkunft, als Erlkönig, und so wurde das Wort bekannt und bald zu einem geläufigen Ausdruck.

Unser erster Erlkönig freilich bereicherte keineswegs bloß die Umgangssprache um ein neues Wort. Vor allem löste er eine in diesem Umfang nie erwartete Jagd auf Erlkönig-Fotos aus, die inzwischen längst sogar professionell betrieben wird. Hand in Hand damit begann die systematische Erforschung der künftigen Produktionsprogramme unserer Automarken. Die seitenlangen Berichte hierüber, garniert mit authentischen Erlkönig-Fotos und mehr oder weniger geschickt komponierten Farbzeichnungen, wie man sie heute in den großen Automobilzeitschriften findet, gehen im Grunde alle auf jenes Bildchen zurück, das am 19. Juli 1952 in auto motor und sport abgedruckt war.

Dieser Erlkönig Nummer 1 war ein Prototyp des damals mit größter Spannung erwarteten Mercedes-Benz Typ 180. Das Foto ist, bei aller Undeutlichkeit, auch heute noch interessant, denn es zeigt, daß die Linienführung des Typs 180 ursprünglich weitgehend dem Vorbild des Typs 300 entsprach. Eine sehr ähnliche Form hatten auch mehrere andere Autos jener Zeit, so beispielsweise und vor allem der englische Morris in dreierlei Größen. Wenn schließlich der Typ 180 einen Pontonaufbau mit glatten Seitenflächen erhielt, dann bedeutet dies, daß beim Übergang vom 170 S zum 180 in bezug auf die Karosserieform eine Entwicklungsstufe übersprungen wurde.

Erlkönig

1. Folge

Wer fährt da so rasch durch Regen und Wind?
Ist es ein Straßenkreuzer von drüben,
der nur im Umfang zurückgeblieben
oder gar Daimlers jüngstes Kind?

Der stille Betrachter wär gar nicht verwundert,
wenn jenes durchgreifend neue Modell,
das selbst dem Fotografen zu schnell,
nichts anderes wär als der Sohn vom »Dreihundert«.

Erlkönig, (wohl in Anlehnung an die erste Zeile der Ballade »Erlkönig« von Goethe) (Kfz-Jargon) genannter, probehalber eingesetzter Wagen eines neuen Autotyps: Der Reporter konnte einen E. aufnehmen.

(Aus: Duden,
»Deutsches Universal-Wörterbuch«, Ausgabe 1983)

Erlkönig: Sagengestalt, ugs. (= umgangssprachlich) für getarnter Versuchswagen.

(Aus: Duden,
»Die Rechtschreibung«, 18. Auflage 1980)

Mercedes-Benz Typ 180 (1953 – 1962)
Mercedes-Benz Typ 180 D (1954 – 1962)
Mercedes-Benz Typ 190 (1956 – 1961)
Mercedes-Benz Typ 190 D (1958 – 1961)

Der Typ 180 (W 120) war vom automobilinteressierten Publikum mit größter Spannung erwartet worden, weil damit auch Daimler-Benz den Übergang zur geräumigeren und luftwiderstandsärmeren Pontonkarosserie und gleichzeitig zu deren selbsttragender Bauweise vollzog. Lediglich der Motor wurde noch vom Typ 170 Sb übernommen, was dem Ansehen des Typs 180 der ersten Bauserie (Produktion von Juli 1953 bis Juni 1957) einigen Abbruch tat.

Der Typ 180 a (Produktion von Juli 1957 bis Juli 1959) erhielt den leistungsmäßig reduzierten Hängeventil-Motor des ein Jahr vorher eingeführten Typs 190. Ab April 1958 Ausstellfenster an den vorderen Türen.

Der Typ 180 b (Produktion von Juli 1959 bis August 1961) erhielt den breiteren Kühler und Stoßstangen ohne Hörner.

Der Typ 180 c (Produktion von Juni 1961 bis Oktober 1962) unterschied sich vom Vorgänger lediglich durch einen geänderten Ventilmechanismus.

Produktion	1953	1954	1955	1956	1957	1958	1959	1960	1961	1962	1963	
180	4 362	20 306	17 704	8 464	1 350							**52 186** 1)
180 a					4 656	15 967	6 730					**27 353** 2)
180 b							7 314	14 384	7 717			**29 415** 3)
180 c									4 980	4 300		**9 280** 4)
180 D	11	15 532	20 345	21 013	22 910	26 693	9 981					**116 485** 5)
180 Db							8 076	11 151	5 449			**24 676** 6)
180 Dc									4 822	7 000		**11 822** 7)
190				16 001	22 578	15 791	6 975					**61 345** 8)
190 b							6 613	12 986	8 864			**28 463** 9)
190 D						5 469	15 160					**20 629** 10)
190 Db							13 709	29 116	18 484			**61 309** 11)
190 SL			1 727	4 032	3 332	2 722	3 949	3 977	3 792	2 246	104	**25 881**
220 a		4 178	19 348	2 411								**25 937**
219				5 474	8 505	9 296	4 570					**27 845** 12)
220 S				10 525	15 459	20 181	9 114					**55 279** 13)
220 S Coupé u. Cabriolet				297	1 066	1 280	786					**3 429** 14)
220 SE						201	1 773					**1 974**
220 SE Coupé u. Cabriolet						114	628	1 200				**1 942** 15)

1) einschl. 279 Fahrgestelle
2) einschl. 198 Fahrgestelle
3) einschl. 382 Fahrgestelle
4) einschl. 183 Fahrgestelle
5) einschl. 2 439 Fahrgestelle
6) einschl. 400 Fahrgestelle
7) einschl. 222 Fahrgestelle
8) einschl. 354 Fahrgestelle
9) einschl. 349 Fahrgestelle
10) einschl. 136 Fahrgestelle
11) einschl. 711 Fahrgestelle
12) einschl. 3 Fahrgestelle
13) einschl. 11 Fahrgestelle
14) Cabriolet 2 178, Coupé 1 251 Wagen
15) Cabriolet 1 112, Coupé 830 Wagen

Der Typ 180 D (W 120) unterschied sich vom Typ 180 und 180 a nur durch den vom Typ 170 DS bzw. 170 S-D übernommenen Dieselmotor und die kürzere Hinterachs-Übersetzung. Ebenfalls ab April 1958 Ausstellfenster in den vorderen Türen. Produktion von Februar 1954 (Vorserie Oktober 1953) bis Juli 1959.

Der Typ 180 Db entsprach mit dem breiteren Kühler und den hörnerlosen Stoßstangen dem Typ 180 c, wie dieser in Produktion von Juli 1959 bis August 1961.

Der Typ 180 Dc mit 2 Liter Kurzhub-Dieselmotor wurde nur noch von Juni 1961 bis Oktober 1962 gebaut.

Der Typ 190 (W 121) besaß die gleiche Karosserie und das gleiche Fahrwerk wie der Typ 180, brachte jedoch einen neuen Hängeventil-Motor und stärkere Bremsen sowie eine anspruchsvollere Ausstattung. Sein wichtigstes Erkennungsmerkmal freilich war die Chromleiste um die Gürtellinie des Wagens, und ihretwegen wohl wurde der 190 auch hauptsächlich gekauft. Sein Besitz war nämlich oft nur eine Prestigeangelegenheit, denn ansonsten konnte einem der billigere und wirtschaftlichere 180 genauso lieb sein, seit er praktisch den gleichen Motor und die gleichen Bremsen besaß. Produktion von März 1956 bis August 1959.

Typ 190 b (Produktion von Juli 1959 bis September 1961): Breiter Kühler, Stoßstangen ohne Hörner.

Typ 190 D (W 121): Unterschied sich vom Typ 190 nur durch den neuen 1,9 Liter Kurzhub-Dieselmotor. Produktion von August 1958 bis Juli 1959.

Typ 190 Db (Produktion von Juli 1959 bis September 1961): Breiter Kühler, Stoßstangen ohne Hörner.

Die bei den Produktionszahlen aufgeführten Fahrgestelle wurden überwiegend für den Bau von Krankenwagen, in geringer Zahl auch für den Bau von Kombiwagen mit 4 Türen verwendet. Hersteller waren das Karosseriewerk Christian Miesen (Bonn) und die Karosseriefabrik Binz & Cie. (Lörrach/Württ.). Wichtigste abweichende Daten: Reifen 6,70 - 13 extra, höheres Gewicht, Nutzlast 650 kg, Gesamtmaße bei Miesen 4425 × 1740 × 1700 mm bzw. bei Binz 4446 × 1740 × 1600 mm, Preis des Kombi je nach Motor zwischen 12 000 und 15 000 DM.

Mercedes-Benz Typ 190 SL (1955 – 1963)

Der Typ 190 SL (W 121), entstanden auf Anregung des damaligen USA-Importeurs Maxi Hoffman, wurde als Prototyp erstmalig im Februar 1954 in New York gezeigt. Der sehr ansprechend gezeichnete Zweisitzer war vom Typ 180 abgeleitet, hatte aber einen neuen, allerdings ziemlich rauhen Motor erhalten, der dann ab März 1956 mit reduzierter Leistung auch für den Typ 190 Verwendung fand. Der 190 SL ging im Mai 1955 (Vorserie Januar 1955) in Serie. Anfangs kamen auch einige Roadster in Rennsportausführung mit leichten Türen und kleiner Plexiglas-Frontscheibe in den Besitz einiger Kunden, was aber bald im Hinblick auf sportgesetzliche Reglementierungen unterblieb. Ohnehin war der 190 SL als sportliches Reisefahrzeug gedacht mit beachtlichen, ausgezeichneten Fahreigenschaften sowie eleganter Linienführung und Ausstattung. Ab September 1959 Coupédach mit großem Heckfenster. Ende der Produktion im Februar 1963. Ein gut erhaltener 190 SL ist heute noch mindestens seinen einstigen Preis wert! Preise:

Roadster, 2 Sitze, mit Verdeck	DM 16 500,–
Roadster, 2 Sitze, mit Verdeck und Coupédach	DM 17 650,–

Mercedes-Benz Typ 220 a (1954 – 1956)
Mercedes-Benz Typ 219 (1956 – 1959)
Mercedes-Benz Typ 220 S (1956 – 1959)
Mercedes-Benz Typ 220 SE (1958 – 1960)

Typ 220 a (W 180 I): Motor vom vorhergehenden Typ 220, Fahrwerk und Karosserie vom Typ 180 abgeleitet. Der Typ 220 a wirkte durch längeren Radstand und Motorvorbau gefälliger proportioniert als die gedrungenen, eher plumpen Limousinen der Typen 180/190. Die gediegene, repräsentative Linienführung der geräumigen Karosserie, die Leistung des hervorragenden, allerdings im Hubraum unnötig bescheidenen Motors sowie die eindrucksvollen Fahrwerksqualitäten machten den Typ 220 a zu einem Spitzenerzeugnis der damaligen Automobiltechnik. Vorgestellt wurde die Limousine im März 1954, ihre Produktion lief von Juni 1954 bis April 1956. Das Cabriolet A/C wurde im September 1955 vorgestellt, ging aber erst als 220 S ein knappes Jahr später in die Produktion.

Typ 219 (W 105): Einfache Ausführung des gleichzeitig angebotenen Typs 220 S. Produktion ab März 1956 bis Juli 1959. Bezeichnung als Typ 219 war zwar einleuchtend, verkaufspsychologisch aber ungeschickt gewählt.

Typ 220 S (W 180 II): Gleicher Wagen wie Vorgänger-Typ 220 a, jedoch etwas höhere Motorleistung und einige zusätzliche, vorteilhaft wirkende Chromverzierungen. Produktion der Limousine von März 1956 bis August 1959. Produktion des in der Form etwas barocken und chromüberladenen Cabriolet A/C ab Juli 1956 (Coupé ab Oktober 1956) bis Oktober 1959.

Typ 220 SE (W 128): Einziger Unterschied zum Typ 220 S war die Benzineinspritzung. Produktion der Limousine ab Oktober 1958 (Vorserie April 1958) bis August 1959, des Cabriolet A/C und des Coupé ab Oktober 1958 (Vorserie Juli 1958) bis November 1960.

Preise	180	180 D	190	190 D
Limousine 4 Türen				
1953/54	DM 9950,–	–	–	–
1954/55	DM 9450,–	DM 10300,–	–	–
1956	DM 8760,–	DM 9850,–	DM 9450,–	–
1956–1958	DM 8760,–	DM 9450,–	DM 9450,–	–
1958–1961	DM 8760,–	DM 9450,–	DM 9450,–	DM 9950,–
ab August 1961	DM 8950,–	DM 9450,–	–	–
ab April 1962	DM 9350,–	DM 9850,–	–	–
Kombi 4 Türen (Miesen)	DM 13220,–	DM 13720,–	DM 13970,–	DM 14470,–
Kombi 4 Türen (Binz)	DM 12000,–	DM 12500,–	DM 12750,–	DM 13250,–

Preise	220	219	220 S	220 SE
Limousine 4 Türen	DM 12500,–	DM 10500,–	DM 12500,–	DM 14400,–
Cabriolet A/C	DM 21500,–	–	DM 21500,–	DM 23400,–
Coupé 4 Sitze	–	–	DM 21500,–	DM 23400,–

Mercedes-Benz
Typ 180 (1953 – 1957)
Typ 180 a (1957 – 1958)
Typ 180 D (1954 – 1958)
Limousine 4 Türen

Mercedes-Benz
Typ 180 a
Typ 180 D
Limousine 4 Türen
(mit Ausstellfenstern)
1958 – 1959

Mercedes-Benz
Typ 180 b und 180 c
Typ 180 Db und 180 Dc
Limousine 4 Türen
(Breiter Kühler,
glatte Stoßstangen)
1959 – 1962

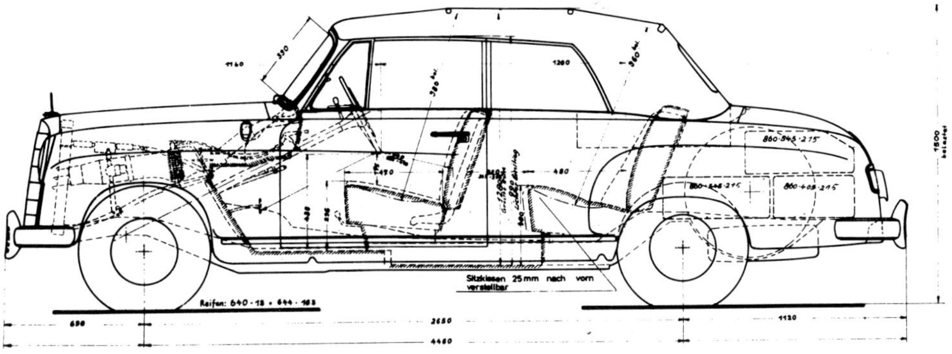

Mercedes-Benz Typ 180
Cabriolet B
Entwurf 1953
(nicht ausgeführt)

Mercedes-Benz Typ 180
Cabriolet A
Entwurf 1953
(nicht ausgeführt)

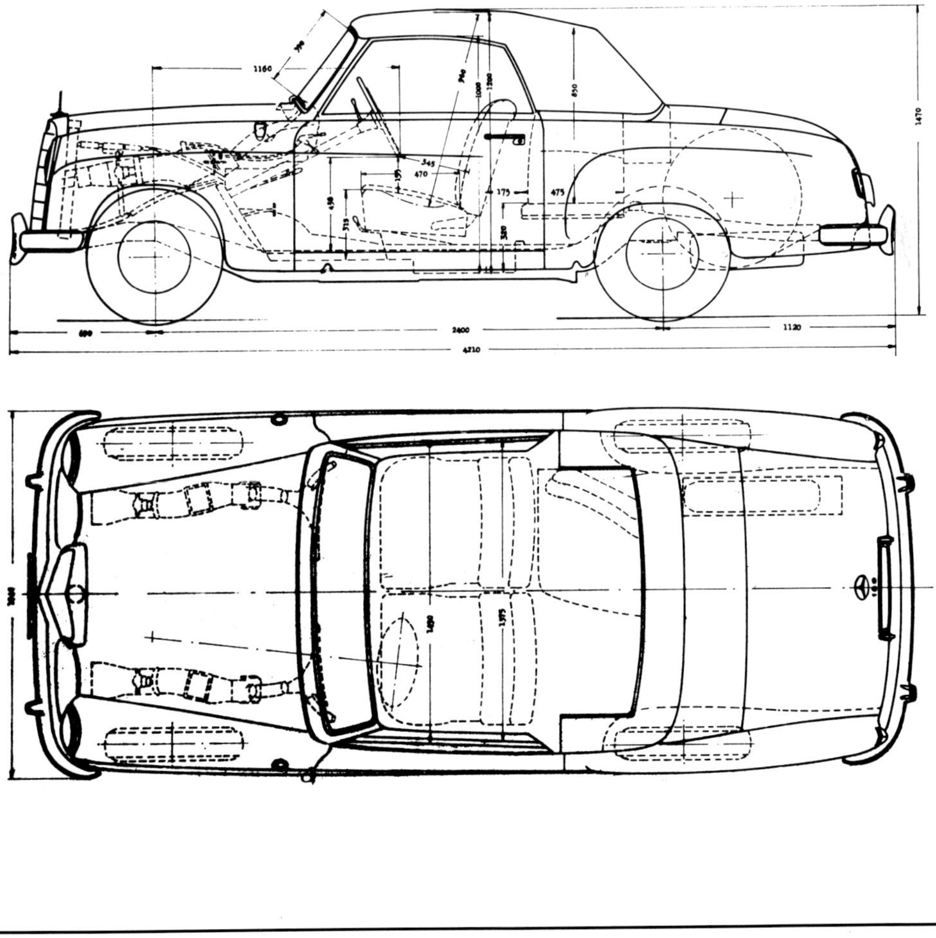

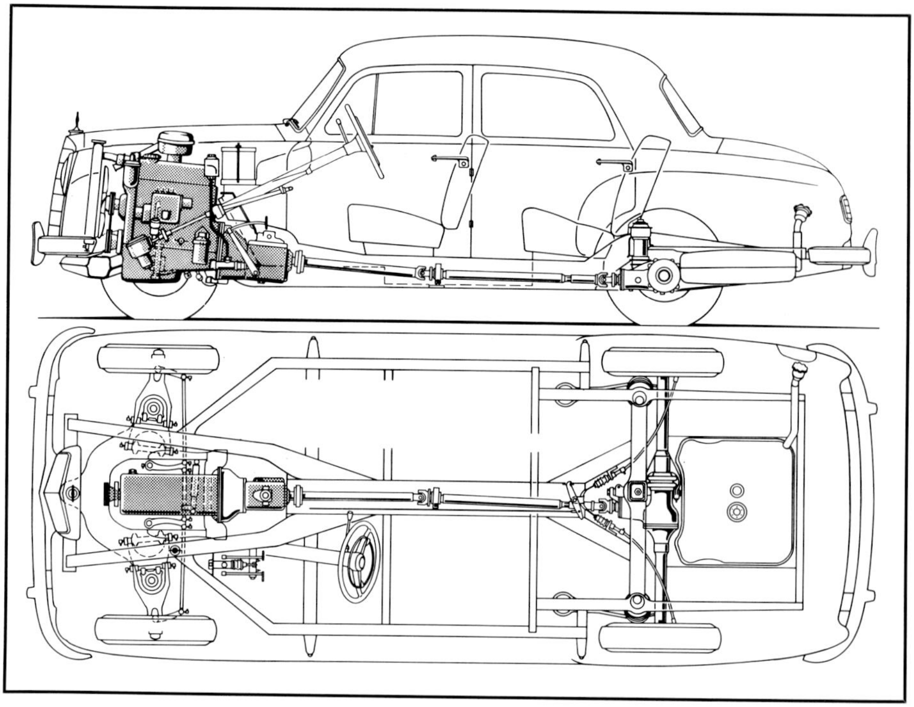

→

Mercedes-Benz
Typ 190 D
Limousine 4 Türen
1958 – 1959

→

Mercedes-Benz
Typ 190 Db
Limousine 4 Türen
(Breiter Kühler,
glatte Stoßstangen)
1959 – 1961

Mercedes-Benz Typ 180
Mercedes-Benz Typ 180 D
Mercedes-Benz Typ 190
Mercedes-Benz Typ 190 D
Krankenwagen
Aufbau Binz
1954 – 1962
(entsprechend auch als Kombi lieferbar)

Mercedes-Benz Typ 180
Mercedes-Benz Typ 180 D
Mercedes-Benz Typ 190
Mercedes-Benz Typ 190 D
Krankenwagen
Aufbau Miesen
1954 – 1962
(entsprechend auch als Kombi lieferbar)

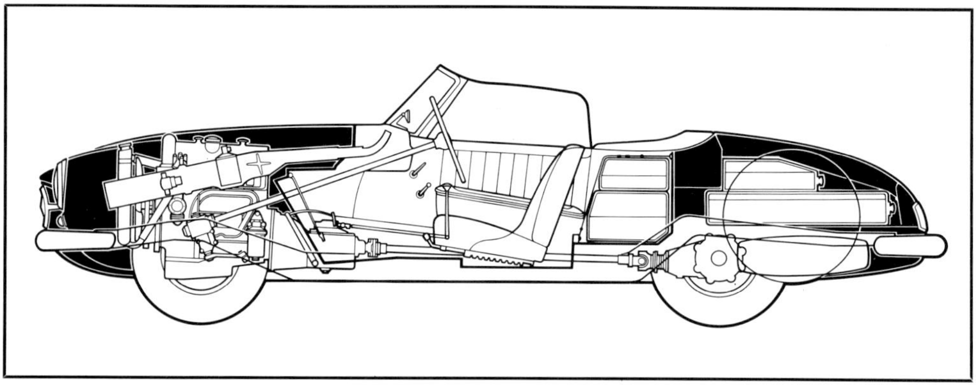

Mercedes-Benz Typ 190 SL
Rennsportausführung 1955

Mercedes-Benz Typ 190 SL
Roadster 2 Sitze 1955 – 1962

Mercedes-Benz Typ 190 SL
Roadster mit Verdeck 1955 – 1962

Mercedes-Benz Typ 190 SL
Roadster mit Coupédach 1955 – 1959

Mercedes-Benz Typ 190 SL
Roadster mit Coupédach (großes Heckfenster) 1959 – 1962

Mercedes-Benz Typ 220 a
Limousine 4 Türen
1954 – 1956

←

←

Mercedes-Benz Typ 219
Limousine 4 Türen
1956 – 1959

←

←

Mercedes-Benz Typ 220 S
Limousine 4 Türen
1956–1959 (Seite 84)

Mercedes-Benz Typ 220 SE
Limousine 4 Türen
1958–1959 (Seite 84)

	Mercedes-Benz Typ 180 D (W 120) 1953 – 1961	Mercedes-Benz Typ 180 D (W 120) 1961 – 1962	Mercedes-Benz Typ 190 D (W 121) 1958 – 1961
Motor	Daimler-Benz OM 636 VII Vorkammer-Dieselmotor	Daimler-Benz OM 621 Vorkammer-Dieselmotor	Daimler-Benz OM 621 Vorkammer-Dieselmotor
Zylinderzahl	4 (Reihe)	4 (Reihe)	4 (Reihe)
Bohrung × Hub	75 × 100 mm	87 x 83,6 mm	85 × 83,6 mm
Hubraum	1767 ccm	1988 ccm	1897 ccm
Leistung	40 PS bei 3200 U/min Ab Sept. 1955: 43 PS bei 3500 U/min	48 PS bei 3800 U/min	50 PS bei 4000 U/min
Drehmoment	10,3 mkg bei 2000 U/min	11,0 mkg bei 2200 U/min	11,0 mkg bei 2200 U/min
Verdichtung	1:19	1:21	1:21
Vergaser bzw. Einspritzpumpe	Bosch Einspritzpumpe	Bosch Einspritzpumpe	Bosch Einspritzpumpe
Ventile	Hängend Seitliche Nockenwelle Antrieb durch Stirnräder	Hängend Obenliegende Nockenwelle Antrieb durch Duplex-Kette	Hängend Obenliegende Nockenwelle Antrieb durch Duplex-Kette
Kurbelwellenlager	3	3	3
Kühlung	Pumpe, 8,6 Liter Wasser	Pumpe, 9,3 Liter Wasser	Pumpe, 9,3 Liter Wasser
Schmierung	Druckumlauf, 4 Liter Öl	Druckumlauf, 4 Liter Öl	Druckumlauf, 4 Liter Öl
Batterie	12 V 84 Ah (im Motorraum)	12 V 66 Ah (im Motorraum)	12 V 84 Ah (im Motorraum)
Lichtmaschine	160 W	160 W	160 W
Kraftübertragung	Antrieb auf Hinterräder. Geteilte Kardanwelle		
Kupplung	Einscheibentrockenkupplung		
Schaltung	Lenkradschaltung		
Getriebe	4 Gang		
Synchronisierung	I – IV		
Übersetzungen	I. 4,05 II. 2,38 III. 1,53 IV. 1,00		
Antriebs-Übersetzung	3,70 (37:10)		
Fahrwerk	Selbsttragende Ganzstahlkarosserie		
Vorderradaufhängung	Doppel-Querlenker, Schraubenfedern, Stabilisator		
Hinterradaufhängung	Pendel-Schwingachse Ab Sept. 1955: Eingelenk-Pendelachse Schubstreben Schraubenfedern	Eingelenk-Pendelachse Schubstreben Schraubenfedern	Eingelenk-Pendelachse Schubstreben Schraubenfedern
Lenkung	Kugelumlauf (18,5:1) 3,5 Lenkraddrehungen	Kugelumlauf (18,5:1) 3,5 Lenkraddrehungen	Kugelumlauf (18,5:1) 3,5 Lenkraddrehungen
Fußbremse	Hydraulisch Trommel-∅ 230 mm Bremsfläche 816 cm^2 Typ 180 Db: Bremsfläche 1064 cm^2	Hydraulisch Trommel-∅ 230 mm Bremsfläche 1064 cm^2	Hydraulisch Trommel-∅ 230 mm Bremsfläche 1064 cm^2
Allgemeine Daten			
Radstand	2650 mm	2650 mm	2650 mm
Spur vorn/hinten	1430/1475 mm	1430/1475 mm	1430/1475 mm
Gesamtmaße	4485 × 1740 × 1560 mm	4485 × 1740 × 1560 mm	4485 × 1740 × 1560 mm Typ 190 Db: 4500 × 1740 × 1560 mm
Felgen	Fünfloch 4 ½ K × 13	Fünfloch 4 ½ K × 13	Fünfloch 4 ½ K × 13
Reifen	6,40–13	6,40–13	6,40–13
Wendekreis	11,5 Meter	11,5 Meter	11,5 Meter
Wagengewicht	1220 kg	1220 kg	1250 kg
Zuläss. Gesamtgewicht	1650 kg	1660 kg	1660 kg
Höchstgeschwindigkeit	112 km/h. 43 PS: 115 km/h	120 km/h	126 km/h
Beschleunigung 0–100 km/h	39 sec. 43 PS: 37 sec	36 sec	29 sec
Verbrauch/100 km	8 Liter Diesel	8 Liter Diesel	8,5 Liter Diesel
Kraftstofftank	56 Liter (im Heck)	56 Liter (im Heck)	56 Liter (im Heck)

Mercedes-Benz Typ 180 (W 120) 1953 – 1957	**Mercedes-Benz Typ 180 (W 120) 1957 – 1962**	**Mercedes-Benz Typ 190 (W 121) 1956 – 1961**	**Mercedes-Benz Typ 190 SL (W 121) 1955 – 1963**
Daimler-Benz M 136 VII	Daimler-Benz M 121 B IV	Daimler-Benz M 121 B I	Daimler-Benz M 121 B II
Vergasermotor	Vergasermotor	Vergasermotor	Vergasermotor
4 (Reihe)	4 (Reihe)	4 (Reihe)	4 (Reihe)
75 × 100 mm	85 × 83,6 mm	85 × 83,6 mm	85 × 83,6 mm
1767 ccm	1897 ccm	1897 ccm	1897 ccm
52 PS bei 4000 U/min	65 PS bei 4500 U/min Typ 180 b: 68 PS bei 4400 U/min	75 PS bei 4600 U/min Typ 190 b: 80 PS bei 4800 U/min	105 PS bei 5700 U/min
11,4 mkg bei 1800 U/min	13,0 mkg bei 2200 U/min Typ 180 b: 13,2 mkg bei 2500 U/min	13,9 mkg bei 2800 U/min Typ 190 b: 14,2 mkg bei 2800 U/min	14,5 mkg bei 3200 U/min
1:6,7	1:6,8. Typ 180 b: 1:7,0	1:7,5. Typ 190 b: 1:8,5	1:8,5. Ab Sept. 1959: 1:8,8
1 Fallstromvergaser Solex 32 PICB	1 Fallstromvergaser Solex 32 PICB bzw. ab Typ 180 b: Solex 34 PICB	1 Register-Fallstromvergaser Solex 32 PAITA	2 Register-Fallstromvergaser Solex 44 PHH
Seitlich stehend	Hängend	Hängend	Hängend
Seitliche Nockenwelle	Obenliegende Nockenwelle	Obenliegende Nockenwelle	Obenliegende Nockenwelle
Antrieb durch Duplex-Kette	Antrieb durch Duplex-Kette	Antrieb durch Duplex-Kette	Antrieb durch Duplex-Kette
3	3	3	3
Pumpe, 9 Liter Wasser	Pumpe, 9 Liter Wasser	Pumpe, 9,3 Liter Wasser	Pumpe, 10 Liter Wasser
Druckumlauf, 4 Liter Öl	Druckumlauf, 4 Liter Öl	Druckumlauf, 4 Liter Öl	Druckumlauf, 4 Liter Öl
6 V 70 Ah (im Motorraum) Ab Sept. 1955: 6 V 84 Ah	12 V 56 Ah (im Motorraum)	12 V 56 Ah (im Motorraum)	12 V 56 Ah (im Motorraum)
130 W. Ab Sept. 1955: 160 W	160 W	160 W	160 W
Antrieb auf Hinterräder. Geteilte Kardanwelle			
Einscheibentrockenkupplung			
Lenkradschaltung			Schaltstock Wagenmitte
4 Gang			4 Gang
I – IV			I – IV
I. 4,05			I. 3,52
II. 2,38			II. 2,32
III. 1,53			III. 1,52
IV. 1,00			IV. 1,00
3,89 (35:9)	3,90 (39:10)	4,10	3,90
Selbsttragende Ganzstahlkarosserie			
Doppel-Querlenker, Schraubenfedern, Stabilisator			
Pendel-Schwingachse Ab Sept. 1955: Eingelenk-Pendelachse Schubstreben Schraubenfedern	Eingelenk-Pendelachse Schubstreben Schraubenfedern	Eingelenk-Pendelachse Schubstreben Schraubenfedern	Eingelenk-Pendelachse Schubstreben Schraubenfedern
Kugelumlauf (18,5:1)	Kugelumlauf (18,5:1)	Kugelumlauf (18,5:1)	Kugelumlauf (18,5:1)
3,5 Lenkraddrehungen	3,5 Lenkraddrehungen	3,5 Lenkraddrehungen	3,5 Lenkraddrehungen
Hydraulisch	Hydraulisch	Hydraulisch	Hydraulisch
Trommel-Ø 230 mm	Trommel-Ø 230 mm	Trommel-Ø 230 mm	Trommel-Ø 230 mm
Bremsfläche 816 cm^2	Bremsfläche 816 cm^2 Ab Typ 180 b: Bremsfläche 1064 cm^2 Auf Wunsch: Servohilfe	Bremsfläche 1064 cm^2 Auf Wunsch: Servohilfe	Bremsfläche 1064 cm^2 Auf Wunsch bzw. ab Mai 1956 Serie: Servohilfe
2650 mm	2650 mm	2650 mm	2400 mm
1430/1475 mm	1430/1475 mm	1430/1475 mm	1430/1475 mm
4485 × 1740 × 1560 mm	4485 × 1740 × 1560 mm	4485 × 1740 × 1560 mm Typ 190 b: 4500 × 1740 × 1560 mm	4220 × 1740 × 1320 mm
Fünfloch 4 ½ K × 13	Fünfloch 4 ½ K × 13	Fünfloch 4 ½ K × 13	5 K × 13
6,40–13	6,40–13	6,40–13	6,40–13 Sport
11,5 Meter	11,5 Meter	11,5 Meter	11 Meter
1180 kg Ab Sept. 1955: 1200 kg	1210 kg	1240 kg	Roadster 1160 kg Coupédach + 20 kg
1600 kg	1615 kg	1650 kg	1400 kg. Ab 1961: 1440 kg
126 km/h	136 km/h	139 km/h. Typ 190 b: 144 km/h	171 km/h
31 sec	21 sec	20,5 sec. Typ 190 b: 19 sec	14,5 sec
11,5 Liter	10,5 Liter	11,5 Liter Super	12,5 Liter Super
56 Liter (im Heck)	56 Liter (im Heck)	56 Liter (im Heck)	65 Liter (im Heck)

S·C 226

S·C 226

S
C 226

Mercedes-Benz Typ 220 S Coupé 2/2 Sitze 1958

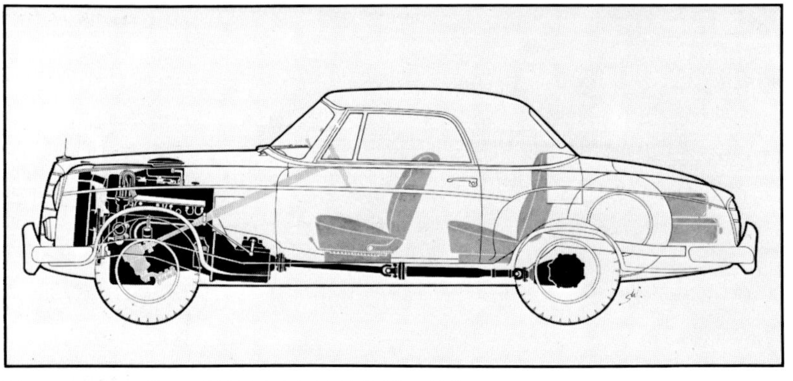

Mercedes-Benz Typ 220 S Cabriolet A/C 1956 – 1959
Mercedes-Benz Typ 220 SE Cabriolet A/C 1958 – 1960

Mercedes-Benz Typ 220 S Coupé 2/2 Sitze 1957 – 1959
Mercedes-Benz Typ 220 SE Coupé 2/2 Sitze 1958 – 1960

Motor

Zylinderzahl
Bohrung × Hub
Hubraum
Leistung

Drehmoment

Verdichtung
Vergaser
bzw. Einspritzpumpe
Ventile
Kurbelwellenlager
Kühlung
Schmierung
Batterie
Lichtmaschine

Kraftübertragung
Kupplung

Schaltung
Getriebe
Synchronisierung
Übersetzungen
Antriebs-Übersetzung

Fahrwerk
Vorderradaufhängung
Hinterradaufhängung
Lenkung
Fußbremse

Allgemeine Daten
Radstand

Spur vorn/hinten
Gesamtmaße

Felgen
Reifen
Wendekreis links/rechts

Wagengewicht

Zuläss. Gesamtgewicht

Höchstgeschwindigkeit
Beschleunigung 0–100 km/h
Verbrauch/100 km

Kraftstofftank

<table>
<tr><th>Mercedes-Benz Typ 220 a
(W 180 I)
1954 – 1956</th><th>Mercedes-Benz Typ 219
(W 105)
1956 – 1959</th><th>Mercedes-Benz Typ 220 S
(W 180 II)
1956 – 1959</th><th>Mercedes-Benz Typ 220 SE
(W 128)
1958 – 1960</th></tr>
<tr><td>Daimler-Benz M 180 II</td><td>Daimler-Benz M 180 II</td><td>Daimler-Benz M 180 III</td><td>Daimler-Benz M 127 I</td></tr>
<tr><td>Vergasermotor</td><td>Vergasermotor</td><td>Vergasermotor</td><td>Einspritzmotor</td></tr>
<tr><td>6 (Reihe)</td><td>6 (Reihe)</td><td>6 (Reihe)</td><td>6 (Reihe)</td></tr>
<tr><td>80 × 72,8 mm</td><td>80 × 72,8 mm</td><td>80 × 72,8 mm</td><td>80 × 72,8 mm</td></tr>
<tr><td>2195 ccm</td><td>2195 ccm</td><td>2195 ccm</td><td>2195 ccm</td></tr>
<tr><td>85 PS bei 4800 U/min</td><td>85 PS bei 4800 U/min
Ab August 1957:
90 PS bei 4800 U/min</td><td>100 PS bei 4800 U/min
Ab August 1957:
106 PS bei 5200 U/min</td><td>115 PS bei 4800 U/min</td></tr>
<tr><td>16 mkg bei 2400 U/min</td><td>16 mkg bei 2400 U/min
Ab August 1957:
17 mkg bei 2400 U/min</td><td>16,5 mkg bei 3500 U/min
Ab August 1957:
17,5 mkg bei 3500 U/min</td><td>19 mkg bei 3800 U/min</td></tr>
<tr><td>1:7,6</td><td>1:7,6. Ab Aug. 1957: 1:8,7</td><td>1:7,6. Ab Aug. 1957: 1:8,7</td><td>1:8,7</td></tr>
<tr><td>1 Doppel-Fallstromvergaser
Solex 32 PAATJ</td><td>1 Doppel-Fallstromvergaser
Solex 32 PAATJ</td><td>1 Register-Fallstromvergaser
Solex 32 PAJTA</td><td>Bosch Zweistempel-
Einspritzpumpe</td></tr>
<tr><td colspan="4">Hängend. Obenliegende Nockenwelle. Antrieb durch Duplex-Kette</td></tr>
<tr><td colspan="4">4</td></tr>
<tr><td colspan="4">Pumpe, 11,3 Liter Wasser</td></tr>
<tr><td colspan="4">Druckumlauf, 6 Liter Öl</td></tr>
<tr><td colspan="4">12 V 42 Ah. Ab Sept. 1955: 12 V 56 Ah (im Motorraum)</td></tr>
<tr><td colspan="4">160 W. Typ 220 SE: 240 W</td></tr>
<tr><td colspan="4">Antrieb auf Hinterräder. Geteilte Kardanwelle</td></tr>
<tr><td colspan="4">Einscheibentrockenkupplung</td></tr>
<tr><td colspan="4">Ab August 1957 auf Wunsch: Kupplungsautomat »Hydrak«</td></tr>
<tr><td colspan="4">Lenkradschaltung</td></tr>
<tr><td colspan="4">4 Gang</td></tr>
<tr><td colspan="4">I – IV</td></tr>
<tr><td colspan="4">I. 3,52 (Typ 220 anfangs 3,40), II. 2,32, III. 1,52, IV. 1,00</td></tr>
<tr><td>4,11 (37:9), zuletzt 4,10</td><td>4,10. Ab Aug. 1957: 3,90</td><td>4,10 (41:10)</td><td>4,10 (41:10)</td></tr>
<tr><td colspan="4">Selbsttragende Ganzstahlkarosserie</td></tr>
<tr><td colspan="4">Doppel-Querlenker, Schraubenfedern, Stabilisator</td></tr>
<tr><td colspan="4">Eingelenk-Pendelachse, Schubstreben, Schraubenfedern</td></tr>
<tr><td colspan="4">Kugelumlauf (21,4:1), 4 Lenkraddrehungen</td></tr>
<tr><td>Hydraulisch
Trommel-∅ 230 mm
Bremsfläche 1064 cm²
Ab Sept. 1955: Servohilfe</td><td>Hydraulisch
Trommel-∅ 230 mm
Bremsfläche 1064 cm²
Auf Wunsch: Servohilfe</td><td>Hydraulisch
Trommel-∅ 230 mm
Bremsfläche 1064 cm²
Servohilfe</td><td>Hydraulisch
Trommel-∅ 230 mm
Bremsfläche 1064 cm²
Servohilfe</td></tr>
<tr><td>Limousine: 2820 mm</td><td>Limousine: 2750 mm</td><td>Limousine: 2820 mm
Cabr. A/C u. Coupé: 2700 mm</td><td>Limousine: 2820 mm
Cabr. A/C u. Coupé: 2700 mm</td></tr>
<tr><td>1430/1470 mm</td><td>1430/1470 mm</td><td>1430/1470 mm</td><td>1430/1470 mm</td></tr>
<tr><td>4715 × 1740 × 1560 mm</td><td>4680 × 1740 × 1560 mm</td><td>4750 × 1740 × 1560 mm
Cabriolet A/C und Coupé:
4670 × 1765 × 1530 mm</td><td>4750 × 1740 × 1560 mm
Cabriolet A/C und Coupé:
4670 × 1765 × 1530 mm</td></tr>
<tr><td>5 K × 13</td><td>5 K × 13</td><td>5 K × 13</td><td>5 K × 13</td></tr>
<tr><td>6,70–13</td><td>6,40–13</td><td>6,70–13 Sport</td><td>6,70–13 Sport</td></tr>
<tr><td>Limousine: 11,7 Meter</td><td>Limousine: 11,5 Meter</td><td>Limousine: 11,7 Meter
Cabr. u. Coupé: 11,4 Meter</td><td>Limousine: 11,7 Meter
Cabr. u. Coupé: 11,4 Meter</td></tr>
<tr><td>Limousine: 1300 kg</td><td>Limousine: 1290 kg</td><td>Limousine: 1350 kg
Coupé: 1410 kg
Cabriolet A/C: 1450 kg</td><td>Limousine: 1370 kg
Coupé: 1430 kg
Cabriolet A/C: 1470 kg</td></tr>
<tr><td>Limousine: 1730 kg</td><td>Limousine: 1710 kg</td><td>Limousine: 1790 kg
Cabr. A/C u. Coupé: 1815 kg</td><td>Limousine: 1810 kg
Cabr. A/C u. Coupé: 1815 kg</td></tr>
<tr><td>150 km/h</td><td>148 km/h</td><td>160 km/h</td><td>160 km/h</td></tr>
<tr><td>19 sec</td><td>17 sec</td><td>17 sec</td><td>15 sec</td></tr>
<tr><td>13,5 Liter Super</td><td>14,5 Liter Super
Ab August 1957:
13,5 Liter Super</td><td>13,5 Liter Super
Cabriolet A/C und Coupé:
14 Liter Super</td><td>13 Liter Super
Cabriolet A/C und Coupé:
13,5 Liter Super</td></tr>
<tr><td>64 Liter (im Heck)</td><td>56 Liter (im Heck)</td><td>64 Liter (im Heck)</td><td>62 Liter (im Heck)</td></tr>
</table>

Mercedes-Benz Typ 220, 220 S, 220 SE (1959 – 1965)
Mercedes-Benz Typ 300 SE (1961 – 1965)

Typ 220 b (W 111/1): Nachfolger des Typs 219. Entsprach bis auf geringere Motorleistung und einfachere Ausstattung dem Typ 220 S b. Ab August 1963 Scheibenbremsen und Zweikreis-Hydraulik. Ab August 1962 Automatic lieferbar. Produktion ab August 1959 (Vorserie Mai 1959) bis August 1965.

Typ 220 S b (W 111/2): Leittyp einer neuen Modellgeneration, diese gekennzeichnet durch die Heckflossen-Einheitskarosserie für das gesamte Programm. Die neue Karosserie, zu ihrer Zeit von bestechender Eleganz, und insbesondere der Typ 220 S fanden enormen Anklang. Ab August 1962 Automatic lieferbar. Ab April 1962 Scheibenbremsen. Ab August 1963 Zweikreis-Hydraulik. Produktion ab August 1959 (Vorserie Mai 1959) bis Juli 1965.

Typ 220 SE b (W 111/3): Unterscheidet sich vom 220 S durch die Benzineinspritzung und deren ganz beträchtlichen Mehrpreis, der in keinem angemessenen Verhältnis zu dem nur unbedeutenden Leistungszuwachs stand. Produktion der Limousine ab August 1959 bis August 1965, Coupé ab Februar 1961 und Cabriolet ab September 1961 bis Oktober 1965.

Typ 300 SE (W 112/3): Unterscheidet sich vom Typ 220 SE durch den Dreiliter-Leichtmetall-Motor, Luftfederung und zusätzliche Ausstattungen, wozu auch ein übertrieben angereicherter Chromzierrat gehörte. Produktion der Limousine ab April 1961 bis Juli 1965, der Limousine lang ab März 1963 (Vorserie Dezember 1962) bis August 1965, des Coupé und Cabriolet ab Februar 1962 bis Dezember 1967 (ab August 1965 mit verstärkter Hinterachse und Bremskraftregler).

Mercedes-Benz Typ 190, 190 D (1961 – 1965)
Mercedes-Benz Typ 200, 200 D (1965 – 1968)

Typ 190 c (W 110): Unter allen Vierzylinder-Modellen, die Daimler-Benz vorher und danach bis heute gebaut hat, gelang beim Typ 190 c das bisherige Optimum im Streben nach einem möglichst günstigen Kompromiß zwischen Geräumigkeit, Komfort, Leistung, Preiswürdigkeit und Wirtschaftlichkeit. Karosserie und Fahrwerk wie Typ 220 S, jedoch kürzere Motorhaube, runde Scheinwerfer, einfache Stoßstangen und bescheidenere Ausstattung. Ab August 1962 Automatic lieferbar. Ab August 1963 Scheibenbremsen und Zweikreis-Hydraulik. Produktion ab April 1961 bis August 1965.

Typ 190 D c (W 110): Unterscheidet sich vom Typ 190 c zwar nur durch den Dieselmotor, dadurch aber auch durch beträchtlich weniger Leistung, Komfort und Laufkultur. Seit August 1963 ebenfalls mit Scheibenbremsen und Zweikreis-Hydraulik. Ab Herbst 1963 mit Automatic lieferbar. Produktion ab Juni 1961 (Vorserie April 1961) bis August 1965.

Typ 200 (W 110): Unterscheidet sich vom Typ 190 c durch auf 2 Liter aufgebohrten Motor mit 2 Vergasern, größerem Tank, Dauerentlüftung am hinteren Dachträger sowie durch ansehnlichere Heckverzierungen. Hatte gegenüber dem Vorgänger zwar etwas an Leistung gewonnen, dafür aber auch deutlich an Sparsamkeit verloren. Produktion ab Juli 1965 bis Februar 1968.

Preise		190	190 D	220	220 S	220 SE	300 SE
Limousine 4 Türen	1959–1961	DM –	–	11 500,–	13 250,–	14 950,–	–
	1961–1962	DM 9 950,–	10 450,–	11 500,–	13 250,–	14 950,–	23 100,–
	1962–1965	DM 10 600,–	11 100,–	12 160,–	13 750,–	15 400,–	23 100,–
Limousine (lang)	1963–1965	DM –	–	–	–	–	26 400,–
Coupé 4 Sitze	1961–1965	DM –	–	–	–	23 500,–	31 350,–
Cabriolet 4 Sitze	1961–1965	DM –	–	–	–	25 500,–	33 350,–
Kombi 4 Türen (Miesen)	1962–1965	DM 15 000,–	15 500,–	–	–	–	–
Kombi 4 Türen (Binz)	1962–1965	DM 15 000,–	15 500,–	–	–	–	–

		200	200 D	230	230 S
Limousine 4 Türen	1965–1968	DM 11 000,–	11 500,–	11 950,–	14 000,–
Limousine 7 Sitze	1967	DM –	15 650,–	–	–
„Universal" Kombi 4 Türen	1966–1967	DM 14 750,–	15 400,–	15 900,–	18 600,–
Kombi 4 Türen (Miesen)	1965–1968	DM 15 500,–	16 000,–	–	–
Kombi 4 Türen (Binz)	1965–1968	DM 15 500,–	16 000,–	–	–

Aufpreise: Automatic + DM 1 400,–, Servolenkung (außer 300 SE) + DM 550,–, Stahl-Schiebedach + DM 550,–.

Typ 200 D (W 110): Gleicher Dieselmotor wie Typ 190 D c, sonst die gleichen Merkmale wie beim Typ 200. Produktion ab Juli 1965 bis Februar 1968.

Ab Mai 1967 gab es den Typ 200 D auch als überlange 7 Sitzer-Limousine, gedacht als Taxi oder Mietwagen, Hotel- oder Flugplatz-Zubringer, für Gruppenfahrten usw. Mit Zweiliter-Dieselmotor absolut untermotorisierter Wagen.

In kleiner Zahl fertigten das Karosseriewerk Christian Miesen (Bonn) und die Karosseriefabrik Binz & Co. (Lorch/Württ.) Kombiwagen der Typen 190, 190 D, 200 und 200 D an. Abweichende Daten: Reifen 7,00-15 L (6 PR), Gesamtmaße 4730 × 1795 × 1580 mm, Wagengewicht 1380 kg (Diesel 1420 kg), zuläss. Gesamtgewicht 2080 kg (Diesel 2130 kg). Zahlenmäßig weit größere Bedeutung hatten jedoch die entsprechenden Krankenwagen beider Firmen.

Ferner führte 1966/67 Daimler-Benz im offiziellen Verkaufsprogramm die Typen 200, 200 D, 230 und 230 S Universal, in Zusammenarbeit mit dem belgischen Montagewerk IMA hergestellte Kombiwagen.

Mercedes-Benz Typ 230, 230 S (1965 – 1968)

Typ 230 (W 110): Nachfolger des Typs 220, jedoch auf 2,3 Liter aufgebohrter Motor unter kurzer Motorhaube. Vom Sechszylinder-Motor abgesehen gleicher Wagen wie Typ 200. Produktion ab Juli 1965. Ab Juli 1966 gleicher Motor wie Typ 230 S. Letzte Wagen im Februar 1968.

Typ 230 S (W 111 I A): Äußerlich fast gleicher Wagen wie bisheriger Typ 220 S, jedoch auf 2,3 Liter aufgebohrter Motor, einfachere Innenausstattung und Hartglas- statt Verbundglas-Frontscheibe. Prestigewert im Hinblick auf inzwischen herausgekommenen Typ 250 S deutlich geringer als beim Vorgängermodell. Produktion ab Juli 1965 bis Januar 1968.

Von 1959 bis 1968 wurden insgesamt 973 000 Limousinen mit der Heckflossen-Einheitskarosserie ausgeliefert!

Produktion	**1959**	**1960**	**1961**	**1962**	**1963**	**1964**	**1965**	**1966**	**1967**	**1968**	
220 b	3 375	13 127	14 842	11 618	10 492	11 327	4 910				**69 691**
220 S b	7 267	26 642	32 238	26 077	26 236	28 732	13 927				**161 119**
220 SE b	1 579	9 247	10 761	10 786	12 648	14 336	6 529				**66 086**
220 SE b Coupé und Cabriolet		2	2 537	4 287	3 755	3 528	2 793				**16 902**
300 SE			13	2 768	995	936	490				**5 202**
300 SE Coupé und Cabriolet				331	630	706	710	497	253		**3 127**
300 SEL				1	387	751	407				**1 546**
190 c			9 249	31 275	35 457	33 776	20 797				**130 554**
190 D c			12 882	45 414	60 784	64 422	42 143				**225 645**
200							16 864	26 842	26 169	332	**70 207**
200 D							30 937	61 707	68 399	575	**161 618**
230							8 548	14 951	16 441	318	**40 258**
230 S							12 621	17 230	11 176	80	**41 107**

Mercedes-Benz Typ 220 b
Limousine 4 Türen
1959 – 1965

→
→

Mercedes-Benz Typ 220 S b
Mercedes-Benz Typ 220 SE b
Limousine 4 Türen
1959 – 1965

↓ ↓

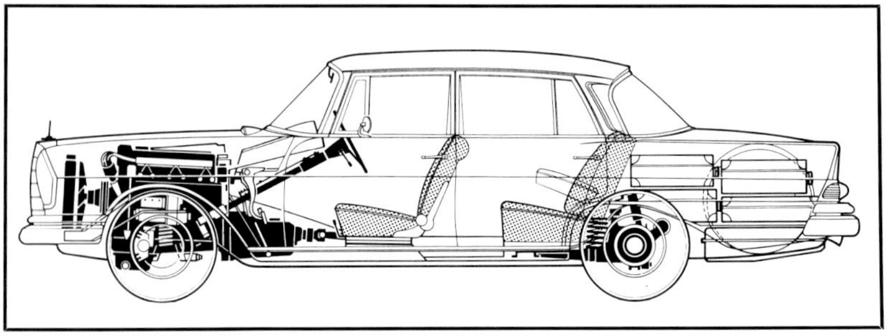

Mercedes-Benz Typ 220 b Limousine (Längsschnitt)

Mercedes-Benz Typ 220 SE b Cabriolet 1961 – 1965

Mercedes-Benz Typ 220 SE b Coupé 1961 – 1965

Motor

Zylinderzahl
Bohrung × Hub
Hubraum
Leistung
Drehmoment
Verdichtung
Vergaser

Ventile
Kurbelwellenlager
Kühlung
Schmierung
Batterie
Lichtmaschine

Kraftübertragung
Kupplung
Schaltung
Getriebe
Synchronisierung
Übersetzungen

Antriebs-Übersetzung

Fahrwerk
Vorderradaufhängung
Hinterradaufhängung

Lenkung

Fußbremse

Allgemeine Daten
Radstand
Spur vorn/hinten

Gesamtmaße
Felgen

Reifen

Wendekreis links/rechts
Wagengewicht

Zuläss. Gesamtgewicht

Höchstgeschwindigkeit
Beschleunigung 0–100 km/h
Verbrauch/100 km
Kraftstofftank

<table>
<tr><th>Mercedes-Benz Typ 220 b
(W 111/1)
1959 – 1965</th><th>Mercedes-Benz Typ 220 S b
(W 111/2)
1959 – 1965</th><th>Mercedes-Benz Typ 220 SE b
(W 111/3)
1959 – 1965</th><th>Mercedes-Benz Typ 220 SE b
Coupé und Cabriolet
(W 111/3)
1961 – 1965</th></tr>
<tr><td>Daimler-Benz M 180 IV
Vergasermotor
6 (Reihe)
80 × 72,8 mm
2195 ccm
95 PS bei 4800 U/min
17,2 mkg bei 3200 U/min
1:8,7
2 Fallstromvergaser
Solex 34 PJCB</td><td>Daimler-Benz M 180 V
Vergasermotor
6 (Reihe)
80 × 72,8 mm
2195 ccm
110 PS bei 5000 U/min
17,5 mkg bei 3500 U/min
1:8,7
2 Register-Fallstromvergaser
Solex 34 PAJTA
Ab Juli 1963:
Zenith 35/40 INAT
mit Startautomatik</td><td>Daimler-Benz M 127 III
Einspritzmotor
6 (Reihe)
80 × 72,8 mm
2195 ccm
120 PS bei 4800 U/min
19,3 mkg bei 3900 U/min
1:8,7
Bosch Zweistempel-
Einspritzpumpe</td><td>Daimler-Benz M 127 III
Einspritzmotor
6 (Reihe)
80 × 72,8 mm
2195 ccm
120 PS bei 4800 U/min
19,3 mkg bei 3900 U/min
1:8,7
Bosch Zweistempel-
Einspritzpumpe</td></tr>
<tr><td colspan="4">Hängend. Obenliegende Nockenwelle. Antrieb durch Duplex-Kette
4
Pumpe, 11,4 Liter Wasser
Druckumlauf, 5,5 Liter Öl</td></tr>
<tr><td>12 V 52 Ah (Motorraum)</td><td>12 V 52 Ah (Motorraum)</td><td>12 V 60 Ah (Motorraum)</td><td>12 V 60 Ah (Motorraum)</td></tr>
<tr><td colspan="4">240 W</td></tr>
<tr><td colspan="4">Antrieb auf Hinterräder. Geteilte Kardanwelle
Einscheibentrockenkupplung. Auf Wunsch bis 1961: Kupplungsautomat »Hydrak«
Limousinen: Lenkrad- oder ab Okt. 1964 Mittelschaltung. Coupé und Cabriolet: Mittelschaltung
4 Gang
I – IV
I. 3,64, II. 2,36 bzw. (ab 1962) 2,28, III. 1,53, IV. 1,00
Auf Wunsch: Automatic. Wählhebel am Lenkrad
Hydraulische Kupplung + 4 Gang-Planetengetriebe
I. 3,98, II. 2,52, III. 1,58. IV. 1,00</td></tr>
<tr><td>3,90</td><td>4,10</td><td>4,10</td><td>4,10</td></tr>
<tr><td colspan="4">Selbsttragende Ganzstahlkarosserie
Doppel-Querlenker, Schraubenfedern, Stabilisator
Eingelenk-Pendelachse, Schubstreben, Schraubenfedern, Ausgleichs-Schraubenfeder
Auf Wunsch ab Sommer 1963: Zusätzliche Luftfederung
Limousine: Kugelumlauf (21,4:1), 3,75 Lenkraddrehungen
Coupé und Cabriolet: Kugelumlauf (22,7:1), 4,1 Lenkraddrehungen
Alle Modelle auf Wunsch: Kugelumlauf (17,3:1) + Servohilfe, 3,2 Lenkraddrehungen</td></tr>
<tr><td>Hydraulisch
Auf Wunsch: Servohilfe
Trommel-∅ 230 mm
Bremsfläche 1064 cm²
Ab August 1963:
Zweikreis-Hydraulik
Servohilfe
Scheibenbr. vorn (253 mm ∅)</td><td>Hydraulisch
Servohilfe
Trommel-∅ 230 mm
Bremsfläche 1064 cm²
Ab April 1962:
Scheibenbr. vorn (253 mm ∅)
Ab August 1963:
Zweikreis-Hydraulik</td><td>Hydraulisch
Servohilfe
Trommel-∅ 230 mm
Bremsfläche 1064 cm²
Ab April 1962:
Scheibenbr. vorn (253 mm ∅)
Ab August 1963:
Zweikreis-Hydraulik</td><td>Hydraulisch
Servohilfe
Scheibenbr. vorn (253 mm ∅)
Trommelbr. hint. (230 mm ∅)
Ab August 1963:
Zweikreis-Hydraulik</td></tr>
<tr><td>2750 mm
1470/1485 mm bzw. (ab
Aug. 1963) 1482/1485 mm
4875 × 1795 × 1500 mm
5 JK × 13</td><td>2750 mm
1470/1485 mm bzw. (ab
April 1962) 1482/1485 mm
4875 × 1795 × 1500 mm
5 JK × 13</td><td>2750 mm
1470/1485 mm bzw. (ab
April 1962) 1482/1485 mm
4875 × 1795 × 1500 mm
5 JK × 13</td><td>2750 mm
1482/1485 mm

4880 × 1845 × 1445 mm
Coupé: 5 JK × 13
Cabriolet: 5 ½ JK × 13</td></tr>
<tr><td>1959/60: 6,70–13
Ab 1960: 7,25–13
12,1/11,9 Meter
1320 kg
Automatic + 40 kg</td><td>1959/60: 6,70–13 Sport
Ab 1960: 7,25–13 Sport
12,1/11,9 Meter
1350 kg
Automatic + 40 kg</td><td>1959/60: 6,70–13 Sport
Ab 1960: 7,25–13 Sport
12,1/11,9 Meter
1380 kg
Automatic + 40 kg</td><td>Coupé: 7,25–13 Sport
Cabriolet: 7,50–13 Sport
12,1/11,9 Meter
Coupé: 1450 kg
Cabriolet: 1520 kg
Automatic + 40 kg</td></tr>
<tr><td>1959/60: 1760 kg
Ab 1960: 1820 kg
160 km/h
16 sec
14, Automatic 15 l Super
65 Liter (im Heck)</td><td>1959/60: 1780 kg
Ab 1960: 1845 kg
165 km/h
15 sec
14, Automatic 15 l Super
65 Liter (im Heck)</td><td>1959/60: 1810 kg
Ab 1960: 1875 kg
172 km/h
14 sec
14, Automatic 15 l Super
65 Liter (im Heck)</td><td>Coupé: 1880 kg
Cabriolet: 1950 kg
172 km/h
14 sec
14,5, Automatic 15,5 l Super
65 Liter (im Heck)</td></tr>
</table>

Mercedes-Benz
Typ 300 SE
Limousine
1961 – 1965

Mercedes-Benz
Typ 300 SE lang
Limousine
1963 – 1965

Mercedes-Benz
Typ 300 SE
Cabriolet
1962 – 1965

<table>
<tr><th></th><th>Mercedes-Benz Typ 300 SE
(W 112/3)
1961 – 1965</th><th>Mercedes-Benz Typ 300 SE lang
(W 112/3)
1963 – 1965</th><th>Mercedes-Benz Typ 300 SE
Coupé und Cabriolet
(W 112/3)
1962 – 1965</th></tr>
<tr><td>Motor</td><td colspan="3">Einspritzmotor Daimler-Benz M 189</td></tr>
<tr><td>Zylinderzahl</td><td colspan="3">6 (Reihe), Leichtmetallblock</td></tr>
<tr><td>Bohrung × Hub</td><td colspan="3">85 × 88 mm</td></tr>
<tr><td>Hubraum</td><td colspan="3">2996 ccm</td></tr>
<tr><td>Leistung</td><td colspan="3">160 PS bei 5000 U/min
Ab Januar 1964: 170 PS bei 5400 U/min</td></tr>
<tr><td>Drehmoment</td><td colspan="3">25,6 mkg bei 3800 U/min
Ab Januar 1964: 25,4 mkg bei 4000 U/min</td></tr>
<tr><td>Verdichtung</td><td colspan="3">1:8,7. Ab Januar 1964: 1:8,8</td></tr>
<tr><td>Einspritzpumpe</td><td colspan="3">Bosch Zweistempel-Einspritzpumpe
Ab Januar 1964: Bosch Sechsstempel-Einspritzpumpe</td></tr>
<tr><td>Ventile</td><td colspan="3">Hängend
Obenliegende Nockenwelle, Antrieb durch Duplex-Kette</td></tr>
<tr><td>Kurbelwellenlager</td><td colspan="3">7</td></tr>
<tr><td>Kühlung</td><td colspan="3">Pumpe (16,8 Liter Wasser)
Ab 1963: Elektromagn. Ventilatorkupplung</td></tr>
<tr><td>Schmierung</td><td colspan="3">Druckumlauf (6 Liter Öl)</td></tr>
<tr><td>Batterie</td><td colspan="3">12 V 66 Ah (im Motorraum)</td></tr>
<tr><td>Lichtmaschine</td><td colspan="3">300 W</td></tr>
<tr><td>Kraftübertragung</td><td colspan="3">Antrieb auf Hinterräder. Geteilte Kardanwelle
Ab März 1962: Sperrdifferential</td></tr>
<tr><td>Kupplung</td><td colspan="3">Einscheibentrockenkupplung</td></tr>
<tr><td>Schaltung</td><td colspan="3">Lenkradschaltung oder Schaltstock Wagenmitte</td></tr>
<tr><td>Getriebe</td><td colspan="3">4 Gang</td></tr>
<tr><td>Synchronisierung</td><td colspan="3">I – IV</td></tr>
<tr><td>Übersetzungen</td><td colspan="3">I. 4,05, II. 2,28, III. 1,53, IV. 1,00
Auf Wunsch: Automatic. Wählhebel am Lenkrad
Hydraulische Kupplung + 4 Gang-Planetengetriebe
I. 3,98, II. 2,52, III. 1,58, IV. 1,00</td></tr>
<tr><td>Antriebs-Übersetzung</td><td colspan="3">Schaltgetriebe 3,92 oder 3,75
Automatic 4,10. Ab 1963: 3,92 oder 3,75</td></tr>
<tr><td>Fahrwerk</td><td colspan="3">Selbsttragende Ganzstahlkarosserie</td></tr>
<tr><td>Vorderradaufhängung</td><td colspan="3">Doppel-Querlenker, Luftkammer-Federbälge, Stabilisator</td></tr>
<tr><td>Hinterradaufhängung</td><td colspan="3">Eingelenk-Pendelachse
Schubstreben, Luftkammer-Federbälge (Niveau-Ausgleich), Stabilisator</td></tr>
<tr><td>Lenkung</td><td colspan="3">Kugelumlauf (17,3:1), Servohilfe, 3,2 Lenkraddrehungen</td></tr>
<tr><td>Fußbremse</td><td colspan="3">Zweikreis-Hydraulik, Servohilfe
Scheiben-∅ vorn 253 mm, hinten 255 mm</td></tr>
<tr><td>Allgemeine Daten</td><td></td><td></td><td></td></tr>
<tr><td>Radstand</td><td>2750 mm</td><td>2850 mm</td><td>2750 mm</td></tr>
<tr><td>Spur vorn/hinten</td><td>1482/1490 mm</td><td>1482/1490 mm</td><td>1482/1490 mm</td></tr>
<tr><td>Gesamtmaße</td><td>4875 × 1795 × 1455 mm</td><td>4975 × 1795 × 1455 mm</td><td>4880 × 1845 × 1400 mm</td></tr>
<tr><td>Felgen</td><td>5 JK × 13</td><td>5 JK × 13</td><td>5 JK × 13</td></tr>
<tr><td>Reifen</td><td>7,50 H 13</td><td>7,50 H 13</td><td>7,50 H 13</td></tr>
<tr><td>Wendekreis links/rechts</td><td>12,1/11,9 Meter</td><td>12,4/12,2 Meter</td><td>12,1/11,9 Meter</td></tr>
<tr><td>Wagengewicht</td><td>1580 kg
Automatic + 40 kg</td><td>1630 kg
Automatic + 40 kg</td><td>1600, Cabriolet 1700 kg
Automatic + 40 kg</td></tr>
<tr><td>Zuläss. Gesamtgewicht</td><td>2065 kg</td><td>2115 kg</td><td>2060, Cabriolet 2160 kg</td></tr>
<tr><td>Höchstgeschwindigkeit</td><td colspan="3">160 PS-Motor + Automatic + H'Achse 3,92: 175 km/h
160 PS-Motor + 4 Gang + H'Achse 3,92: 180 km/h
170 PS-Motor + Automatic + H'Achse 3,92: 185 km/h
170 PS-Motor + 4 Gang + H'Achse 3,92: 190 km/h
170 PS-Motor + Automatic + H'Achse 3,75: 195 km/h
170 PS-Motor + 4 Gang + H'Achse 3,75: 200 km/h</td></tr>
<tr><td>Beschleunigung 0–100 km/h</td><td colspan="3">160 PS: 13 sec
170 PS: 12 sec</td></tr>
<tr><td>Verbrauch/100 km</td><td colspan="3">17 bis 19 Liter Super</td></tr>
<tr><td>Kraftstofftank</td><td colspan="3">65 Liter. Ab Januar 1963: 82 Liter (im Heck)</td></tr>
</table>

Mercedes-Benz
Typ 190 c
Typ 190 Dc
Limousine
1961 – 1965

Mercedes-Benz Typ 190 bzw. Typ 190 D Kombi
Aufbau Binz, 1961 – 1965
(gleicher Aufbau auch als Krankenwagen)

Mercedes-Benz Typ 190 bzw. Typ 190 D Kombi
Aufbau Miesen, 1961 – 1965
(gleicher Aufbau auch als Krankenwagen)

Mercedes-Benz
Typ 200
Typ 200 D
Typ 230
Limousine
1965 – 1968

Mercedes-Benz
Typ 200 D
Limousine
7 Sitze
1967

Mercedes-Benz Typ 190 (W 110) 1961 – 1965	Mercedes-Benz Typ 190 D (W 110) 1961 – 1965	Mercedes-Benz Typ 200 (W 110) 1965 – 1968	Mercedes-Benz Typ 200 D (W 110) 1965 – 1968
Daimler-Benz M 121 B V	Daimler-Benz OM 621 III	Daimler-Benz M 121 B XI	Daimler-Benz OM 621 VIII
Vergasermotor	Vorkammer-Dieselmotor	Vergasermotor	Vorkammer-Dieselmotor
4 (Reihe)	4 (Reihe)	4 (Reihe)	4 (Reihe)
85 × 83,6 mm	87 × 83,6 mm	87 × 83,6 mm	87 × 83,6 mm
1897 ccm	1988 ccm	1988 ccm	1988 ccm
80 PS bei 5000 U/min	55 PS bei 4200 U/min	95 PS bei 5200 U/min	55 PS bei 4200 U/min
14,5 mkg bei 2500 U/min	11,5 mkg bei 2400 U/min	15,7 mkg bei 3600 U/min	11,5 mkg bei 2400 U/min
1:8,7	1:21	1:9,0	1:21
1 Fallstromvergaser	Bosch Einspritzpumpe	2 Fallstromvergaser	Bosch Einspritzpumpe
Solex 34 PJCB		Solex 38 PDSJ	
Hängend. Obenliegende Nockenwelle, Antrieb durch Duplex-Kette			
3		5	
Pumpe, 10,1 Liter Wasser		Pumpe, 10,1 Liter Wasser	
		Auf Wunsch: Viscose-Ventilatorkupplung	
Druckumlauf, 4 Liter Öl		Druckumlauf, 4 Liter Öl	
12 V 52 Ah (im Motorraum)	12 V 66 Ah (im Motorraum)	12 V 44 Ah (im Motorraum)	12 V 66 Ah (im Motorraum)
160 W. Ab Aug. 1963: 240 W		Drehstrom 490 W	
Antrieb auf Hinterräder. Geteilte Kardanwelle		Antrieb auf Hinterräder. Geteilte Kardanwelle	
Einscheibentrockenkupplung		Einscheibentrockenkupplung	
Lenkradschaltung		Lenkradschaltung oder Schaltstock Wagenmitte	
4 Gang		4 Gang	
I – IV		I – IV	
I. 4,05, II. 2,28, III. 1,53, IV. 1,00		I. 4,09, II. 2,25, III. 1,42, IV. 1,00	
Auf Wunsch: Automatic		Auf Wunsch: Automatic	
Wählhebel am Lenkrad		Wählhebel am Lenkrad oder Wählhebel Wagenmitte	
Hydraulische Kupplung + 4 Gang-Planetengetriebe		Hydraulische Kupplung + 4 Gang-Planetengetriebe	
I. 3,98, II. 2,52, III. 1,58. IV. 1,00		I. 3,98, II. 2,52, III. 1,58. IV. 1,00	
4,08	3,92	4,08	3,92
Selbsttragende Ganzstahlkarosserie		Selbsttragende Ganzstahlkarosserie	
Doppel-Querlenker, Schraubenfedern, Stabilisator		Doppel-Querlenker, Schraubenfedern, Stabilisator	
Eingelenk-Pendelachse		Eingelenk-Pendelachse	
Schubstreben, Schraubenfedern, Ausgleichs-Schraubenfeder		Schubstreben, Schraubenfedern, Ausgleichs-Schraubenfeder	
Ab Sommer 1963 auf Wunsch: Zusätzliche Luftfederung		Auf Wunsch: Hydropneumatischer Niveau-Ausgleich	
Kugelumlauf (21,4:1), 3,75 Lenkraddrehungen		Kugelumlauf (22,7:1), 4,1 Lenkraddrehungen	
Ab Mai 1964 auf Wunsch:		Auf Wunsch:	
Kugelumlauf (17,3:1) + Servohilfe, 3,2 Lenkraddrehungen		Kugelumlauf (17,3:1) + Servohilfe, 3,2 Lenkraddrehungen	
Bis Aug. 1963: Hydraulisch, Typ 190 auf Wunsch: Servohilfe			
Trommel-∅ 230 mm, Bremsfläche 1064 cm^2			
Ab Aug. 1963: Zweikreis-Hydraulik, Servohilfe		Zweikreis-Hydraulik, Servohilfe	
Scheibenbr. vorn (253 mm ∅), Trommelbr. hinten (230 mm ∅)		Scheibenbr. vorn (253 mm ∅), Trommelbr. hinten (230 mm ∅)	
2700 mm	2700 mm	2700 mm	2700 mm
1468/1485 mm	1468/1485 mm	1482/1485 mm	1482/1485 mm
Ab Aug. 1963: 1482/1485 mm	Ab Aug. 1963: 1482/1485 mm		
4730 × 1795 × 1495 mm	4730 × 1795 × 1495 mm	4730 × 1795 × 1495 mm	4730 × 1795 × 1495 mm
5 JK × 13	5 JK × 13	5 JK × 13	5 JK × 13
7,00–13	7,00–13	7,00 S13	7,00–13
11,8/11,6 Meter	11,8/11,6 Meter	11,8/11,6 Meter	11,8/11,6 Meter
1280 kg	1320 kg	1310 kg	1350 kg
Automatic + 40 kg	Automatic + 40 kg	Automatic + 40 kg	Automatic + 40 kg
1750 kg	1800 kg	1775 kg	1825 kg
150, Automatic 145 km/h	130, Automatic 127 km/h	161, Automatic 158 km/h	130, Automatic 127 km/h
18, Automatic 22 sec	29, Automatic 30 sec	15, Automatic 16 sec	29, Automatic 30 sec
11,5 Liter Super	9 Liter Diesel	12,5 Liter Super	9 Liter Diesel
Automatic 12,5 Liter Super	Automatic 10 Liter Diesel	Automatic 13,5 Liter Super	Automatic 10 Liter Diesel
51 Liter (im Heck)	51 Liter (im Heck)	65 Liter (im Heck)	65 Liter (im Heck)

	Mercedes-Benz Typ 200 Universal (W 110) 1966 – 1967	Mercedes-Benz Typ 200 D Universal (W 110) 1966 – 1967	Mercedes-Benz Typ 200 D 7 Sitze (W 110) 1967
Motor	Daimler-Benz M 121 B XI Vergasermotor	Daimler-Benz OM 621 VIII Vorkammer-Dieselmotor	
Zylinderzahl	4 (Reihe)	4 (Reihe)	
Bohrung × Hub	87 × 83,6 mm	87 × 83,6 mm	
Hubraum	1988 ccm	1988 ccm	
Leistung	95 PS bei 5200 U/min	55 PS bei 4200 U/min	
Drehmoment	15,7 mkg bei 3600 U/min	11,5 mkg bei 2400 U/min	
Verdichtung	1:9,0	1:21	
Vergaser bzw. Einspritzpumpe	2 Fallstromvergaser Solex 38 PDSJ	Bosch Einspritzpumpe	
Ventile	Hängend. Obenliegende Nockenwelle, Antrieb durch Duplex-Kette		
Kurbelwellenlager	5		
Kühlung	Pumpe, 10,1 Liter Wasser Auf Wunsch: Viscose-Ventilatorkupplung		
Schmierung	Druckumlauf, 4 Liter Öl		
Batterie	12 V 44 Ah (im Motorraum)	12 V 66 Ah (im Motorraum)	12 V 88 Ah (im Motorraum)
Lichtmaschine	Drehstrom 490 W		
Kraftübertragung	Antrieb auf Hinterräder. Geteilte Kardanwelle		
Kupplung	Einscheibentrockenkupplung		
Schaltung	Lenkradschaltung oder Schaltstock Wagenmitte		
Getriebe	4 Gang		
Synchronisierung	I – IV		
Übersetzungen	I. 4,09, II. 2,25, III. 1,42, IV. 1,00		
Antriebs-Übersetzung	4,08		
Fahrwerk	Selbsttragende Ganzstahlkarosserie		
Vorderradaufhängung	Doppel-Querlenker, Schraubenfedern, Stabilisator		
Hinterradaufhängung	Eingelenk-Pendelachse Schubstreben, Schraubenfedern Hydropneumatischer Niveau-Ausgleich		
Lenkung	Kugelumlauf (22,7:1), 4,1 Lenkraddrehungen Auf Wunsch: Kugelumlauf (17,3:1) + Servohilfe, 3,2 Lenkraddrehungen		
Fußbremse	Zweikreis-Hydraulik, Servohilfe Scheibenbr. vorn (253 mm ∅), Trommelbr. hinten (230 mm ∅)		
Allgemeine Daten			
Radstand	2700 mm	2700 mm	3350 mm
Spur vorn/hinten	1482/1485 mm	1482/1485 mm	1482/1485 mm
Gesamtmaße	4740 × 1795 × 1530 mm	4740 × 1795 × 1530 mm	5380 × 1795 × 1495 mm
Felgen	5 J × 15	5 J × 15	
Reifen	7,00 S 15 (6 PR)	7,00–15 (6 PR)	7,00 H 15
Wendekreis links/rechts	11,8/11,6 Meter	11,8/11,6 Meter	13,5 Meter
Wagengewicht	1415 kg	1455 kg	1490 kg
Zuläss. Gesamtgewicht	2105 kg	2155 kg	2110 kg
Höchstgeschwindigkeit	161 km/h	130 km/h	125 km/h
Beschleunigung 0–100 km/h	16 sec		
Verbrauch/100 km	13 Liter Super	9,5 Liter Diesel	10 Liter Diesel
Kraftstofftank	65 Liter (im Heck)	65 Liter (im Heck)	65 Liter (im Heck)

	Mercedes-Benz Typ 230 (W 110) 1965 – 1966	Mercedes-Benz Typ 230 (W 110) 1966 – 1968	Mercedes-Benz Typ 230 Universal (W 110) 1966 – 1967
Motor	Daimler-Benz M 180 VI Vergasermotor	Daimler-Benz M 180 VIII Vergasermotor	
Zylinderzahl	6 (Reihe)	6 (Reihe)	
Bohrung × Hub	82 × 72,8 mm	82 × 72,8 mm	
Hubraum	2281 ccm	2281 ccm	
Leistung	105 PS bei 5200 U/min	120 PS bei 5400 U/min	
Drehmoment	17,7 mkg bei 3600 U/min	18,2 mkg bei 4000 U/min	
Verdichtung	1:9,0	1:9,0	
Vergaser	2 Fallstromvergaser Solex 38 PDSI-2	2 Register-Fallstromvergaser Zenith 35/40 INAT	
Ventile	Hängend. Obenliegende Nockenwelle, Antrieb durch Duplex-Kette		
Kurbelwellenlager	4		
Kühlung	Pumpe, 11,4 Liter Wasser Auf Wunsch: Viscose-Ventilatorkupplung		
Schmierung	Druckumlauf, 5,5 Liter Öl		
Batterie	12 V 44 Ah (im Motorraum)		
Lichtmaschine	Drehstrom 490 W		
Kraftübertragung	Antrieb auf Hinterräder. Geteilte Kardanwelle		
Kupplung	Einscheibentrockenkupplung		
Schaltung	Lenkradschaltung oder Schaltstock Wagenmitte		
Getriebe	4 Gang		
Synchronisierung	I – IV		
Übersetzungen	I. 4,09, II. 2,25, III. 1,42, IV. 1,00 Auf Wunsch: Automatic. Wählhebel am Lenkrad oder Wählhebel Wagenmitte Hydraulische Kupplung + 4 Gang-Planetengetriebe I. 3,98, II. 2,52, III. 1,58, IV. 1,00		
Antriebs-Übersetzung	4,08		
Fahrwerk	Selbsttragende Ganzstahlkarosserie		
Vorderradaufhängung	Doppel-Querlenker, Schraubenfedern, Stabilisator		
Hinterradaufhängung	Eingelenk-Pendelachse Schubstreben, Schraubenfedern, Ausgleichs-Schraubenfeder Auf Wunsch: Hydropneumat. Niveau-Ausgleich		Eingelenk-Pendelachse Schubstreben, Schraubenfeder Hydropneumat. Niveau-Ausgl.
Lenkung	Kugelumlauf (22,7:1), 4,1 Lenkraddrehungen Auf Wunsch: Kugelumlauf (17,3:1) + Servohilfe, 3,2 Lenkraddrehungen		
Fußbremse	Zweikreis-Hydraulik, Servohilfe Scheibenbr. vorn (253 mm ∅), Trommelbr. hinten (230 mm ∅)		
Allgemeine Daten			
Radstand	2700 mm		2700 mm
Spur vorn/hinten	1482/1485 mm		1482/1485 mm
Gesamtmaße	4730 × 1795 × 1495 mm		4740 × 1795 × 1530 mm
Felgen	5 JK × 13		5 J × 15
Reifen	7,00 S 13		7,00 S 15 (6 PR)
Wendekreis links/rechts	11,8/11,6 Meter		11,8/11,6 Meter
Wagengewicht	1350 kg Automatic + 40 kg		1460 kg Automatic + 40 kg
Zuläss. Gesamtgewicht	1805 kg		2140 kg
Höchstgeschwindigkeit	168, Automatic 165 km/h	175, Automatic 172 km/h	175, Automatic 172 km/h
Beschleunigung 0–100 km/h	14, Automatic 16 sec	13, Automatic 15 sec	13, Automatic 15 sec
Verbrauch/100 km	15,5 Liter Super Automatic 16,5 Liter Super	16 Liter Super Automatic 17 Liter Super	17 Liter Super Automatic 18 Liter Super
Kraftstofftank	65 Liter (im Heck)	65 Liter (im Heck)	65 Liter (im Heck)

Mercedes-Benz Typ 230 S (W 111 I A) 1965 – 1968	Mercedes-Benz Typ 230 S Universal (W 111 I A) 1966 – 1967

Daimler-Benz M 180 VIII
Vergasermotor
6 (Reihe)
82 × 72,8 mm
2281 ccm
120 PS bei 5400 U/min
18,2 mkg bei 4000 U/min
1:9,0
2 Register-Fallstromvergaser
Zenith 35/40 INAT
Hängend. Obenliegende Nockenwelle, Antrieb Duplex-Kette
4
Pumpe, 11,4 Liter Wasser
Auf Wunsch: Viscose-Ventilatorkupplung
Druckumlauf, 5,5 Liter Öl
12 V 44 Ah (im Motorraum)
Drehstrom 490 W

Antrieb auf Hinterräder. Geteilte Kardanwelle
Einscheibentrockenkupplung
Lenkradschaltung oder Schaltstock Wagenmitte
4 Gang
I – IV
I. 4,05, II. 2,23, III. 1,42, IV. 1,00
Auf Wunsch Automatic: Wählhebel Lenkrad od. Wagenmitte
Hydraulische Kupplung + 4 Gang-Planetengetriebe
I. 3,98, II. 2,52, III. 1,58. IV. 1,00
4,08

Selbsttragende Ganzstahlkarosserie
Doppel-Querlenker, Schraubenfedern, Stabilisator
Eingelenk-Pendelachse
Schubstreben, Schraubenfedern
Hydropneumat. Niveau-Ausgleich
Kugelumlauf (22,7:1), 4,1 Lenkraddrehungen
Auf Wunsch:
Kugelumlauf (17,3:1) + Servohilfe, 3,2 Lenkraddrehungen
Zweikreis-Hydraulik, Servohilfe
Scheibenbr. vorn (253 mm ∅), Trommelbr. hinten (230 mm ∅)

2750 mm	2750 mm
1482/1485 mm	1482/1485 mm
4875 × 1795 × 1500 mm	4885 × 1795 × 1530 mm
5 JK × 13	5 J × 15
7,25 S 13	7,00 S 15 (6 PR)
12,0/11,8 Meter	12,0/11,8 Meter
1410 kg	1510 kg
Automatic + 40 kg	Automatic + 40 kg
1850 kg	2170 kg
176, Automatic 174 km/h	176, Automatic 174 km/h
13, Automatic 15 sec	13, Automatic 15 sec
16 Liter Super	17 Liter Super
Automatic 17 Liter Super	Automatic 18 Liter Super
65 Liter (im Heck)	65 Liter (im Heck)

Mercedes-Benz Typ 230 S Limousine 1965 – 1968

Mercedes-Benz Typ 190 c Universal 1965
Mercedes-Benz Typ 190 Dc Universal 1965

Mercedes-Benz Typ 200 Universal 1966 – 1967
Mercedes-Benz Typ 200 D Universal 1966 – 1967
Mercedes-Benz Typ 230 Universal 1966 – 1967

Mercedes-Benz Typ 230 S Universal 1966 – 1967

Mercedes-Benz Typ 230 SL (1963 – 1967)
Mercedes-Benz Typ 250 SL (1966 – 1968)
Mercedes-Benz Typ 280 SL (1968 – 1971)

Typ 230 SL (W 113): Nachfolger des 190 SL. Neuer Roadster mit aufgebohrtem und leistungsgesteigertem Sechszylinder-Einspritzmotor des Typs 220 SE. Wie sein Vorgänger war der 230 SL kein Auto für brutalen Renneinsatz, sondern ein zwar schneller, aber gepflegter und kultivierter Reisewagen. Leistungsmäßig übertraf er den 190 SL beträchtlich, allerdings auch inbezug auf den Kaufpreis und die Betriebskosten. Besonders sei vermerkt, daß Daimler-Benz für diesen Wagen 14 statt 13 Zoll-Räder und Gürtelreifen verwendete. Die äußere Erscheinung des Wagens wurde unterschiedlich beurteilt. Insbesondere sah die sogenannte Pagodenform des abnehmbaren Coupédaches ziemlich eigenwillig aus, ermöglichte aber einen verhältnismäßig bequemen Einstieg und große Seitenfenster. Die reichhaltige Innenausstattung mit der prächtigen Instrumentierung sorgten für solide Behaglichkeit. – Vorgestellt wurde der 230 SL im März 1963, seine Produktion begann im Juli 1963 und endete im Januar 1967.

Typ 250 SL (W 113 A): Gleicher Wagen, jedoch 2,5 Liter-Motor mit ebenfalls 150 PS sowie 7 statt 4 Kurbelwellenlagern, aber dennoch für hohe Dauerbeanspruchung wenig geeignet. Größerer Tank. Vierrad-Scheibenbremsen. Serie ab Dezember 1966 und nur bis Januar 1968.

Typ 280 SL (W 113 E 28): Für die Besitzer des nur ein Jahr lang angebotenen 250 SL bedeutete es eine Enttäuschung, daß ihr Wagen bereits nach so kurzer Zeit einen stärkeren Motor erhielt, doch objektiv gesehen erzielte man zweifellos einen deutlichen Fortschritt. Ein Auto dieser Art kann durch mehr Hubraum nur gewinnen. Als 280 SL hatte der Roadster seine beste Verfassung gefunden. Serie ab Ende 1967 bis März 1971.

Produktion	**1963**	**1964**	**1965**	**1966**	**1967**	**1968**	**1969**	**1970**	**1971**	
230 SL	1 465	6 911	6 325	4 945	185					**19 831**
250 SL				17	5 177	2				**5 196**
280 SL					143	6 930	8 047	7 935	830	**23 885**
										48 912

Mercedes-Banz Typ 230 SL Roadster mit abnehmbaren Coupédach 1964

	Mercedes-Benz Typ 230 SL (W 113) 1963 – 1967	Mercedes-Benz Typ 250 SL (W 113 A) 1966 – 1968	Mercedes-Benz Typ 280 SL (W 113 E 28) 1968 – 1971
Motor	Daimler-Benz M 127 II Einspritzmotor	Daimler-Benz M 129 III Einspritzmotor	Daimler-Benz M 130 Einspritzmotor
Zylinderzahl	6 (Reihe)	6 (Reihe)	6 (Reihe)
Bohrung × Hub	82 × 72,8 mm	82 × 78,8 mm	86,5 × 78,8 mm
Hubraum	2281 ccm	2496 ccm	2778 ccm
Leistung	150 PS bei 5500 U/min	150 PS bei 5500 U/min	170 PS bei 5750 U/min
Drehmoment	20,0 mkg bei 4200 U/min	22,0 mkg bei 4200 U/min	24,5 mkg bei 4500 U/min
Verdichtung	1:9,3	1:9,5	1:9,5
Einspritzpumpe	Bosch 6 Stempel-Pumpe	Bosch 6 Stempel-Pumpe	Bosch 6 Stempel-Pumpe
Ventile	Hängend Obenliegende Nockenwelle Antrieb durch Duplex-Kette	Hängend Obenliegende Nockenwelle Antrieb durch Duplex-Kette	Hängend Obenliegende Nockenwelle Antrieb durch Duplex-Kette
Kurbelwellenlager	4	7	7
Kühlung	Pumpe (10,8 Liter Wasser)	Pumpe (12,9 Liter Wasser) Viscose-Ventilatorkupplung	Pumpe (12,5 Liter Wasser) Viscose-Ventilatorkupplung
Schmierung	Druckumlauf (5,5 Liter Öl)	Druckumlauf (5,5 Liter Öl)	Druckumlauf (5,5 Liter Öl)
Batterie	12 V 55 Ah (im Motorraum)	12 V 55 Ah (im Motorraum)	12 V 55 Ah (im Motorraum)
Lichtmaschine	Drehstrom 490 W	Drehstrom 490 W	Drehstrom 490 W
Kraftübertragung	Antrieb auf Hinterräder. Zweiteilige Gelenkwelle		
Kupplung	Einscheibentrockenkupplung		
Schaltung	Schaltstock Wagenmitte		
Getriebe	4 Gang		
Synchronisierung	I – IV		
Übersetzungen	I. 4,42. Ab 1965: 4,05 II. 2,28. Ab 1965: 2,23 III. 1,53. Ab 1965: 1,42 IV. 1,00	I. 4,05 II. 2,23 III. 1,40 IV. 1,00	I. 4,05 II. 2,23 III. 1,40 IV. 1,00
	Auf Wunsch: Automatic. Wählhebel Wagenmitte Hydraulische Kupplung + 4 Gang-Planetengetriebe I. 3,98, II. 2,52, III. 1,58, IV. 1,00		
Antriebs-Übersetzung	3,75. Ab Sept. 1965: 3,92 oder 3,69	3,92 oder 3,69	3,92 oder 3,69
Fahrwerk	Selbsttragende Ganzstahlkarosserie		
Vorderradaufhängung	Doppel-Querlenker, Schraubenfedern, Stabilisator		
Hinterradaufhängung	Eingelenk-Pendelachse, Schubstreben, Schraubenfedern, Ausgleichs-Schraubenfeder		
Lenkung	Kugelumlauf (22,7:1), 4,1 Lenkraddrehungen Auf Wunsch: Kugelumlauf (17,3:1) + Servohilfe, 3,2 Lenkraddrehungen		
Fußbremse	Zweikreis-Hydraulik Servohilfe Scheibenbr. vorn (253 mm Ø) Trommelbr. hint. (230 mm Ø)	Zweikreis-Hydraulik Servohilfe Scheibenbr. vorn (273 mm Ø) Scheibenbr. hint. (279 mm Ø)	Zweikreis-Hydraulik Servohilfe Scheibenbr. vorn (273 mm Ø) Scheibenbr. hint. (279 mm Ø)
Allgemeine Daten			
Radstand	2400 mm	2400 mm	2400 mm
Spur vorn/hinten	1485/1485 mm	1485/1485 mm	1485/1485 mm
Gesamtmaße	4285 × 1760 × 1305 bzw. (mit Roadster-Verdeck) 1320 mm	4285 × 1760 × 1305 bzw. (mit Roadster-Verdeck) 1320 mm	4285 × 1760 × 1305 bzw. (mit Roadster-Verdeck) 1320 mm
Felgen	5 1/2 J × 14 H	6 J × 14 HB	6 J × 14 HB
Reifen	185 HR 14	185 HR 14	185 HR 14
Wendekreis links/rechts	10,5/10,5 Meter	10,5/10,5 Meter	10,5/10,5 Meter
Wagengewicht	Roadster 1300 kg Coupédach + 80 kg Automatic + 40 kg	Roadster 1360 kg Coupédach + 80 kg Automatic + 40 kg	Roadster 1360 kg Coupédach + 80 kg Automatic + 40 kg
Zuläss. Gesamtgewicht	1650 kg	1715 kg	1715 kg
Höchstgeschwindigkeit	200, Automatic 195 km/h	195, Automatic 190 km/h	200, Automatic 195 km/h
Beschleunigung 0–100 km/h	11 sec	12 sec	11 sec
Verbrauch/100 km	15 Liter Super Automatic 16 Liter Super	16 Liter Super Automatic 17 Liter Super	16,5 Liter Super Automatic 17,5 Liter Super
Kraftstofftank	65 Liter (im Heck)	82 Liter (im Heck)	82 Liter (im Heck)
Preise	Roadster mit Coupédach DM 22 200,–	Roadster mit Coupédach DM 22 800,–	Roadster mit Coupédach DM 24 300,–

Mercedes-Benz Typ 230 SL
Roadster mit Coupédach
1963 – 1967

Mercedes-Benz Typ 250 SL
Roadster mit Coupédach
1966 – 1968

Mercedes-Benz Typ 280 SL
Roadster mit Coupédach
1968 – 1971

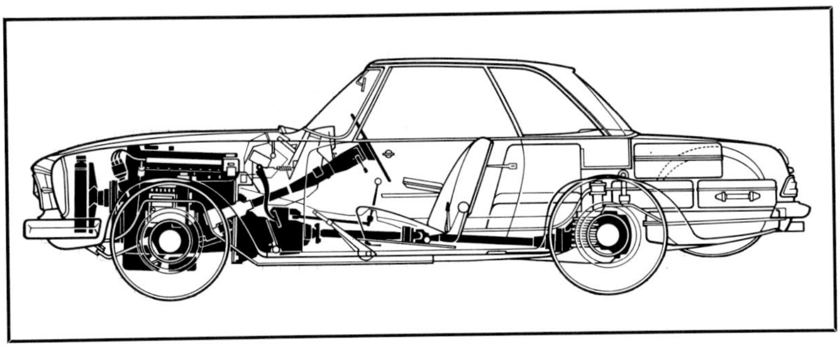

Mercedes-Benz Typ 230 SL
Coupé
Karosserie Pininfarina
Einzelanfertigung 1964
(Käufer: Verleger
Axel Springer, ließ
250 SE-Motor einbauen)

Mercedes-Benz Typ 600 Pullman

Mercedes-Benz Typ 600 (1964 – 1981)

Mit dem Sechshunderter bot Daimler-Benz eines der zu seiner Zeit exklusivsten Autos der Welt an. Vorgestellt wurde er auf der Frankfurter Automobil-Ausstellung September 1963. Die Produktion begann im September 1964 und endete nach 18 Jahren am 10. Juni 1981. Die relativ bescheidene Gesamtzahl entsprach keineswegs den Erwartungen des Werks, garantierte dafür aber den feudalen Automobilen eine ihren Besitzern gewiß willkommene Exklusivität. Während der Verkauf, zumal in den letzten Jahren, recht schleppend verlief, werden heute gut erhaltene Sechshunderter weit über dem einstigen Listenpreis gehandelt. Von den 2677 Wagen, die insgesamt gefertigt wurden, blieben nur 586 in der Bundesrepublik. Ein Drittel der Produktion landete in Amerika. In gepanzerter Ausführung (Mehrgewicht 2255 kg) lieferte das Werk 44 Sechshunderter. – Der Typ 600 (Werksbezeichnung W 100) war gespickt mit hydraulischen Servoeinrichtungen. Er bot optimalen Komfort in Verbindung mit hervorragenden Fahrleistungen und Fahreigenschaften. Allerdings verlangte die Wartung der Luftfederung viel Aufmerksamkeit und manchem Interessenten mochte die Überfrachtung mit Technik zuviel des Guten erschienen sein. Im übrigen hätte dieses Spitzenmodell eine feiner gezeichnete, gefälliger proportionierte Karosserie verdient.

Preise	**600**	**600 Pullman**
ab 1964	ab DM 56 500,–	ab DM 63 500,–
ab 1968	ab DM 57 600,–	ab DM 64 700,–
ab 1969	ab DM 58 100,–	ab DM 65 300,–
ab August 1970	ab DM 63 800,–	ab DM 71 300,–
ab April 1971	ab DM 67 000,–	ab DM 75 000,–
ab Mai 1972	ab DM 83 300,–	ab DM 94 000,–
ab August 1973	ab DM 87 300,–	ab DM 98 800,–
ab Februar 1974	ab DM 99 900,–	ab DM 114 400,–
ab Februar 1975	ab DM 110 500,–	ab DM 127 100,–
ab Januar 1976	ab DM 127 650,–	ab DM 146 520,–
ab Februar 1977	ab DM 133 500,–	ab DM 153 200,–
ab April 1978	ab DM 141 300,–	ab DM 162 200,–
ab Dezember 1978	ab DM 144 100,–	ab DM 165 500,–
ab Juli 1979	kein Listenpreis	kein Listenpreis

Produktion	**600**	**600 Pullman**
1963	2	1
1964	99	8
1965	345	63
1966	293	30
1967	138	21
1968	184	39
1969	279	57
1970	198	38
1971	186	51
1972	172	38
1973	64	18
1974	24	28
1975	25	17
1976	33	14
1977	36	19
1978	28	12
1979	36	17
1980	33	11
1981	15	5
	2190	**487** *)
	2677	

*) 428 Pullman-Limousinen und 59 Landaulets

	Mercedes-Benz Typ 600 (W 100) 1964 – 1981	Mercedes-Benz Typ 600 Pullman (W 100) 1964 – 1981
Motor	Daimler-Benz M 100 Einspritzmotor	
Zylinderzahl	V8 (90°-V-Form)	
Bohrung × Hub	103 × 95 mm	
Hubraum	6330 (nach deutscher Steuerformel 6289) ccm	
Leistung	250 PS bei 4000 U/min	
Drehmoment	51 mkg bei 2800 U/min	
Verdichtung	1:9,0	
Einspritzung	Achtstempel-Pumpe Bosch Intermittierende Einspritzung in den Ansaugkanal	
Ventile	Hängend Für jede Zylinderreihe 1 obenliegende Nockenwelle Antrieb durch je 1 Duplex-Kette	
Kurbelwellenlager	5	
Kühlung	Pumpe, 23 Liter Wasser Hydraulische, thermostatisch gesteuerte Ventilatorkupplung	
Schmierung	Druckumlauf, 6 Liter Öl	
Batterie	12 V 88 Ah (im Motorraum)	
Lichtmaschine	2 × 1 Drehstrom 490 W	
Anlasser	1,8 PS	
Kraftübertragung	Antrieb auf Hinterräder, Sperrdifferential Kardanwelle zweiteilig bzw. (bei Pullman) dreiteilig	
Getriebe	Automatic (Daimler-Benz) Hydraulische Kupplung + 4 Gang-Planetengetriebe	
Schaltung	Wählhebel am Lenkrad oder in Wagenmitte	
Übersetzungen	I. 3,98, II. 2,46, III. 1,58, IV. 1,00	
Antriebs-Übersetzung	3,23	
Fahrwerk	Selbsttragende Ganzstahlkarosserie	
Vorderradaufhängung	Doppel-Querlenker Luftkammer-Federbälge + Gummi-Zusatzfedern, Drehstab-Stabilisator	
Hinterradaufhängung	Eingelenk-Pendelachse, Schubstreben Luftkammer-Federbälge (Niveau-Ausgleich) + Gummi-Zusatzfedern, Drehstab-Stabilisator Hydraulische Stoßdämpfer vorn und hinten während der Fahrt verstellbar	
Lenkung	Kugelumlauf (17,3:1), Servohilfe 3,2 Lenkraddrehungen	
Fußbremse	Zweikreis-Hydraulik, Servohilfe Scheibenbremsen vorn (291 mm ∅, 2 Zangen) Scheibenbremsen hinten (294,5 mm ∅)	
Handbremse	Mechanisch, Hinterräder	
Allgemeine Daten		
Radstand	3200 mm	3900 mm
Spur vorn/hinten	1587/1581 mm	1587/1581 mm
Gesamtmaße	5450 × 1950 × 1500 mm	6240 × 1950 × 1510 mm
Felgen	6 ½ J × 15 H	6 ½ J × 15 H
Reifen	9,00 H 15 Supersport (6 PR)	9,00 H 15 Supersport (6 PR)
Wendekreis	ca. 12,7 Meter	ca. 14,6 Meter
Wagengewicht	2600 kg	2770 kg
Zuläss. Gesamtgewicht	3050 kg	3340 kg
Höchstgeschwindigkeit	207 km/h	200 km/h
Beschleunigung 0–100 km/h	10 sec	ca. 12 sec
Verbrauch/100 km	24 Liter Super	26 Liter Super
Kraftstofftank	112 Liter (im Heck)	112 Liter (im Heck)

Mercedes-Benz Typ 600
Limousine 4 Türen
1964 – 1981

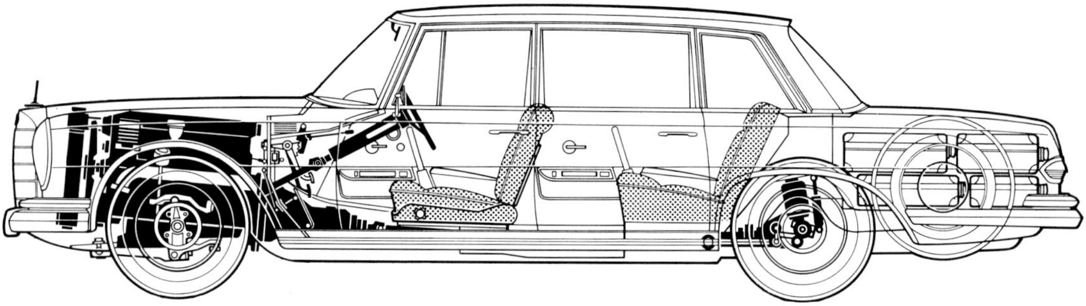

Mercedes-Benz
Typ 600
Limousine
1964 – 1981

Mercedes-Benz
Typ 600
Coupé
Radstand auf
2980 mm verkürzt
Versuchswagen
1965

Mercedes-Benz Typ 600
Limousine (rechts) und
Pullman-Limousine

Mercedes-Benz Typ 600
Pullman-Limousine 6 Türen
1964 – 1981

Mercedes-Benz Typ 600 Pullman-Limousine 4 Türen 1964 – 1981

Mercedes-Benz Typ 600 Pullman-Limousine 6 Türen 1964 – 1981

600
D
BB·DN 82

BB·DN 82

Mercedes-Benz Typ 600 Pullman-Landaulet 6 Türen Sonderausführung 1971

Mercedes-Benz Typ 600 Pullman-Landaulet 4 Türen
Sonderausführung 1966 für Papst Paul VI.
(Kein anderer »SCV 1« war vordem und seither
so lange im Gebrauch wie dieser Mercedes 600.
Auch heute noch wird er von Papst Johannes Paul II.
bevorzugt, obwohl ihm inzwischen die Pullman-
Sonderausführung eines Fiat 130 sowie 1979 ein BMW 733 i
zum Geschenk gemacht worden sind.)

Mercedes-Benz Typ 600 SL Pullman-Landaulet 4 Türen, Sonderausführung 1966 für Papst Paul VI. Der Wagen steht inzwischen im Museum der DaimlerChrysler AG, Stuttgart-Untertürkheim.

Mercedes-Benz Typ 250 S (1965 – 1969)
Mercedes-Benz Typ 250 SE (1965 – 1968)
Mercedes-Benz Typ 300 SE (1965 – 1967)
Mercedes-Benz Typ 300 SEL (1965 – 1967)

Typ 250 S (W 108): Anfang August 1965 als Nachfolger des Typs 220 S vorgestellt. Neue Karosserie, die im Vergleich zur seitherigen Einheitskarosserie nicht so elegant aussah, vor allem aber auch weniger Gepäckraum und geringere Kopfhöhe aufwies. Um mehr Leistung zu gewinnen, wurde der Hubraum äußerstmöglich vergrößert und der Motor mit 7 Kurbelwellenlagern versehen. Aber der einst so gesunden Konstruktion wurde nun zuviel abverlangt: Thermische Schwierigkeiten erlaubten keine hohe Dauerbeanspruchung mehr und führten zu hohem Ölverbrauch. Auch der Übergang auf 14 Zoll-Räder war keineswegs ein Fortschritt. Serienmäßig brachte der 250 S Vierrad-Scheibenbremsen mit Zweikreis-Hydraulik und hydropneumatische Ausgleichsfeder für Niveau-Ausgleich. Die Produktion dieses Typs, der sich trotz seiner Schwächen bestens verkaufte, dauerte von Juli 1965 bis März 1969.

Typ 250 SE (W 108): Gleiche Limousine wie Typ 250 S, jedoch Motor mit unverhältnismäßig teurer Benzineinspritzung. Produktion von August 1965 bis Januar 1968. 250 SE Coupé und Cabriolet entsprachen bis auf den Motor dem seitherigen 220 SE Coupé und Cabriolet. Produktion ab August 1965 bis Dezember 1967.

Typ 300 SEb (W 108): Gleiche Limousine wie Typ 250 S, jedoch mit dem vom berühmten Typ 300 (»Adenauer«) ererbten Leichtmetallmotor. Im Gegensatz zum seitherigen Typ 300 SE wurde hier auf die Luftfederung verzichtet. Diese bleibt dem Typ 300 SEL sowie dem 300 SE Coupé und Cabriolet vorbehalten, welche im übrigen eine stärkere Hinterachse sowie einen Bremskraftregler erhielten. Produktion der Limousine ab August 1965 bis Dezember 1967.

Typ 300 SEL (W 109): Radstand und hinterer Sitzraum um 10 cm verlängert. Luftfederung. Vorserie September 1965. Produktion März 1966 bis Dezember 1967.

Produktion	**1965**	**1966**	**1967**	**1968**	**1969**	**1970**	**1971**	**1972**	
250 S	2 844	31 564	37 866	2 014	389				**74 677**
250 SE	1 334	26 555	27 242	50					**55 181**
300 SE	214	1 989	534						**2 737**
300 SEL	1	1 404	964						**2 369**
280 S			762	20 110	25 249	24 882	16 234	6 429	**93 935**
280 SE			365	18 685	25 081	25 627	14 871	6 422	**91 051**
280 SEL				1 688	2 610	3 674	278		**8 250**
300 SEL			37	1 325	1 137	20			**2 519**
280 SE 3,5						3	7 450	3 856	**11 309**
280 SEL 3,5						3	565	383	**951**
280 SE 4,5							5 782	7 745	**13 527**
280 SEL 4,5							1 871	6 302	**8 173**
300 SEL 3,5					158	4 903	3 225	1 297	**9 583**
300 SEL 4,5							656	1 897	**2 553**
300 SEL 6,3			1	1 094	2 578	1 797	670	386	**6 526**
Coupé und Cabriolet:									
250 SE	1 205	3 601	1 407						**6 213**
280 SE			55	1 950	2 501	613	68		**5 187**
280 SE 3,5					176	3 300	1 026		**4 502**

Mercedes-Benz Typ 280 S (1968 – 1972)
Mercedes-Benz Typ 280 SE (1968 – 1972)
Mercedes-Benz Typ 280 SEL (1968 – 1971)
Mercedes-Benz Typ 300 SEL (1968 – 1970)

Typ 280 S (W 108): Unterscheidet sich vom Vorgänger-Typ 250 S durch neuen Motor mit gleichmäßigen Zylinderabständen (bisher: paarweise nahe beieinanderstehend). Nun war das Auto wenigstens technisch gesund! Der neue Motor, der heute noch, inzwischen in der dritten Modellgeneration, seinen Dienst tut, bewährte sich ausgezeichnet. Vom 250 S, der noch längere Zeit weitergebaut wurde, unterschied sich der 280 S äußerlich nur durch den größer karierten Kühlergrill. Produktion ab November 1967 bis September 1972.

Typ 280 SE (W 108): Gleicher Wagen mit Einspritzmotor. Erstaunlicherweise entschied sich fast die Hälfte der Käufer für den Einspritzmotor, obschon sie dafür bare 1600 ,– DM mehr aufwenden mußten, ohne davon praktisch keinen weiteren Vorteil zu haben als den Stolz darauf, daß auf dem Kofferdeckel ihres Autos 280 SE statt 280 S stand. Ein ziemlich teures E. Produktion ab November 1967 bis September 1972, Coupé und Cabriolet jedoch nur noch bis Mai 1971.

Typ 280 SEL (W 108): Gleicher Wagen wie Typ 280 SE, jedoch Radstand und hinterer Sitzraum um 10 cm verlängert. Die Typenbezeichnung hieß zunächst 280 SE lang, dann später 280 SEL.

Typ 300 SEL (W 109): Längere Karosserie und Luftfederung entsprechen seitherigem 300 SEL, doch wird nun statt des in der Herstellung teueren Leichtmetallmotors der neue 2,8 Liter Einspritzmotor des 280 SL verwendet. Offensichtliche Übergangslösung, bemerkenswert bei derart teuerem und exklusivem Modell. Produktion ab Dezember 1967 bis Januar 1970.

Mercedes-Benz Typ 280 SE 3,5 (1971 – 1972)
Mercedes-Benz Typ 280 SEL 3,5 (1971 – 1972)
Mercedes-Benz Typ 300 SEL 3,5 (1969 – 1972)
Mercedes-Benz Typ 300 SEL 6,3 (1968 – 1972)

Typ 280 SE 3,5 (W 108): Unterscheidet sich vom Typ 280 SE durch den völlig neuen 3,5 Liter V8-Motor und die Zahl »3,5« auf dem Kofferdeckel. Der Motor, der hier zunächst keinen nennenswerten Vorteil brachte, galt als Vorbote einer neuen Modellgeneration.

Typ 280 SE 3,5 Coupé und Cabriolet (W 111): Unterschieden sich von den seitherigen Modellen äußerlich nur durch breiteren und niedrigeren Kühlergrill. Produktion ab August 1969 bis Juli 1971. (Vom Coupé und Cabriolet der Typen 220 SE, 250 SE, 280 SE, 300 SE und 280 SE 3,5 wurden von 1961 bis 1971 insgesamt 33 000 Stück hergestellt.)

Typ 280 SEL 3,5 (W 108): Nachfolger des 280 SEL mit 2,8 Liter-Motor. Produktion wie bei 280 SE 3,5 ab März 1971 (Vorserie Juli 1970) bis September 1972.

Typ 300 SEL 3,5 (W 109): Vorgestellt im September 1969 als Nachfolger des Typs 300 SEL mit 2,8 Liter-Motor. Luftfederung. Produktion bis September 1972.

Typ 300 SEL 6,3 (W 109): Seine Vorstellung im März 1968 bedeutete eine Sensation! Längere Karosserie und Luftfederung entsprachen dem schon bekannten 300 SEL, dazu

Preise	250 S	250 SE	250 SE Coupé	300 SE	300 SEL	300 SE Coupé	
Aug. 1965	DM 15 300,–	DM 16 850,–	DM 24 350,–	DM 21 500,–	–	DM 31 350,–	
April 1966	DM 15 800,–	DM 17 350,–	DM 24 950,–	DM 22 100,–	DM 28 600,–	DM 31 950,–	
	280 S	**280 SE**	**280 SE Coupé**	**280 SE 3,5**	**300 SEL 3,5**	**300 SE 3,5 Coupé**	**300 SEL 6,3**
Jan. 1968	DM 17 000,–	DM 18 600,–	DM 26 510,–	–	–	–	–
März 1968							DM 39 160,–
März 1969	DM 17 150,–	DM 18 760,–	DM 26 750,–	–	–	–	DM 39 500,–
Nov. 1969	DM 18 040,–	DM 19 650,–	DM 27 860,–	–	–	–	DM 41 200,–
Aug. 1970	DM 18 815,–	DM 20 535,–	DM 29 140,–	–	DM 31 025,–	DM 32 025,–	DM 43 180,–
April 1971	DM 19 760,–	DM 21 590,–	DM 30 640,–	DM 24 920,–	DM 32 635,–	DM 33 690,–	DM 45 400,–

Das Cabriolet kostet jeweils ca. DM 2000,– mehr als das Coupé.
Automatic + DM 1440,–.

kam der 6,3 Liter V8-Motor des Typs 600 sowie serienmäßig Halogen-Scheinwerfer für Fern- und Abblendlicht. Damit bot Mercedes, in Konkurrenz vor allem zu Jaguar und Maserati, eine der schnellsten und sichersten Reise-Limousinen der Welt an. Ihr Preis entsprach diesem Anspruch. Der 300 SEL 6,3 wurde ausschließlich mit automatischem Getriebe geliefert. Produktion ab Dezember 1967 bis September 1972.

Parallel zum 3,5 war auch ein 4,5 Liter V8-Motor entwickelt worden, mit welchem jedoch die Typen 280 SE, 280 SEL und 300 SEL ausschließlich für den amerikanischen Markt geliefert wurden.

Mercedes-Benz Typ 250 S, 280 S
Abmessungen

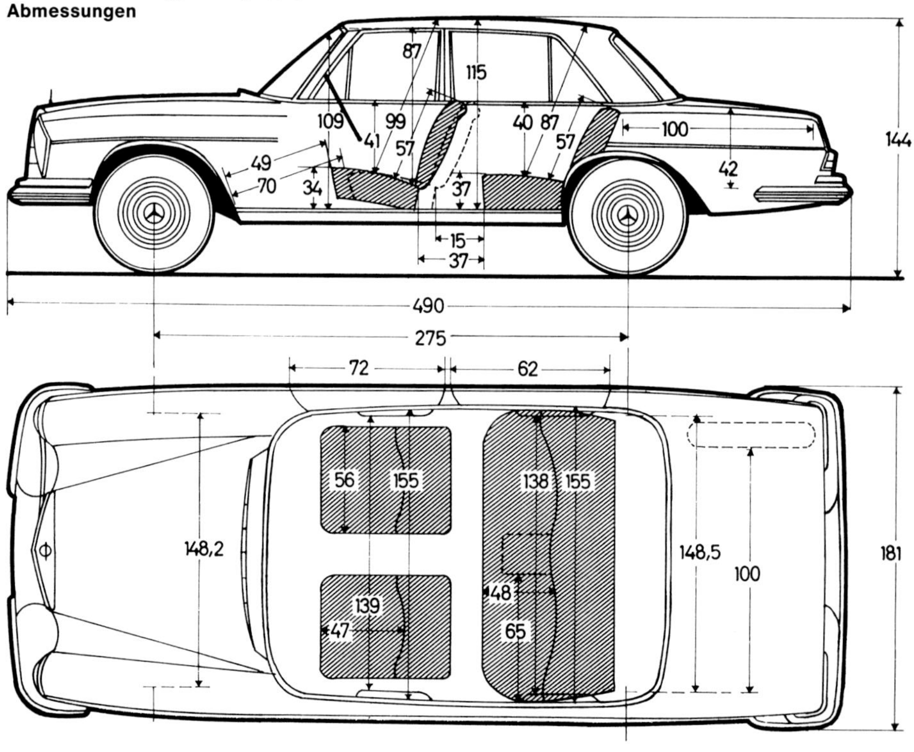

	Mercedes-Benz Typ 250 S (W 108 II) 1965 – 1969	Mercedes-Benz Typ 250 SE (W 108 III) 1965 – 1968	Mercedes-Benz Typ 250 SE Coupé und Cabriolet (W 111 III) 1965 – 1967
Motor	Daimler-Benz M 108 Vergasermotor	Daimler-Benz M 129 Einspritzmotor	
Zylinderzahl	6 (Reihe)	6 (Reihe)	
Bohrung x Hub	82 x 78,8 mm	82 x 78,8 mm	
Hubraum	2496 ccm	2496 ccm	
Leistung	130 PS bei 5400 U/min	150 PS bei 5500 U/min	
Drehmoment	19,8 mkg bei 4000 U/min	22,0 mkg bei 4200 U/min	
Verdichtung	1:9	1:9,3. Ab 1967: 1:9,5	
Vergaser bzw. Einspritzpumpe	2 Register-Fallstromvergaser Zenith 35/40 INAT mit Startautomatik	Bosch Sechsstempel-Einspritzpumpe	
Ventile	Hängend Obenliegende Nockenwelle Antrieb durch Duplexkette	Hängend Obenliegende Nockenwelle Antrieb durch Duplexkette	
Kurbelwellenlager	7	7	
Kühlung	Pumpe (11,4 Liter Wasser) Viscose Ventilatorkupplung	Pumpe (11,4 Liter Wasser) Viscose Ventilatorkupplung	
Schmierung	Druckumlauf (5,5 Liter Öl)	Druckumlauf (5,5 Liter Öl)	
Batterie	12 V 44 Ah (im Motorraum)	12 V 55 Ah (im Motorraum)	
Lichtmaschine	Drehstrom 490 W	Drehstrom 490 W	
Kraftübertragung	Antrieb auf Hinterräder. Geteilte Kardanwelle		
Kupplung	Einscheibentrockenkupplung		
Schaltung	Limousinen: Lenkradschaltung oder Schalthebel Wagenmitte Coupé und Cabriolet: Schalthebel Wagenmitte		
Getriebe	4 Gang		
Synchronisierung	I–IV		
Übersetzungen	I. 4,05, II. 2,23, III. 1,42, IV. 1,00 Auf Wunsch: Automatic. Wählhebel am Lenkrad oder Wagenmitte Hydraulische Kupplung + 4 Gang-Planetengetriebe I. 3,98, II. 2,52, III. 1,58, IV. 1,00		
Antriebs-Übersetzung	3,92		
Fahrwerk	Selbsttragende Ganzstahlkarosserie		
Vorderradaufhängung	Doppel-Querlenker, Schraubenfedern, Stabilisator		
Hinterradaufhängung	Eingelenk-Pendelachse, Schubstreben, Schraubenfedern Hydropneumatischer Niveau-Ausgleich		
Lenkung	Kugelumlauf (22,7:1), 4,1 Lenkraddrehungen Auf Wunsch: Kugelumlauf (17,3:1) + Servohilfe, 3,2 Lenkraddrehungen		
Fußbremse	Zweikreis-Hydraulik, Servohilfe Scheibenbremsen vorn (273 mm ∅) und hinten (279 mm ∅)		
Allgemeine Daten			
Radstand	2750 mm	2750 mm	2750 mm
Spur vorn/hinten	1482/1485 mm	1482/1485 mm	1482/1485 mm
Gesamtmaße	4900 x 1810 x 1440 mm	4900 x 1810 x 1440 mm	Coupé: 4880 x 1845 x 1420 mm Cabr.: 4880 x 1845 x 1435 mm
Felgen	6 J x 14	6 J x 14	6 J x 14
Reifen	7,35 H 14 oder 185 H 14	7,35 H 14 oder 185 H 14	Coupé: 7,35 H 14 od. 185 H 14 Cabr.: 7,75 H 14 od. 195 H 14
Wendekreis links/rechts	11,8/11,8 Meter	11,8/11,8 Meter	11,8/11,8 Meter
Wagengewicht	1470 kg Automatic + 40 kg	1510 kg Automatic + 40 kg	Coupé: 1490 kg Cabriolet: 1575 kg Automatic + 40 kg
Zuläss. Gesamtgewicht	1940 kg	1980 kg	Coupé: 1960 kg Cabriolet: 2045 kg
Höchstgeschwindigkeit	182, Automatic 177 km/h	193, Automatic 188 km/h	193, Automatic 188 km/h
Beschleunigung 0–100 km/h	13 sec	12 sec	12 sec
Verbrauch/100 km	15,5 Liter Super Automatic 16,5 Liter Super	15,5 Liter Super Automatic 16,5 Liter Super	15,5 Liter Super Automatic 16,5 Liter Super
Kraftstofftank	82 Liter (im Heck)	82 Liter (im Heck)	82 Liter (im Heck)

→

Mercedes-Benz
Typ 250 S
Typ 250 SE
Limousine 4 Türen
1965 – 1969

→

Mercedes-Benz
Typ 300 SE
Limousine 4 Türen
1965 – 1967

Mercedes-Benz
Typ 300 SEL
Limousine 4 Türen
1965 – 1967

	Mercedes-Benz Typ 300 SE (W 108 IV) 1965 – 1967	Mercedes-Benz Typ 300 SEL (W 109 III) 1965 – 1967	Mercedes-Benz Typ 300 SE Coupé und Cabriolet (W 112/3) 1965 – 1967
Motor	Daimler-Benz M 189		
	Einspritzmotor		
Zylinderzahl	6 (Reihe). Leichtmetallblock		
Bohrung x Hub	85 x 88 mm		
Hubraum	2996 ccm		
Leistung	170 PS bei 5400 U/min		
Drehmoment	25,4 mkg bei 4000 U/min		
Verdichtung	1:8,8		
Einspritzpumpe	Bosch Sechsstempel-Pumpe		
Ventile	Hängend. Obenliegende Nockenwelle, Antrieb Duplex-Kette		
Kurbelwellenlager	7		
Kühlung	Pumpe (16,8 Liter Wasser)		
	Elektromagnetische Ventilatorkupplung		
Schmierung	Druckumlauf (6 Liter Öl)		
Batterie	12 V 66 Ah (im Motorraum)		
Lichtmaschine	Drehstrom 490 W		
Kraftübertragung	Antrieb auf Hinterräder. Geteilte Kardanwelle		
Kupplung	Einscheibentrockenkupplung		
Schaltung	Limousinen: Lenkradschaltung oder Schalthebel Wagenmitte		
	Coupé und Cabriolet: Schalthebel Wagenmitte		
Getriebe	4 Gang		
Synchronisierung	I–IV		
Übersetzungen	I. 4,05, II. 2,23, III. 1,42, IV. 1,00		
	Auf Wunsch: Automatic		
	Wählhebel am Lenkrad oder Wählhebel Wagenmitte		
	Hydraulische Kupplung + 4 Gang-Planetengetriebe		
	I. 3,93, II. 2,52, III. 1,58, IV. 1,00		
Antriebs-Übersetzung	3,69 oder 3,92		
Fahrwerk	Selbsttragende Ganzstahlkarosserie		
Vorderradaufhängung	Doppel-Querlenker	Doppel-Querlenker	
	Schraubenfedern	Luftkammer-Federbälge	
	Stabilisator	Stabilisator	
Hinterradaufhängung	Eingelenk-Pendelachse	Eingelenk-Pendelachse	
	Schubstreben	Schubstreben	
	Schraubenfedern	Luftkammer-Federbälge	
	Hydropneumatischer	Niveau-Ausgleich	
	Niveau-Ausgleich	Stabilisator	
Lenkung	Kugelumlauf (17,3:1), Servohilfe, 3,2 Lenkraddrehungen		
Fußbremse	Zweikreis-Hydraulik, Servohilfe		
	Scheibenbremsen vorn (273 mm ∅) und hinten (279 mm ∅)		
Allgemeine Daten			
Radstand	2750 mm	2850 mm	2750 mm
Spur vorn/hinten	1482/1485 mm	1482/1490 mm	1482/1490 mm
Gesamtmaße	4900 x 1810 x 1440 mm	5000 x 1810 x 1440 mm	Coupé: 4880 x 1845 x 1420 mm
			Cabr.: 4880 x 1845 x 1435 mm
Felgen	6 J x 14	6 J x 14	6 J x 14
Reifen	7,35 H 14 oder 185 H 14	7,35 H 14 oder 185 H 14	Coupé: 7,35 H 14 od. 185 H 14
			Cabr.: 7,75 H 14 od. 195 H 14
Wendekreis links/rechts	11,8/11,8 Meter	12,0/12,0 Meter	11,8/11,8 Meter
Wagengewicht	1575 kg	1655 kg	Coupé: 1650 kg
	Automatic + 40 kg	Automatic + 40 kg	Cabriolet: 1715 kg
			Automatic + 40 kg
Zuläss. Gesamtgewicht	2060 kg	2140 kg	Coupé: 2120 kg
			Cabriolet: 2185 kg
Höchstgeschwindigkeit	Automatic + Hinterachse 3,92: 185 km/h		
	4 Gang + Hinterachse 3,92: 190 km/h		
	Automatic + Hinterachse 3,69: 195 km/h		
	4 Gang + Hinterachse 3,69: 200 km/h		
Beschleunigung 0–100 km/h	12 sec		
Verbrauch/100 km	17 bis 19 Liter Super		
Kraftstofftank	82 Liter (im Heck)		

Mercedes-Benz Typ 280 S
Limousine 4 Türen
1968 – 1972

Mercedes-Benz Typ 250 SE
Cabriolet
1965 – 1967

	Mercedes-Benz Typ 280 S (W 108 V 28) 1968 – 1972	Mercedes-Benz Typ 280 SE (W 108 E 28) 1968 – 1972	Mercedes-Benz Typ 280 SE Coupé und Cabriolet (W 111 E 28) 1968 – 1971
Motor	Daimler-Benz M 130	Daimler-Benz M 130	
	Vergasermotor	Einspritzmotor	
Zylinderzahl	6 (Reihe)	6 (Reihe)	
Bohrung x Hub	86,5 x 78,8 mm	86,5 x 78,8 mm	
Hubraum	2778 ccm	2778 ccm	
Leistung	140 PS bei 5200 U/min	160 PS bei 5500 U/min	
Drehmoment	22,8 mkg bei 3600 U/min	24,5 mkg bei 4250 U/min	
Verdichtung	1:9,0	1:9,5	
Vergaser	2 Register-Fallstromvergaser	Bosch Sechsstempel-Einspritzpumpe	
bzw. Einspritzpumpe	Zenith 35/40 INAT		
	mit Startautomatik		
Ventile	Hängend. Obenliegende Nockenwelle, Antrieb durch Duplex-Kette		
Kurbelwellenlager	7		
Kühlung	Pumpe (10,5 Liter Wasser)		
	Viscose-Ventilatorkupplung		
Schmierung	Druckumlauf (5,5 Liter Öl)		
Batterie	12 V 55 Ah (im Motorraum)		
Lichtmaschine	Drehstrom 35 A (= 490 W)		
Kraftübertragung	Antrieb auf Hinterräder. Geteilte Kardanwelle		
Kupplung	Einscheibentrockenkupplung		
Schaltung	Lenkradschaltung oder Schalthebel Wagenmitte		Schalthebel Wagenmitte
Getriebe	4 Gang. Ab Sept. 1969 auf Wunsch: 5 Gang		
Synchronisierung	I–IV bzw. I–V		
Übersetzungen	Bis Sept. 1969: I. 4,05, II. 2,23, III. 1,42, IV. 1,00		
	Ab Sept. 1969: I. 3,96, II. 2,34, III. 1,43, IV. 1,00, ggf. V. 0,87		
	Auf Wunsch: Automatic. Wählhebel am Lenkrad oder Wagenmitte		
	Hydraulische Kupplung + 4 Gang-Planetengetriebe		
	Bis Juni 1969: I. 3,98, II, 2,52, III. 1,58, IV. 1,00		
	Ab Juni 1969: I. 3,98, II. 2,39, III. 1,46, IV. 1,00		
Antriebs-Übersetzung	3,92 (12:47)		
Fahrwerk	Selbsttragende Ganzstahlkarosserie		
Vorderradaufhängung	Doppel-Querlenker, Schraubenfedern, Stabilisator		
Hinterradaufhängung	Eingelenk-Pendelachse, Schubstreben, Schraubenfedern		
	Hydropneumatischer Niveau-Ausgleich		
Lenkung	Kugelumlauf (22,7:1), 4,1 Lenkraddrehungen		
	Auf Wunsch: Kugelumlauf (17,3:1) + Servohilfe, 3,2 Lenkraddrehungen		
Fußbremse	Zweikreis-Hydraulik, Servohilfe		
	Scheibenbremsen vorn (273 mm ∅) und hinten (279 mm ∅)		
Allgemeine Daten			
Radstand	2750 mm	2750 mm	2750 mm
Spur vorn/hinten	1482/1485 mm	1482/1485 mm	1482/1485 mm
Gesamtmaße	4900 x 1810 x 1440 mm	4900 x 1810 x 1440 mm	Coupé: 4880 x 1845 x 1420 mm
			Cabr.: 4880 x 1845 x 1435 mm
Felgen	6 J x 14 HB	6 J x 14 HB	6 J x 14 HB
Reifen	7,35 oder 185 H 14 (6 PR)	7,35 oder 185 H 14 (6 PR)	7,35 oder 185 H 14 (6 PR)
Wendekreis links/rechts	11,8/11,8 Meter	11,8/11,8 Meter	11,8/11,8 Meter
Wagengewicht	1520 kg	1560 kg	Coupé: 1540 kg
	Automatic + 40 kg	Automatic + 40 kg	Cabriolet: 1615 kg
			Automatic + 40 kg
Zuläss. Gesamtgewicht	1960 kg	1985 kg	Coupé: 1980 kg
			Cabriolet: 2055 kg
Höchstgeschwindigkeit	185, Automatic 180 km/h	193, Automatic 188 km/h	193, Automatic 188 km/h
Beschleunigung 0–100 km/h	12 sec	11 sec	11 sec
Verbrauch/100 km	16 Liter Super	16 Liter Super	16 Liter Super
	Automatic 17 Liter Super	Automatic 17 Liter Super	Automatic 17 Liter Super
Kraftstofftank	82 Liter (im Heck)	82 Liter (im Heck)	82 Liter (im Heck)

Mercedes-Benz Typ 280 SE 3,5
Limousine 4 Türen
1971 – 1972

Mercedes-Benz Typ 300 SEL 3,5
Limousine 4 Türen
1969 – 1972

	Mercedes-Benz Typ 280 SE lang bzw. 280 SEL (W 108 E 28) 1968 – 1971	Mercedes-Benz Typ 300 SEL (W 109 E 28) 1968 – 1970
Motor	Daimler-Benz M 130 Einspritzmotor	Daimler-Benz M 130 Einspritzmotor
Zylinderzahl	6 (Reihe)	6 (Reihe)
Bohrung x Hub	86,5 x 78,8 mm	86,5 x 78,8 mm
Hubraum	2778 ccm	2778 ccm
Leistung	160 PS bei 5500 U/min	170 PS bei 5750 U/min
Drehmoment	24,5 mkg bei 4250 U/min	24,5 mkg bei 4500 U/min
Verdichtung	1:9,5	1:9,5
Einspritzpumpe	Bosch Sechsstempel-Pumpe	Bosch Sechsstempel-Pumpe
Ventile	Hängend Obenliegende Nockenwelle Antrieb durch Duplex-Kette	Hängend Obenliegende Nockenwelle Antrieb durch Duplex-Kette
Kurbelwellenlager	7	7
Kühlung	Pumpe (10,8 Liter Wasser) Viscose-Ventilatorkupplung	Pumpe (10,8 Liter Wasser) Viscose-Ventilatorkupplung
Schmierung	Druckumlauf (5,5 Liter Öl)	Druckumlauf (5,5 Liter Öl)
Batterie	12 V 55 Ah (im Motorraum)	12 V 66 Ah (im Motorraum)
Lichtmaschine	Drehstrom 35 A (= 490 W)	Drehstrom 35 A (= 490 W)
Kraftübertragung	Antrieb auf Hinterräder. Geteilte Kardanwelle	
Kupplung	Einscheibentrockenkupplung	
Schaltung	Lenkradschaltung oder Schalthebel Wagenmitte 5 Gang: Schalthebel Wagenmitte	Lenkradschaltung oder Schalthebel Wagenmitte
Getriebe	4 Gang. Ab Sept. 1969 auf Wunsch: 5 Gang	4 Gang
Synchronisierung	I – IV bzw. I – V	I – IV
Übersetzungen	I. 4,05, II. 2,23, III. 1,42, IV. 1,00 Ab September 1969: I. 3,96, II. 2,34, III. 1,43, IV. 1,00, ggf. V. 0,87	I. 4,05, II. 2,23, III. 1,42, IV. 1,00
	Auf Wunsch: Automatic. Wählhebel am Lenkrad oder Wagenmitte Hydraulische Kupplung + 4 Gang-Planetengetriebe Bis Juni 1969: I. 3,98, II. 2,52, III. 1,58, IV. 1,00 Ab Juni 1969: I. 3,98, II. 2,39, III. 1,46, IV. 1,00	
Antriebs-Übersetzung	3,92 (12:47)	
Fahrwerk	Selbsttragende Ganzstahlkarosserie	Selbsttragende Ganzstahlkarosserie
Vorderradaufhängung	Doppel-Querlenker Schraubenfedern, Stabilisator	Doppel-Querlenker Luftkammer-Federbälge, Stabilisator
Hinterradaufhängung	Eingelenk-Pendelachse Schubstreben, Schraubenfedern Hydropneumatischer Niveau-Ausgleich	Eingelenk-Pendelachse Schubstreben, Luftkammer-Federbälge Niveau-Ausgleich, Stabilisator
Lenkung	Kugelumlauf (17,3:1), Servohilfe, 3,1 Lenkraddrehungen	
Fußbremse	Zweikreis-Hydraulik, Servohilfe Scheibenbremsen vorn (273 mm ∅) und hinten (279 mm ∅)	
Allgemeine Daten		
Radstand	2850 mm	2850 mm
Spur vorn/hinten	1482/1485 mm	1482/1485 mm
Gesamtmaße	5000 x 1810 x 1440 mm	5000 x 1810 x 1460 mm
Felgen	6 J x 14 HB	6 J x 14 HB
Reifen	7,35 oder 185 H 14 (6 PR)	7,35 oder 185 H 14 (6 PR)
Wendekreis links/rechts	12,0/12,0 Meter	12,0/12,0 Meter
Wagengewicht	1575 kg Automatic + 40 kg	1695 kg Automatic + 40 kg
Zuläss. Gesamtgewicht	2000 kg	2120 kg
Höchstgeschwindigkeit	190, Automatic 185 km/h	195, Automatic 190 km/h
Beschleunigung 0–100 km/h	11 sec	11 sec
Verbrauch/100 km	16,5 Liter Super Automatic 17,5 Liter Super	16,5 Liter Super Automatic 17,5 Liter Super
Kraftstofftank	82 Liter (im Heck)	82 Liter (im Heck)

Mercedes-Benz Typ 280 SE 3,5 Coupé 1969 – 1971

Mercedes-Benz Typ 280 SE 3,5 Cabriolet 1969 – 1971

Motor

Zylinderzahl
Bohrung x Hub
Hubraum
Leistung
Drehmoment
Verdichtung
Einspritzung
Zündung
Ventile

Kurbelwellenlager
Kühlung

Schmierung
Batterie
Lichtmaschine

Kraftübertragung
Kupplung
Schaltung
Getriebe
Synchronisierung
Übersetzungen

Antriebs-Übersetzung

Fahrwerk
Vorderradaufhängung

Hinterradaufhängung

Lenkung
Fußbremse

Allgemeine Daten
Radstand
Spur vorn/hinten
Gesamtmaße

Felgen
Reifen

Wendekreis links/rechts
Wagengewicht

Zuläss. Gesamtgewicht

Höchstgeschwindigkeit
Beschleunigung 0–100 km/h
Verbrauch/100 km

Kraftstofftank

Mercedes-Benz Typ 280 SE 3,5 (W 108 E 35) 1971 – 1972	Mercedes-Benz Typ 280 SEL 3,5 (W 108 E 35) 1971 – 1972	Mercedes-Benz Typ 300 SEL 3,5 (W 109 E 35/1) 1969 – 1972	Mercedes-Benz Typ 280 SE 3,5 Coupé und Cabriolet (W 111 E 35/1) 1969 – 1971

Daimler-Benz M 116
Einspritzmotor
V8 (90°-V-Form)
92 x 65,8 mm
3499 ccm
200 PS bei 5800 U/min
29,2 mkg bei 4000 U/min
1:9,5
Elektronisch gesteuerte Bosch-Einspritzung
Transistorzündung
Hängend
Je Zylinderreihe 1 obenliegende Nockenwelle
Antrieb durch Duplex-Kette
5
Pumpe (13,25 l Wasser)
Viscose-Ventilatorkupplung
Druckumlauf (7,5, anfangs 6,5 Liter Öl)
12 V 66 Ah (im Motorraum)
Drehstrom 770 W

Antrieb auf Hinterräder. Geteilte Kardanwelle
Einscheibentrockenkupplung
Schaltstock Wagenmitte
4 Gang
I–IV
I. 3,96, II. 2,34, III. 1,46, IV. 1,00
Auf Wunsch: Automatic. Wählhebel am Lenkrad oder Wagenmitte
Hydraulische Kupplung + 4 Gang-Planetengetriebe
I. 3,98, II. 2,39, III. 1,46, IV. 1,00

3,46	3,46	3,69	3,69
Selbsttr. Ganzstahlkarosserie	Selbsttr. Ganzstahlkarosserie	Selbsttr. Ganzstahlkarosserie	Selbsttr. Ganzstahlkarosserie
Doppel-Querlenker	Doppel-Querlenker	Doppel-Querlenker	Doppel-Querlenker
Schraubenfedern	Schraubenfedern	Luftkammer-Federbälge	Schraubenfedern
Gummi-Zusatzfedern	Gummi-Zusatzfedern	Gummi-Zusatzfedern	Gummi-Zusatzfedern
Drehstab-Stabilisator	Drehstab-Stabilisator	Drehstab-Stabilisator	Drehstab-Stabilisator
Eingelenk-Pendelachse	Eingelenk-Pendelachse	Eingelenk-Pendelachse	Eingelenk-Pendelachse
Schubstreben	Schubstreben	Schubstreben	Schubstreben
Schraubenfedern	Schraubenfedern	Luftkammer-Federbälge	Schraubenfedern
Gummi-Zusatzfedern	Gummi-Zusatzfedern	Gummi-Zusatzfedern	Gummi-Zusatzfedern
Hydropneumatischer	Hydropneumatischer	Niveau-Ausgleich	Hydropneumatischer
Niveau-Ausgleich	Niveau-Ausgleich	Drehstab-Stabilisator	Niveau-Ausgleich

Kugelumlauf (17,3:1), Servohilfe, 3,1 Lenkraddrehungen
Zweikreis-Hydraulik, Servohilfe
Scheibenbremsen vorn (273 mm ∅) und hinten (279 mm ∅)

2750 mm	2850 mm	2850 mm	2750 mm
1482/1485 mm	1482/1485 mm	1482/1485 mm	1482/1485 mm
4900 x 1810 x 1440 mm	5000 x 1810 x 1440 mm	5000 x 1810 x 1440 mm	Coupé: 4905 x 1845 x 1405 mm Cabr.: 4905 x 1845 x 1420 mm
6 J x 14 HB	6 J x 14 HB	6 J x 14 HB	6 J x 14 HB
185 V 14 (6 PR)	185 V 14 (6 PR)	185 V 14 (6 PR)	185 V 14 (6 PR)
Auf Wunsch: 185 VR 14	Auf Wunsch: 185 VR 14	Auf Wunsch: 185 VR 14	Auf Wunsch: 185 VR 14
11,8/11,8 Meter	12,0/12,0 Meter	12,0/12,0 Meter	11,8/11,8 Meter
1610 kg	1640 kg	1730 kg	Coupé: 1630 kg Cabriolet: 1710 kg
Automatic + 40 kg	Automatic + 40 kg	Automatic + 40 kg	Automatic + 40 kg
2055 kg	2085 kg	2170 kg	Coupé: 2040 kg Cabriolet: 2120 kg
210 km/h	210 km/h	210 km/h	210 km/h
10 sec	10 sec	10 sec	10 sec
18,5 Liter Super	18,5 Liter Super	18,5 Liter Super	18,5 Liter Super
Automatic 19,5 Liter Super	Automatic 19,5 Liter Super	Automatic 19,5 Liter Super	Automatic 19,5 Liter Super
82 Liter (im Heck)	82 Liter (im Heck)	82 Liter (im Heck)	82 Liter (im Heck)

Mercedes-Benz Typ 280 SE 3.5, Cabriolet 1969–1971

Mercedes-Benz Typ 300 SEL 6,3
Limousine 4 Türen
1968 – 1972

Mercedes-Benz Typ 300 SEL 6,3
Spezial-Coupé
Karosserie Pininfarina
Einzelanfertigung 1970

Mercedes-Benz
Typ 300 SEL 6,3
(W 109 E 63)
1968 – 1972

Motor	Einspritzmotor Daimler-Benz M 100
Zylinderzahl	V8 (90°-V-Form)
Bohrung × Hub	103 × 95 mm
Hubraum	6330 (nach deutscher Steuerformel 6289) ccm
Leistung	250 PS bei 4000 U/min
Drehmoment	51 mkg bei 2800 U/min
Verdichtung	1:9,0
Einspritzung	Bosch Achtstempel-Pumpe Intermittierende Einspritzung in den Ansaugkanal
Ventile	Hängend Für jede Zylinderreihe 1 obenliegende Nockenwelle Antrieb durch je 1 Duplex-Kette
Kurbelwellenlager	5
Kühlung	Pumpe, 18 Liter Wasser, Viscose-Ventilatorkupplung
Schmierung	Druckumlauf, 6 Liter Öl
Batterie	12 V 66 Ah (im Motorraum)
Lichtmaschine	Drehstrom 490 W
Kraftübertragung	Antrieb auf Hinterräder, Kardanwelle geteilt Sperrdifferential
Getriebe	Automatic Hydraulische Kupplung + 4 Gang-Planetengetriebe
Übersetzungen	I. 3,98, II. 2,46, III. 1,58, IV. 1,00
Schaltung	Wählhebel Wagenmitte
Antriebs-Übersetzung	2,85
Fahrwerk	Selbsttragende Ganzstahlkarosserie
Vorderradaufhängung	Doppel-Querlenker Luftkammer-Federbälge + Gummi-Zusatzfedern, Drehstab-Stabilisator
Hinterradaufhängung	Eingelenk-Pendelachse, Schubstreben Luftkammer-Federbälge (Niveau-Ausgleich) + Gummi-Zusatzfedern, Drehstab-Stabilisator
Lenkung	Kugelumlauf (16,0:1), Servohilfe 3 Lenkraddrehungen
Fußbremse	Zweikreis-Hydraulik, Servohilfe Scheibenbremsen vorn 273, hinten 279 mm ∅
Handbremse	Mechanisch, Hinterräder
Schmierung	Nippel
Allgemeine Daten	
Radstand	2850 mm
Spur vorn/hinten	1482/1490 mm
Gesamtmaße	5000 × 1810 × 1470 mm
Felgen	6½ J × 14 HB bzw. (für Winter) 6 J × 14 HB
Reifen	FR 70, 195 oder 205 VR 14 bzw. (für Winter) 185 R 14 M + SE
Wendekreis links/rechts	12,1/12,5 Meter
Wagengewicht	1830 kg
Zuläss. Gesamtgewicht	2265 kg
Höchstgeschwindigkeit	221 km/h
Beschleunigung 0–100 km/h	8 sec
Verbrauch/100 km	21 Liter Super
Kraftstofftank	105 Liter (im Heck)

Mercedes-Benz Typ 200 bis 280 CE (1967 – 1976)
Mercedes-Benz Typ 200 D bis 240 D 3,0 (1967 – 1976)

Anfang Januar 1968 wurde die neue Mercedes-Benz Generation vorgestellt. Sie umfaßte zunächst die Typen 200, 200 D, 220, 220 D, 230 und 250, deren Vorserie zum Teil schon im Juli 1967 und deren Produktion (anfangs vor allem der Typ 250) bereits im Dezember 1967 begonnen hatte. Die wichtigsten Errungenschaften der neuen Generation bestanden in einer Schräglenker-Hinterachse, in der Rückkehr zu 14''-Reifen und zu einem vernünftigen Instrumentarium sowie im größeren Radstand bei verringerter Gesamtlänge des Wagens. Die kompakten Dimensionen brachten im Verkehrsalltag gelegentlichen Nutzen, doch ging mit ihnen eine erhebliche Einbuße an Raumangebot und Bequemlichkeit einher. Verloren ging auch die Durchstiegsmöglichkeit nach rechts. Erhalten blieben die perfekte Technik und die überragende Verarbeitungsqualität. Insgesamt freilich boten die Wagen der neuen Generation im Vergleich zu den Vorgängern, zumal im Vergleich zum Typ 190 c, weniger Auto für mehr Geld. Fortschritt?

Äußerlich unterschieden sich die einzelnen Typen lediglich durch die Zahl auf dem Kofferdeckel, abgesehen natürlich vom unüberhörbaren Geräusch der Dieselmotoren. Im Stil entsprachen die neuen Mittelklasse-Limousinen den Typen 250 S und 280 S, was eine gewisse Abwertung derselben bewirkte, denn der weniger kundige Betrachter sah keine Unterschiede mehr. Der Typ 250 war etwas reicher ausgestattet als die anderen, und nur er verfügte über Doppelstoßstangen.

Als weitere Modelle neben den ursprünglichen 6 Limousinen wurden im Oktober 1968 der Typ 230 lang und im Dezember 1968 der Typ 220 D lang als Achtsitzer-Limousinen (3 Sitzreihen) vorgestellt. Ferner erfolgte im November 1968 die Präsentation der Coupés Typ 250 C und 250 CE. Während die überlangen Limousinen naturgemäß nur in geringer Stückzahl Verwendung fanden, erwiesen sich die Coupés in den ersten Jahren als ausgesprochene Verkaufsschlager, obwohl sie bei eindeutig geringerem Nutzwert wesentlich mehr kosteten als die entsprechenden Limousinen, ohne sich von diesen optisch sehr zu unterscheiden.

Leider litten die Wagen dieser Baureihe in den ersten Jahren unter starkem Rostbefall. Mit der Einführung der Hohlraumversiegelung im August 1971 wurde zwar keine abso-

Mercedes-Benz Typ 200 D Limousine 4 Türen 1967 – 1973
Mercedes-Benz Typ 220 Limousine 4 Türen 1967 – 1973

Produktion	1967	1968	1969	1970	1971	1972	1973	1974	1975	1976	
200	67	20 954	26 138	29 733	35 122	40 562	37 327	37 640	48 214	13 018	**288 785**
220	131	23 486	22 493	22 652	24 140	23 684	12 146				**128 732**
230/4						7	9 568	30 033	35 073	13 104	**87 765**
200 D	106	23 293	27 663	32 841	35 000	41 065	45 287	50 613	62 978	21 081	**339 927**
220 D	364	50 630	59 628	63 314	64 294	73 729	54 121	27 510	21 226	5 254	**420 270**
240 D							16 512	60 928	38 019	15 860	**131 319**
240 D 3,0								7 650	34 420	11 620	**53 690**
230/6	252	22 064	23 835	25 252	30 520	35 270	31 378	25 314	22 922	4 906	**221 783**
250	2 215	20 475	18 692	17 329	15 180	4 412					
250				3 248	7 382	8 266	6 570	4 516	3 580	499	**34 061**
280					2	9 828	13 718	11 755	6 535	2 699	**44 537**
280 E					18	8 371	8 214	3 612	2 277	344	**22 836**
250 C		3	2 949	2 627	2 348	897					**8 824**
250 C			1 213	2 425	3 621	2 839	649	490	442	89	**11 768**
250 CE		3	5 840	8 002	5 898	2 044					**21 787**
280 C					1	2 124	4 196	3 734	2 133	963	**13 151**
280 CE					2	5 389	3 724	1 429	844	130	**11 518**

Preise	**200**	**220**	**200 D**	**220 D**	**220 D lang**		
Jan. 1968	DM 11 500,–	DM 12 000,–	DM 12 000,–	DM 12 500,–	–		
März 1969	DM 11 600,–	DM 12 100,–	DM 12 100,–	DM 12 600,–	DM 18 315,–		
Nov. 1969	DM 12 155,–	DM 12 655,–	DM 12 655,–	DM 13 155,–	DM 19 200,–		
Aug. 1970	DM 12 745,–	DM 13 165,–	DM 13 265,–	DM 13 690,–	DM 19 960,–		
April 1971	DM 13 375,–	DM 13 820,–	DM 13 930,–	DM 14 375,–	DM 20 980,–		
Mai 1972	DM 13 930,–	DM 14 375,–	DM 14 430,–	DM 14 930,–	DM 21 535,–		
März 1973	DM 14 545,–	DM 14 985,–	DM 14 985,–	DM 15 485,–	DM 22 100,–		
	200	**230/4**	**200 D**	**240 D**	**240 D lang**	**240 D 3,0**	
Aug. 1973	DM 14 545,–	DM 15 210,–	DM 14 985,–	DM 15 985,–	DM 22 590,–	–	
Febr. 1974	DM 15 140,–	DM 15 875,–	DM 15 585,–	DM 16 710,–	DM 23 610,–	–	
Aug. 1974	DM 15 785,–	DM 16 540,–	DM 16 240,–	DM 17 415,–	DM 24 610,–	DM 18 815,–	
Febr. 1975	DM 16 710,–	DM 17 505,–	DM 17 185,–	DM 18 425,–	DM 26 075,–	DM 19 915,–	

	230	**230 lang**	**250**			**250 C**	**250 CE**
Jan. 1968	DM 13 150,–	–	DM 14 630,–			–	–
März 1969	DM 13 265,–	DM 18 980,–	DM 14 765,–			DM 16 820,–	DM 17 710,–
Nov. 1969	DM 13 930,–	DM 19 900,–	DM 15 430,–			DM 17 600,–	DM 18 485,–
Aug. 1970	DM 14 620,–	DM 20 725,–	DM 16 185,–			DM 18 430,–	DM 19 370,–
April 1971	DM 15 375,–	DM 21 760,–	DM 17 040,–			DM 19 370,–	DM 20 370,–
				280	**280 E**	**280 C**	**280 CE**
Mai 1972	DM 16 100,–	DM 22 480,–	DM 17 875,–	DM 18 980,–	DM 20 535,–	DM 21 425,–	DM 22 980,–
März 1973	DM 16 765,–	DM 23 145,–	DM 18 760,–	DM 19 925,–	DM 21 535,–	DM 22 480,–	DM 24 090,–
	230/6	**230/6 lang**	**250**				
Aug. 1973	DM 16 765,–	DM 23 145,–	DM 18 760,–	DM 19 925,–	DM 21 535,–	DM 22 480,–	DM 24 090,–
Febr. 1974	DM 17 485,–	DM 24 200,–	DM 19 600,–	DM 20 825,–	DM 22 500,–	DM 23 500,–	DM 25 175,–
Aug. 1974	DM 18 215,–	DM 25 230,–	DM 20 435,–	DM 21 700,–	DM 23 455,–	DM 24 500,–	DM 26 240,–
Febr. 1975	DM 19 270,–	DM 26 685,–	DM 21 625,–	DM 23 610,–	DM 25 465,–	DM 26 555,–	DM 28 405,–

Aufpreise Jan. 1968: Automatic + DM 1430,–, Servolenkung + DM 515,–, Stahl-Schiebedach (Limousine) + DM 560,–
Aufpreise Febr. 1975: Automatic + DM 1610,–, Servolenkung + DM 645,–, Stahl-Schiebedach (Limousine) + DM 735,–

lute Abhilfe, aber doch wenigstens eine Normalisierung erreicht. Weitere Schutzmaßnahmen in dieser Richtung wären angezeigt und ohne weiteres möglich, unterblieben aber in den seither vergangenen zwölf Jahren.

Im April 1972 wurde das Programm mit den Typen 280, 280 C, 280 E und 280 CE noch einmal nach oben erweitert. Damit kam ein neuer, für die nächste S-Klasse bestimmter 2,8 Liter Zweinockenwellen-Motor zur Einführung. Vom gleichen Zeitpunkt an wurden nunmehr alle Typen, vom 200 und 200 D angefangen, serienmäßig mit Verbundglas-Frontscheiben geliefert. Endlich, nachdem das der Verfasser dieses Buches seit 20 Jahren gefordert hatte! Als Sonderausstattung konnte nun auch eine Scheinwerfer-Wisch-Waschanlage bestellt werden. Ab Februar 1973 erhielten alle Wagen ein Vierspeichen-Sicherheits-Lenkrad.

Ab August 1973 wurde als dritter Diesel der Typ 240 D eingeführt. Der wegen seines rauhen Motorlaufs unbefriedigende Typ 220 erhielt als neuer Typ 230/4 einen kurzhubigen Vierzylinder-Motor. Zur Unterscheidung von diesem heißt der seitherige, unverändert weitergebaute Typ 230 nunmehr 230/6. Die gesamte Modellreihe erhielt einen etwas niedrigeren und breiteren Grill, was jedoch optisch überhaupt nicht auffiel. Zur Serienausstattung gehörten nunmehr Automatik-Sitzgurte, Kopfstützen, von innen einstellbarer Außenspiegel sowie profilierte Heckleuchten wie bei der S-Klasse. Verzichtet wurde (leider) auf die Ausstellfenster in den Vordertüren. Übergang von der Kupplungs- auf Wandler-Automatic. 2,5-Liter Motor entfiel. An dessen Stelle erhielten die Typen 250 und 250 C den älteren 2,8 Liter-Motor.

Ab Spätjahr 1973 war der Typ 200 auf Wunsch, jedoch zum gleichen Preis, auch mit Normalbenzin-Motor erhältlich: Verdichtung 1:8, Leistung 85 PS. Keine Benzinkosten-Ersparnis, da Verbrauch entsprechend höher. Nützlich und notwendig war dieser Motor für Exportländer mit schlechtem Benzin.

Im Juli 1974 kam als vierter Diesel der Typ 240 D 3,0 mit Dreiliter-Fünfzylinder-Dieselmotor auf den Markt. Technisch zwar interessant, doch ob sein Kauf lohnend und sinnvoll war, bleibe dahingestellt.

Im Januar 1976 erschienen die Nachfolgetypen der Baureihe 123. Dennoch blieb die seitherige Modellreihe bis Dezember 1976 in der Produktion. Dem Taxigewerbe war eine entsprechende Zusage gegeben worden, und außerdem blieben die seitherigen Typen wegen der ungemein langen Lieferfristen der Nachfolger noch durchaus gut verkäuflich. Die parallele Fertigung der alten und neuen Modelle dauerte ein volles Jahr, sicherlich ein einzigartiger Vorgang in der Geschichte der deutschen Automobilindustrie. Die von 1968 bis 1976 so erfolgreich produzierte Baureihe 114/115 brachte es auf eine Gesamtstückzahl von 1,9 Millionen Fahrzeugen.

Mercedes-Benz
Typ 200
Typ 220
Typ 230
Typ 200 D
Typ 220 D
Limousine 4 Türen
1967 – 1973

Mercedes-Benz
Typ 250
Limousine 4 Türen
1967 – 1972

Mercedes-Benz
Typ 280
Typ 280 E
Limousine 4 Türen
1972 – 1973

<table>
<tr><th></th><th>Mercedes-Benz Typ 200
(W 115 V 20)
1967 – 1976</th><th>Mercedes-Benz Typ 220
(W 115 V 22)
1967 – 1973</th><th>Mercedes-Benz Typ 230/4
(W 115 V 23)
1973 – 1976</th></tr>
<tr><td>Motor</td><td>Daimler-Benz M 115
Vergasermotor</td><td>Daimler-Benz M 115
Vergasermotor</td><td>Daimler-Benz M 115
Vergasermotor</td></tr>
<tr><td>Zylinderzahl</td><td>4 (Reihe)</td><td>4 (Reihe)</td><td>4 (Reihe)</td></tr>
<tr><td>Bohrung x Hub</td><td>87 x 83,6 mm</td><td>87 x 92,4 mm</td><td>93,75 x 83,6 mm</td></tr>
<tr><td>Hubraum</td><td>1988 ccm</td><td>2197 ccm</td><td>2277 ccm</td></tr>
<tr><td>Leistung</td><td>95 PS (70 kW) b. 5000 U/min</td><td>105 PS (77 kW) b. 5000 U/min</td><td>110 PS (81 kW) b. 4800 U/min</td></tr>
<tr><td>Drehmoment</td><td>15,9 mkg bei 2800 U/min</td><td>18,2 mkg bei 2800 U/min</td><td>19 mkg bei 2500 U/min</td></tr>
<tr><td>Verdichtung</td><td>1:9</td><td>1:9</td><td>1:9</td></tr>
<tr><td>Vergaser</td><td>1 Flachstromvergaser
Stromberg 175 CDS (44 ∅)
Ab Juli 1970:
Stromberg 175 CDT (44 ∅)</td><td>1 Flachstromvergaser
Stromberg 175 CDS (44 ∅)
Ab Juli 1970:
Stromberg 175 CDT (44 ∅)</td><td>1 Flachstromvergaser
Stromberg 175 CDT (44 ∅)</td></tr>
<tr><td>Ventile</td><td colspan="3">Hängend. Obenliegende Nockenwelle, Antrieb durch Duplex-Kette</td></tr>
<tr><td>Kurbelwellenlager</td><td colspan="3">5</td></tr>
<tr><td>Kühlung</td><td colspan="3">Pumpe, 10,5 Liter Wasser</td></tr>
<tr><td>Schmierung</td><td colspan="3">Druckumlauf, 4 bzw. (ab März 1970) 5 Liter Öl</td></tr>
<tr><td>Batterie</td><td colspan="3">12 V 55 Ah (im Motorraum)</td></tr>
<tr><td>Lichtmaschine</td><td colspan="3">Drehstrom 35 A (490 W) oder 55 A (770 W)</td></tr>
<tr><td>Kraftübertragung</td><td colspan="3">Antrieb auf Hinterräder. Dreiteilige Gelenkwelle</td></tr>
<tr><td>Kupplung</td><td colspan="3">Einscheibentrockenkupplung</td></tr>
<tr><td>Schaltung</td><td colspan="3">Lenkradschaltung oder Stockschaltung Wagenmitte</td></tr>
<tr><td>Getriebe</td><td colspan="3">4 Gang</td></tr>
<tr><td>Synchronisierung</td><td colspan="3">I–IV</td></tr>
<tr><td>Übersetzungen</td><td colspan="3">I. 3,90, II. 2,30, III. 1,41, IV. 1,00
Auf Wunsch: Automatic. Wählhebel am Lenkrad oder Wagenmitte
Hydraul. Kupplung bzw. (ab Aug. 1973) hydraul. Wandler + 4 Gang-Planetengetriebe
I. 3,98, II. 2,39, III. 1,46, IV. 1,00</td></tr>
<tr><td>Antriebs-Übersetzung</td><td>4,08 (12:49)
Ab 1970: 3,92 (12:47)</td><td>4,08 (12:49)
Ab 1970: 3,92 (12:47)</td><td>3,69</td></tr>
<tr><td>Fahrwerk</td><td colspan="3">Selbsttragende Ganzstahlkarosserie</td></tr>
<tr><td>Vorderradaufhängung</td><td colspan="3">Doppel-Querlenker, Schraubenfedern, Drehstab-Stabilisator</td></tr>
<tr><td>Hinterradaufhängung</td><td colspan="3">Diagonal-Pendelachse, Schräglenker
Schraubenfedern, Zusatz-Gummifedern, Drehstab-Stabilisator
Auf Wunsch: Hydropneumatische Niveau-Regulierung</td></tr>
<tr><td>Lenkung</td><td colspan="3">Kugelumlauf (22,7:1), 4,6 Lenkraddrehungen
Auf Wunsch: Kugelumlauf (17,3:1) + Servohilfe, 3 Lenkraddrehungen</td></tr>
<tr><td>Fußbremse</td><td colspan="3">Zweikreis-Hydraulik, Servohilfe
Scheibenbremsen vorn 273 mm ∅ und hinten 279 mm ∅</td></tr>
<tr><td>Allgemeine Daten</td><td></td><td></td><td></td></tr>
<tr><td>Radstand</td><td>2750 mm</td><td>2750 mm</td><td>2750 mm</td></tr>
<tr><td>Spur vorn/hinten</td><td>1448/1440 mm</td><td>1448/1440 mm</td><td>1448/1440 mm</td></tr>
<tr><td>Gesamtmaße</td><td>4680 x 1770 x 1440 mm</td><td>4680 x 1770 x 1440 mm</td><td>4680 x 1770 x 1440 mm</td></tr>
<tr><td>Felgen</td><td>$5^1/_2$ J x 14 HB</td><td>$5^1/_2$ J x 14 HB</td><td>$5^1/_2$ J x 14 HB</td></tr>
<tr><td>Reifen</td><td>6,95 oder 175 S 14 (4 PR)
Auf Wunsch bzw. ab 1975 Serie:
175 SR 14</td><td>6,95 oder 175 S 14 (4 PR)
Auf Wunsch:
175 SR 14</td><td>6,95 oder 175 S 14 (4 PR)
Auf Wunsch bzw. ab 1975 Serie:
175 SR 14</td></tr>
<tr><td>Wendekreis links/rechts</td><td>11,1/11,0 Meter</td><td>11,1/11,0 Meter</td><td>11,1/11,0 Meter</td></tr>
<tr><td>Wagengewicht</td><td>1360 kg
Automatic + 40 kg</td><td>1360 kg
Automatic + 40 kg</td><td>1370 kg
Automatic + 40 kg</td></tr>
<tr><td>Zuläss. Gesamtgewicht</td><td>1860 kg</td><td>1860 kg</td><td>1870 kg</td></tr>
<tr><td>Höchstgeschwindigkeit</td><td>163, Automatic 158 km/h</td><td>168, Automatic 163 km/h</td><td>171, Automatic 166 km/h</td></tr>
<tr><td>Beschleunigung 0–100 km/h</td><td>16 sec</td><td>14 sec</td><td>14 sec</td></tr>
<tr><td>Verbrauch/100 km</td><td>13,5, Automatic 14,5 l Super</td><td>14, Automatic 15 l Super</td><td>14,5, Automatic 15,5 l Super</td></tr>
<tr><td>Kraftstofftank</td><td>65 Liter (im Heck)</td><td>65 Liter (im Heck)</td><td>65 Liter (im Heck)</td></tr>
</table>

	Mercedes-Benz Typ 200 D (W 115 D 20) 1967 – 1976	Mercedes-Benz Typ 220 D (W 115 D 22) 1967 – 1976	Mercedes-Benz Typ 220 D lang (W 115 D 22) 1968 – 1973
Motor	Daimler-Benz OM 615	Daimler-Benz OM 615	
	Vorkammer-Dieselmotor	Vorkammer-Dieselmotor	
Zylinderzahl	4 (Reihe)	4 (Reihe)	
Bohrung x Hub	87 x 83,6 mm	87 x 92,4 mm	
Hubraum	1988 ccm	2197 ccm	
Leistung	55 PS (40 kW) b. 4200 U/min	60 PS (44 kW) b. 4200 U/min	
Drehmoment	11,5 mkg bei 2400 U/min	12,8 mkg bei 2400 U/min	
Verdichtung	1:21	1:21	
Einspritzpumpe	Bosch Vierstempel-Pumpe	Bosch Vierstempel-Pumpe	
Ventile	Hängend	Hängend	
	Obenliegende Nockenwelle	Obenliegende Nockenwelle	
	Antrieb Duplex-Kette	Antrieb Duplex-Kette	
Kurbelwellenlager	5	5	
Kühlung	Pumpe, 10,5 l Wasser	Pumpe, 10,5 l Wasser	
Schmierung	Druckumlauf, 4 bzw. (ab März 1970) 5 Liter Öl	Druckumlauf, 4 bzw. (ab März 1970) 5 Liter Öl	
Batterie	12 V 66 od. 88 Ah (Motorraum)	12 V 88 Ah (im Motorraum)	
Lichtmaschine	Drehstrom 35 oder 55 A	Drehstrom 35 A (490 W) oder 55 A (770 W)	
Kraftübertragung	Antrieb auf Hinterräder. Zweiteilige Gelenkwelle		
Kupplung	Einscheibentrockenkupplung		
Schaltung	Lenkradschaltung oder (außer für 220 D lang) Stockschaltung Wagenmitte		
Getriebe	4 Gang		
Synchronisierung	I–IV		
Übersetzungen	I. 3,90, II. 2,30, III. 1,41, IV. 1,00		
	Auf Wunsch: Automatic. Wählhebel am Lenkrad oder (außer für 220 D lang) Wagenmitte		
	Hydraul. Kupplung bzw. (ab Aug. 1973) hydraul. Wandler + 4 Gang-Planetengetriebe		
	I. 3,98, II. 2,39, III. 1,46, IV. 1,00		
Antriebs-Übersetzung	3,92	3,92	4,08
Fahrwerk	Selbsttragende Ganzstahlkarosserie		
Vorderradaufhängung	Doppel-Querlenker, Schraubenfedern, Drehstab-Stabilisator		
Hinterradaufhängung	Diagonal-Pendelachse, Schräglenker		
	Schraubenfedern, Zusatz-Gummifedern, Drehstab-Stabilisator		
	Auf Wunsch (Serie bei 220 D lang): Hydropneumatische Niveau-Regulierung		
Lenkung	Kugelumlauf (22,7:1), 4,6 Lenkraddrehungen		
	Auf Wunsch: Kugelumlauf (17,3:1) + Servohilfe, 3 Lenkraddrehungen		
Fußbremse	Zweikreis-Hydraulik, Servohilfe		
	Scheibenbremsen vorn 273 mm ∅ und hinten 279 mm ∅		
Allgemeine Daten			
Radstand	2750 mm	2750 mm	3400 mm
Spur vorn/hinten	1448/1440 mm	1448/1440 mm	1448/1440 mm
Gesamtmaße	4680 x 1770 x 1440 mm	4680 x 1770 x 1440 mm	5335 x 1770 x 1485 mm
Felgen	5½ J x 14 HB	5½ J x 14 HB	5½ J x 15 HB
Reifen	6,95 oder 175-14 (4 PR)	6,95 oder 175-14 (4 PR)	185 HR 15
	Auf Wunsch bzw. ab 1975 Serie: 175 SR 14	Auf Wunsch bzw. ab 1975 Serie: 175 SR 14	
Wendekreis links/rechts	11,1/11,0 Meter	11,1/11,0 Meter	13,1/13,0 Meter
Wagengewicht	1410 kg	1410 kg	1540 kg
	Automatic + 40 kg	Automatic + 40 kg	Automatic + 40 kg
Zuläss. Gesamtgewicht	1905 kg	1905 kg	2185 kg
Höchstgeschwindigkeit	130, Automatic 125 km/h	134, Automatic 129 km/h	130, Automatic 125 km/h
Beschleunigung 0–100 km/h	31, Automatic 33,5 sec	29, Automatic 30 sec	31, Automatic 33 sec
Verbrauch/100 km	9,5, Automatic 10,5 l Diesel	10, Automatic 11 l Diesel	10,5, Automatic 11,5 l Diesel
Kraftstofftank	65 Liter (im Heck)	65 Liter (im Heck)	65 Liter (im Heck)

Mercedes-Benz Typ 240 D (W 115 D 24) 1973 – 1976	Mercedes-Benz Typ 240 D lang (W 115 D 24) 1973 – 1976	Mercedes-Benz Typ 240 D 3,0 (W 115 D 30) 1974 – 1976
Daimler-Benz OM 616		Daimler-Benz OM 617
Vorkammer-Dieselmotor		Vorkammer-Dieselmotor
4 (Reihe)		5 (Reihe)
91 x 92,4 mm		91 x 92,4 mm
2404 (Steuer 2376) ccm		2971 ccm
65 PS (48 kW) b. 4200 U/min		80 PS (59 kW) b. 4000 U/min
14 mkg bei 2400 U/min		17,5 mkg bei 2400 U/min
1:21		1:21
Bosch Vierstempel-Pumpe		Bosch Fünfstempel-Pumpe
Hängend		Hängend
Obenliegende Nockenwelle		Obenliegende Nockenwelle
Antrieb Duplex-Kette		Antrieb Duplex-Kette
5		6
Pumpe, 10 l Wasser		Pumpe, 10,8 l Wasser
		Viscose-Ventilatorkupplung
Druckumlauf, 5 Liter Öl		Druckumlauf, 5,5 Liter Öl
12 V 88 Ah (im Motorraum)		12 V 88 Ah (im Motorraum)
Drehstrom 35 A (490 W) oder 55 A (770 W)		Drehstrom 35 oder 55 A
Antrieb auf Hinterräder. Zweiteilige Gelenkwelle		
Einscheibentrockenkupplung		
Lenkradschaltung oder (außer für 240 D lang) Stockschaltung Wagenmitte		
4 Gang		
I–IV		
I. 3,90, II. 2,30, III. 1,41, IV. 1,00		
Auf Wunsch: Automatic. Wählhebel am Lenkrad oder (außer für 240 D lang) Wagenmitte		
Hydraulischer Wandler + 4 Gang-Planetengetriebe		
I. 3,98, II. 2,39, III. 1,46, IV. 1,00		
3,69	3,92	3,46
Selbsttragende Ganzstahlkarosserie		
Doppel-Querlenker, Schraubenfedern, Zusatz-Gummifedern, Drehstab-Stabilisator		
Diagonal-Pendelachse, Schräglenker		
Schraubenfedern, Gummi-Zusatzfedern, Drehstab-Stabilisator		
Auf Wunsch (Serie bei 240 D lang): Hydropneumatische Niveau-Regulierung		
Kugelumlauf (22,7:1), 4,6 Lenkraddrehungen		
Auf Wunsch: Kugelumlauf (17,3:1) + Servohilfe, 3 Lenkraddrehungen		
Zweikreis-Hydraulik, Servohilfe		
Scheibenbremsen vorn 273 mm Ø und hinten 279 mm Ø		
2750 mm	3400 mm	2750 mm
1448/1440 mm	1448/1440 mm	1448/1440 mm
4680 x 1770 x 1440 mm	5335 x 1770 x 1485 mm	4680 x 1770 x 1440 mm
$5^1/_2$ J x 14 HB	$5^1/_2$ J x 15 HB	$5^1/_2$ J x 14 HB
6,95 oder 175-14 (4 PR)	185 HR 15	6,95 oder 175-14 (4 PR)
Auf Wunsch bzw. ab 1975 Serie:		Auf Wunsch bzw. ab 1975 Serie:
175 SR 14		175 SR 14
11,1/11,0 Meter	13,1/13,0 Meter	11,1/11,0 Meter
1425 kg	1555 kg	1465 kg
Automatic + 40 kg	Automatic + 40 kg	Automatic + 40 kg
1910 kg	2200 kg	1950 kg
138, Automatic 133 km/h	135, Automatic 130 km/h	149, Automatic 144 km/h
25, Automatic 27,5 sec	28, Automatic 31 sec	20, Automatic 21 sec
10,5, Automatic 11,5 l Diesel	11, Automatic 12 l Diesel	12, Automatic 13 l Diesel
65 Liter (im Heck)	65 Liter (im Heck)	65 Liter (im Heck)

Mercedes-Benz Typ 230 bzw. 230/6 (W 114 V 23) 1967 – 1976	Mercedes-Benz Typ 230 bzw. 230/6 lang (W 114 V 23) 1968 – 1976	Mercedes-Benz Typ 250 und 250 C (W 114 V 25) 1967 – 1972	Mercedes-Benz Typ 250 CE (W 114 E 25) 1968 – 1972
Daimler-Benz M 180 Vergasermotor 6 (Reihe) 81,75 x 72,8 mm 2292 ccm 120 PS (88 kW) b. 5400 U/min 18,2 mkg bei 3600 U/min 1:9 2 Register-Fallstromvergaser Zenith 35/40 INAT mit Startautomatik		Daimler-Benz M 114 Vergasermotor 6 (Reihe) 82 x 78,8 mm 2496 ccm 130 PS (96 kW) b. 5400 U/min 20,3 mkg bei 3600 U/min 1:9 2 Register-Fallstromvergaser Zenith 35/40 INAT mit Startautomatik	Daimler-Benz M 114 Einspritzmotor 6 (Reihe) 82 x 78,8 mm 2496 ccm 150 PS (110 kW) b. 5500 U/min 21,5 mkg bei 4500 U/min 1:9,5 Elektronisch gesteuerte Benzineinspritzung Bosch
Hängend Obenliegende Nockenwelle Antrieb Duplex-Kette 4 Pumpe, 10 l Wasser Auf Wunsch: Viscose Ventilatorkupplung Druckumlauf, 5,5 l Öl 12 V 55 Ah (im Motorraum) Drehstrom 55 A (770 W)		Hängend Obenliegende Nockenwelle Antrieb Duplex-Kette 7 Pumpe, 10 l Wasser Viscose Ventilatorkupplung Druckumlauf, 5,5 Liter Öl 12 V 55 Ah (im Motorraum) Drehstrom 55 A (770 W)	
Antrieb auf Hinterräder. Dreiteilige Gelenkwelle Einscheibentrockenkupplung Lenkradschaltung oder (außer für 230 bzw. 230/6 lang) Stockschaltung Wagenmitte 4 Gang oder (ab 1969 auf Wunsch) 5 Gang I–IV bzw. I–V 4 Gang: I. 3,90, II. 2,30, III. 1,41, IV. 1,00 5 Gang: I. 3,96, II. 2,34, III. 1,43, IV. 1,00, V. 0,87 Auf Wunsch: Automatic. Wählhebel am Lenkrad oder Wagenmitte Hydraul. Kupplung bzw. (ab Aug. 1973) hydraul. Wandler + 4 Gang-Planetengetriebe I. 3,98, II. 2,39, III. 1,46, IV. 1,00			
Bis 1970: 3,92 Ab 1971: 3,69 bzw. (bei 5 Gang) 3,92	4,08. Ab 1971: 3,92	Bis 1970: 3,92 (5 Gang 4,08) Ab 1971: 3,69 (5 Gang 3,92)	Bis 1970: 3,92 (5 Gang 4,08) Ab 1971: 3,69 (5 Gang 3,92)
Selbsttragende Ganzstahlkarosserie Doppel-Querlenker, Schraubenfedern, Zusatz-Gummifedern, Drehstab-Stabilisator Diagonal-Pendelachse, Schräglenker Schraubenfedern, Gummi-Zusatzfedern, Drehstab-Stabilisator Auf Wunsch (Serie bei 230 bzw. 230/6 lang): Hydropneumatische Niveau-Regulierung Kugelumlauf (22,7:1), 4,6 Lenkraddrehungen Auf Wunsch: Kugelumlauf (17,3:1) + Servohilfe, 3 Lenkraddrehungen Zweikreis-Hydraulik, Servohilfe Scheibenbremsen vorn 273 mm ∅ und hinten 279 mm ∅			
2750 mm 1448/1440 mm 4680 x 1770 x 1440 mm	3400 mm 1448/1440 mm 5335 x 1770 x 1485 mm	2750 mm 1448/1440 mm 4680 x 1770 x 1440 mm Coupé: 4680 x 1790 x 1395 mm	2750 mm 1448/1440 mm Coupé: 4680 x 1790 x 1395 mm
5 1/2 J x 14 HB 6,95 oder 175 S 14 (4 PR) Auf Wunsch bzw. ab 1975 Serie: 175 SR 14	5 1/2 J x 15 HB 185 HR 15	5 1/2 J x 14 HB 6,95 oder 175 H 14 (6 PR) Auf Wunsch: 175 SR 14	5 1/2 J x 14 HB 6,95 oder 175 H 14 (6 PR) Auf Wunsch: 175 SR 14
11,1/11,0 Meter 1385 kg Automatic + 40 kg 1885 kg 177, Automatic 172 km/h 14 sec 15, Automatic 16 l Super 65 Liter (im Heck)	13,1/13,0 Meter 1515 kg Automatic + 40 kg 2200 kg 170, Automatic 165 km/h 15 sec 16, Automatic 17 l Super 65 Liter (im Heck)	11,1/11,0 Meter 1410, Coupé 1390 kg Automatic + 40 kg 1880 kg 185, Automatic 180 km/h 13 sec 16, Automatic 17 l Super 65 Liter (im Heck)	11,1/11,0 Meter Coupé 1410 kg Automatic + 40 kg 1900 kg 195, Automatic 190 km/h 11 sec 16, Automatic 17 l Super 65 Liter (im Heck)

Mercedes-Benz Typ 250 und 250 C (W 114 V 28) 1969 – 1976	Mercedes-Benz Typ 280 und 280 C (W 114 V 28) 1971 – 1976	Mercedes-Benz Typ 280 E und 280 CE (W 114 E 28) 1971 – 1976	
Daimler-Benz M 130 Vergasermotor	Daimler-Benz M 110 Vergasermotor	Daimler-Benz M 110 Einspritzmotor	**Motor**
6 (Reihe)	6 (Reihe)	6 (Reihe)	Zylinderzahl
86,5 x 78,8 mm	86,0 x 78,8 mm	86,0 x 78,8 mm	Bohrung x Hub
2778 ccm	2746 ccm	2746 ccm	Hubraum
130 PS (96 kW) b. 5000 U/min	160 PS (118 kW) b. 5500 U/min	185 PS (136 kW) b. 6000 U/min	Leistung
22 mkg bei 3200 U/min	23 mkg bei 4000 U/min	24,3 mkg bei 4500 U/min	Drehmoment
1:8,7	1:9	1:9	Verdichtung
2 Register-Fallstromvergaser Zenith 35/40 INAT mit Startautomatik	1 Doppel-Register-Fallstromvergaser Solex 4 A 1 mit Startautomatik	Elektronisch gesteuerte Benzineinspritzung Bosch	Vergaser bzw. Einspritzung
Hängend Obenliegende Nockenwelle Antrieb Duplex-Kette	V-förmig hängend 2 obenliegende Nockenwellen Antrieb Duplex-Kette		Ventile
7	7		Kurbelwellenlager
Pumpe, 10,6 l Wasser Viscose Ventilatorkupplung	Pumpe, 9,7 l Wasser Viscose Ventilatorkupplung		Kühlung
Druckumlauf, 6 Liter Öl	Druckumlauf, 6 Liter Öl		Schmierung
12 V 55 Ah (im Motorraum)	12 V 55 Ah (im Motorraum)		Batterie
Drehstrom 55 A (770 W)	Drehstrom 55 A (770 W)		Lichtmaschine
Antrieb auf Hinterräder. Dreiteilige Gelenkwelle			**Kraftübertragung**
Einscheibentrockenkupplung			Kupplung
Lenkradschaltung oder Stockschaltung Wagenmitte			Schaltung
4 Gang oder (auf Wunsch) 5 Gang			Getriebe
I–IV bzw. I–V			Synchronisierung
4 Gang: I. 3,90, II. 2,30, III. 1,41, IV. 1,00 5 Gang: I. 3,96, II. 2,34, III. 1,43, IV. 1,00, V. 0,87 Auf Wunsch: Automatic. Wählhebel am Lenkrad oder Wagenmitte Hydraul. Kupplung bzw. (ab Aug. 1973) hydraul. Wandler + 4 Gang-Planetengetriebe I. 3,98, II. 2,39, III. 1,46, IV. 1,00			Übersetzungen
3,69 (5 Gang 3,92)			Antriebs-Übersetzung
Selbsttragende Ganzstahlkarosserie			**Fahrwerk**
Doppel-Querlenker, Schraubenfedern, Gummi-Zusatzfedern, Drehstab-Stabilisator			Vorderradaufhängung
Diagonal-Pendelachse, Schräglenker Schraubenfedern, Gummi-Zusatzfedern, Drehstab-Stabilisator Auf Wunsch: Hydropneumatische Niveau-Regulierung			Hinterradaufhängung
Kugelumlauf (22,7:1), 4,6 Lenkraddrehungen Auf Wunsch: Kugelumlauf (17,3:1) + Servohilfe, 3 Lenkraddrehungen			Lenkung
Zweikreis-Hydraulik, Servohilfe Scheibenbremsen vorn 273 mm ∅ und hinten 279 mm ∅			Fußbremse
			Allgemeine Daten
2750 mm			Radstand
1448/1440 mm			Spur vorn/hinten
Limousine: 4680 x 1770 x 1440 mm Coupé: 4680 x 1770 x 1395 mm			Gesamtmaße
5½ J x 14 HB	6 J x 14 H 2	6 J x 14 H 2	Felgen
6,95 oder 175 H 14 (6 PR) Auf Wunsch bzw. ab 1975 Serie: 175 SR 14	185 HR 14	185 HR 14	Reifen
11,1/11,0 Meter	11,1/11,0 Meter	11,1/11,0 Meter	Wendekreis links/rechts
1420 kg Automatic + 40 kg	1480 kg Automatic + 40 kg	1480 kg Automatic + 40 kg	Wagengewicht
1915 kg	1975 kg	1975 kg	Zuläss. Gesamtgewicht
180, Automatic 175 km/h	190 km/h	200 km/h	Höchstgeschwindigkeit
13 sec	11 sec	10 sec	Beschleunigung 0–100 km/h
16, Automatic 17 l Super	16, Automatic 17 l Super	16, Automatic 17 l Super	Verbrauch/100 km
65 Liter (im Heck)	78 Liter (im Heck)	78 Liter (im Heck)	Kraftstofftank

Mercedes-Benz
Typ 220 D
Typ 230
Limousine 7/8 Sitze
(langer Radstand)
1968 – 1973

Mercedes-Benz
Typ 250 Coupé
Typ 250 E Coupé
1969 – 1972

Mercedes-Benz
Typ 280 C Coupé
Typ 280 CE Coupé
1972 – 1973

Mercedes-Benz Typ 220, 220 D oder 230
Kombi 4 Türen, Aufbau Binz
1968 – 1973

Mercedes-Benz Typ 220, 220 D oder 230
Kombi 4 Türen, Aufbau Miesen
1968 – 1973

Mercedes-Benz Typ 220, 220 D oder 230
Krankenwagen (normaler Radstand)
Aufbau Miesen, 1968 – 1973

Mercedes-Benz Typ 220, 220 D oder 230
Pick-up (offene Tiefpritsche)
Aufbau Binz, 1968 – 1973

Mercedes-Benz
Typ 200
Typ 200 D
Typ 220 D
Typ 240 D
Typ 230/4
Typ 230/6
Typ 250
Limousine 4 Türen
1973 – 1976

Mercedes-Benz
Typ 250 C Coupé
Typ 280 C Coupé
Typ 280 CE Coupé
1973 – 1976

Mercedes-Benz
Typ 230/6
Typ 240 D
Krankenwagen
(langer Radstand)
Aufbau Miesen
1973–1976 (Seite 145)

Mercedes-Benz Typ 280 S, 280 SE, 280 SEL (1972 – 1980)
Mercedes-Benz Typ 350 SE, 350 SEL (1972 – 1980)
Mercedes-Benz Typ 450 SE, 450 SEL (1972 – 1980)
Mercedes-Benz Typ 450 SEL 6,9 (1975 bis 1980)

Werksinterne Bezeichnung: Baureihe Typ 116. Die damals neue S-Klasse von Mercedes-Benz wurde im September 1972 mit den Typen 280 S, 280 SE und 350 SE eingeführt. Sie bedeutete einen ähnlichen Meilenstein in der Geschichte des Hauses wie der 220 S von 1959. (In stilistischer Hinsicht lösen bei Daimler-Benz fast regelmäßig eine hervorragend und eine weniger gut gelungene Generation einander ab.) Die S-Klasse der Baureihe 116 jedenfalls war sowohl technisch als auch stilistisch absolute Weltklasse. Höchstens der englische Jaguar und der französische Citroën konnten es, jeweils unter etlichen Abstrichen, mit ihr aufnehmen. Selbst die besten amerikanischen Wagen waren in Fahreigenschaften und Fahrsicherheit sowie in Bezug auf die Verarbeitung klar unterlegen. (Allerdings kosteten sie weniger, ohne freilich auch entsprechend wirtschaftlicher zu sein.) Neu, wenn auch schon bekannt, waren der 2,8 Liter Sechszylinder Zweinockenwellen-Motor ebenso wie der 3,5 Liter V8. Als wichtigste technische Errungenschaft galt ferner die Schräglenker-Pendel-Hinterachse. Bereits das Grundmodell, der 280 S, bot soviel Leistung, Komfort, Sicherheit, Raum, Perfektion und Qualität, daß es sehr hohen Ansprüchen genügte. Über noch mehr Leistung verfügten zwar der 280 SE sowie die 3,5 und die später hinzugekommenen 4,5 Liter V8-Motoren, was freilich im praktischen Fahrbetrieb kaum noch Bedeutung haben konnte. Die höheren Typenzahlen brachten im Grunde nichts weiter als einen echten oder vermeintlichen Zuwachs an Prestige.

Im März 1973 (Vorserienwagen seit August 1972) folgten die weiteren Typen 450 SE und 450 SEL, ausgerüstet mit dem 4,5 Liter V8-Motor, der kraftvoller und ruhiger lief als der niemals recht überzeugende 3,5 Liter V8. Beim 450 SEL waren Radstand, hinterer Sitzraum und Hintertüren 10 Zentimeter länger. In entsprechender Ausführung gab es ab November 1973 den 350 SEL und ab April 1974 den Typ 280 SEL. Die längeren Limousinen kamen hauptsächlich als Chauffeur- oder Firmenwagen in Betracht. In der nunmehrigen Skala der S-Reihe waren die 280 S (ohne E!) auf der einen und der 450 SEL auf der anderen Seite die beiden interessantesten Modelle geworden. Die Wahl zwischen diesen beiden war nur noch eine Kostenfrage. Für alles, was dazwischen lag, sprach im Vergleich zu den genannten Typen wenig oder nichts.

Im Mai 1975 wurde der längst erwartete und vom Werk über ein Jahr lang zurückgestellte Typ 450 SEL 6,9 vorgestellt. Seine Produktion begann im September 1975. Er war der Nachfolger des 300 SEL 6,3 und besaß den gleichen, jedoch auf 6,9 Liter aufgebohrten und mit einem neuen Einspritzsystem versehenen V8-Motor aus dem großen Sechshunderter. Statt der Luftfederung des Vorgängers fand man hier, erstmals in Deutschland angewendet, eine hydropneumatische Federung, also im Prinzip eine Gasfederung mit

Preise	280 S	280 SE	280 SEL	350 SE	450 SE	450 SEL	450 SEL 6,9
September 1972	DM 23 800,–	25 500,–	–	28 900,–	–	–	–
März 1973	DM 25 000,–	26 800,–	–	30 300,–	34 000,–	38 600,–	–
März 1974	DM 26 200,–	28 000,–	30 700,–	31 600,–	35 500,–	40 300,–	–
August 1974	DM 27 300,–	29 200,–	32 000,–	33 000,–	37 000,–	42 000,–	–
Februar 1975	DM 28 900,–	30 900,–	33 300,–	34 900,–	39 200,–	44 500,–	–
Juli 1975	DM						70 000,–
März 1977	DM 30 200,–	32 300,–	34 900,–	36 400,–	40 900,–	45 800,–	73 100,–
April 1978	DM 31 900,–	34 100,–	36 900,–	38 600,–	43 300,–	48 500,–	77 400,–
Dezember 1978	DM 33 000,–	35 300,–	37 600,–	39 400,–	44 200,–	49 500,–	79 000,–
Juli 1979	DM 34 200,–	36 500,–	38 900,–	40 700,–	45 600,–	51 100,–	81 300,–

Automatic: Für 280 S bis 350 SEL DM 1550,– (1973) bis DM 1950,– (1979), ab 450 SE Serie
Schiebedach: DM 850,– (1973) bis DM 1170,– (1979)

Produktion	1972	1973	1974	1975	1976	1977	1978	1979	1980	
280 S	3 787	15 340	20 808	21 996	18 031	17 080	15 307	9 208	1 291	**122 848**
280 SE	3 735	18 266	18 634	17 376	17 968	26 903	23 571	22 568	1 572	**150 593**
280 SEL		1	535	716	1 042	1 295	1 622	1 551	270	**7 032**
350 SE	4 353	14 340	7 226	5 447	4 734	5 723	4 964	4 099	214	**51 100**
350 SEL		58	529	552	718	807	911	653	38	**4 266**
450 SE	52	13 400	7 579	4 672	5 188	4 223	3 570	2 746	174	**41 604**
450 SEL	24	6 930	8 350	6 167	9 650	10 042	8 508	8 217	1 690	**59 578**
450 SEL 6,9				474	1 475	1 798	1 665	1 839	129	**7 380**
300 SD						51	5 970	13 194	9 419	**28 634**

hydraulischer Niveau-Regulierung. Dieser Wagen bot einen optimalen Federungskomfort. Überdies war er zu höchsten Fahrleistungen befähigt oder, was sicherlich einem Teil seiner Besitzer noch wichtiger gewesen sein wird, zu müheloser und äußerst nervenschonender Fortbewegung. Selbst der Preis von 70 000 DM vermochte diesem Wagen nur eine beschränkte Exklusivität zu sichern, denn er brachte es trotzdem auf eine erstaunlich hohe Stückzahl.

Eine weitere, technisch interessante Ergänzung dieser Baureihe brachte 1978 der allerdings ausschließlich nach Amerika gelieferte Typ 300 SD mit Fünfzylinder-Turbodiesel. Der Wagen wurde angesichts der damaligen Dieseleuphorie in Amerika zu einem grandiosen Erfolg. Andererseits war es gewiß richtig, ihn auf dem deutschen Markt nicht anzubieten. Übrigens gab es, ebenfalls ausschließlich für Amerika, mit dem gleichen 3 Liter-Turbodiesel auch das Coupé der kleineren Baureihe.

Über 473 000 Wagen dieser S-Klasse wurden insgesamt produziert. Für einen verhältnismäßig teuren Luxuswagen stellt dies gewiß ein sehr eindrucksvolles Ergebnis dar. Der letzte Wagen der Baureihe 116 lief im September 1980 vom Band, obwohl bereits im Dezember 1979 die Fertigung des Nachfolgers (Baureihe 126) begonnen hatte.

Mercedes-Benz Typ 280 S und 280 SE Limousine 4 Türen 1972 – 1980
Mercedes-Benz Typ 350 SE und 450 SE Limousine 4 Türen 1972 – 1980

	Mercedes-Benz Typ 280 S (W 116 V 28) 1972 – 1980	Mercedes-Benz Typ 280 SE (W 116 E 28) 1972 – 1980	Mercedes-Benz Typ 280 SEL (W 116 E 28) 1974 – 1980
Motor	Daimler-Benz M 110 Vergasermotor	Daimler-Benz M 110 Einspritzmotor	
Zylinderzahl	6 (Reihe)	6 (Reihe)	
Bohrung × Hub	86,0 × 78,8 mm	86,0 × 78,8 mm	
Hubraum	2746 (Steuer 2717) ccm	2746 (Steuer 2717) ccm	
Leistung	160 PS (118 kW) b. 5500 U/min bzw. (ab Anfang 1976) 156 PS (115 kW) b. 5500 U/min	185 PS (136 kW) bei 6000 U/min bzw. ab Anfang 1976: 177 PS (130 kW) bei 6000 U/min bzw. ab Anfang 1978: 185 PS (136 kW) bei 5800 U/min	
Drehmoment	23 mkg bei 4000 U/min bzw. (Ab Anfang 1976) 22,7 mkg bei 4000 U/min	24,3 mkg bei 4500 U/min bzw. (ab Anfang 1976) 23,8 mkg bei 4500 U/min bzw. (ab Anfang 1978) 24,5 mkg bei 4500 U/min	
Verdichtung	9,0 bzw. (ab Anfang 1976) 8,7	9,0 bzw. (ab Anfang 1976) 8,7 bzw. (ab Anfang 1978) 9,0	
Gemischbildung	1 Doppel-Register- Fallstromvergaser Solex 4 A 1 mit Startautomatic	Elektronische Bosch D-Jetronic Einspritzung bzw. (ab Anfang 1976) mechanische Bosch K-Jetronic Einspritzung	
Zündung	Batteriezündung	Transistorzündung	
Ventile	V-förmig hängend, 2 obenliegende Nockenwellen, Antrieb durch Duplex-Kette		
Kurbelwellenlager	7		
Kühlung	Pumpe, 11 Liter Wasser		
Schmierung	Druckumlauf, 6 Liter Öl		
Batterie	12 V 55 Ah (im Motorraum)		
Lichtmaschine	Drehstrom 55 A (770 W)		
Kraftübertragung	Antrieb auf Hinterräder, Gelenkwelle zweiteilig		
Kupplung	Einscheibentrockenkupplung		
Schaltung	Schaltstock Wagenmitte		
Getriebe	4 Gang (Serie) oder 5 Gang		
Synchronisierung	I – IV. bzw. I – V		
Übersetzungen	4 Gang: I. 3,90, II. 2,30, III. 1,41, IV. 1,00 5 Gang: I. 3,96, II. 2,34, III. 1,43, IV. 1,00, V. 0,88 Auf Wunsch: Automatic. Wählhebel am Lenkrad oder Wagenmitte Hydraulischer Wandler + 4 Gang-Planetengetriebe I. 3,98, II. 2,39, III. 1,46, IV. 1,00, Wandler 2,2fach		
Antriebs-Übersetzung	3,69 bzw. (bei 5 Gang) 3,92		
Fahrwerk	Selbsttragende Ganzstahlkarosserie		
Vorderradaufhängung	Doppel-Querlenker, Schraubenfedern, Gummi-Zusatzfedern, Drehstab-Stabilisator		
Hinterradaufhängung	Diagonal-Pendelachse, Schräglenker, Schraubenfedern Gummi-Zusatzfedern, Drehstab-Stabilisator Auf Wunsch: Niveau-Regulierung		
Lenkung	Kugelumlauf (1:14), Servohilfe, 3 Lenkraddrehungen		
Fußbremse	Zweikreis-Hydraulik, Servohilfe, ab 1979 auf Wunsch ABS Scheibenbremsen vorn 278 mm ∅, hinten 279 ∅		
Allgemeine Daten			
Radstand	2865 mm	2865 mm	2965 mm
Spur vorn/hinten	1521/1505 mm	1521/1505 mm	1521/1505 mm
Gesamtmaße	4960 × 1870 × 1425 mm	4960 × 1870 × 1425 mm	5060 × 1870 × 1430 mm
Felgen	6 J × 14	6 J × 14	6 J × 14
Reifen	185 HR 14	185 HR 14	185 HR 14
Wendekreis links/rechts	11,5/11,5 Meter	11,5/11,5 Meter	11,8/11,8 Meter
Wagengewicht	1660 kg Automatic + 40 kg	1665 kg Automatic + 40 kg	1700 kg Automatic + 40 kg
Zuläss. Gesamtgewicht	2130 kg	2130 kg	2165 kg
Höchstgeschwindigkeit	190 km/h	200 km/h	200 km/h
Beschleunigung 0-100 km/h	11,5, Automatic 12,5 sec	10,5, Automatic 11,5 sec	10,5, Automatic 11,5 sec
Verbrauch/100 km	16 Liter Super	16 Liter Super	16 Liter Super
Kraftstofftank	96 Liter (über Hinterachse)	96 Liter (über Hinterachse)	96 Liter (über Hinterachse)

Mercedes-Benz Typ 450 SEL 6.9 Limousine 1975–1980

Mercedes-Benz Typ 280 SEL Limousine 4 Türen 1974 – 1980
Mercedes-Benz Typ 350 SEL und 450 SEL Limousine 4 Türen 1972 – 1980

Motor

Zylinderzahl
Bohrung × Hub
Hubraum
Leistung

Drehmoment

Verdichtung
Gemischbildung

Zündung
Ventile
Kurbelwellenlager
Kühlung
Schmierung
Batterie
Lichtmaschine

Kraftübertragung

Kupplung
Schaltung
Getriebe
Synchronisierung
Übersetzungen

Antriebs-Übersetzung

Fahrwerk
Vorderradaufhängung

Hinterradaufhängung

Lenkung
Fußbremse

Allgemeine Daten
Radstand
Spur vorn/hinten
Gesamtmaße
Felgen
Reifen
Wendekreis links/rechts
Wagengewicht

Zuläss. Gesamtgewicht
Höchstgeschwindigkeit
Beschleunigung 0–100 km/h
Verbrauch/100 km
Kraftstofftank

Mercedes-Benz Typ 350 SE (W 116 E 35) 1972 – 1980	Mercedes-Benz Typ 350 SEL (W 116 E 35) 1973 – 1980	Mercedes-Benz Typ 450 SE (W 116 E 45) 1972 – 1980	Mercedes-Benz Typ 450 SEL (W 116 E 45) 1972 – 1980
Daimler-Benz M 116		Daimler-Benz M 117	
Einspritzmotor		Einspritzmotor	
V8 (90°-V-Form)		V8 (90°-V-Form)	
92 x 65,8 mm		92 × 85 mm	
3499 (Steuer 3459) ccm		4520 (Steuer 4189) ccm	
200 PS (147 kW) bei 5800 U/min bzw. ab Anfang 1976: 195 PS (143 kW) bei 5500 U/min bzw. ab Anfang 1978: 205 PS (151 kW) bei 5750 U/min		225 PS (165 kW) bei 5000 U/min bzw. ab November 1975: 217 PS (165 kW) bei 5000 U/min bzw. ab Anfang 1978: 225 PS (165 kW) bei 5000 U/min	
29,2 mkg bei 4000 U/min bzw. ab Anfang 1976: 28 mkg bei 4000 U/min bzw. ab Anfang 1978: 29 mkg bei 4000 U/min		38,5 mkg bei 3000 U/min bzw. ab November 1975: 36,7 mkg bei 3250 U/min bzw. ab Anfang 1978: 37,5 mkg bei 3250 U/min	
9,5 bzw. (ab Anfang 1978) 9,0		8,8	
Elektronische Bosch D-Jetronic Einspritzung bzw. (ab Anfang 1976) mechanische Bosch K-Jetronic Einspritzung		Elektronische Bosch D-Jetronic Einspritzung bzw. (ab November 1975) mechanische Bosch K-Jetronic Einspritzung	
Transistorzündung			
Hängend, je Zylinderreihe 1 obenliegende Nockenwelle, Antrieb durch Duplex-Kette			
5			
Pumpe, 14,3 Liter Wasser		Pumpe, 15 Liter Wasser	
Druckumlauf, 7,5 Liter Öl			
12 V 66 Ah (im Motorraum)			
Drehstrom 55 A (770 W)			
Antrieb auf Hinterräder, Gelenkwelle zweiteilig		Antrieb auf Hinterräder, Gelenkwelle zweiteilig	
Auf Wunsch: Sperrdifferential		auf Wunsch: Sperrdifferential	
Einscheibentrockenkupplung			
Schaltstock Wagenmitte			
4 Gang			
I – IV			
I. 3,96, II. 2,34, III. 1,43, IV. 1,00			
Auf Wunsch: Automatic. Wählhebel am Lenkrad od. Wagenmitte		Automatic. Wählhebel am Lenkrad oder Wagenmitte	
Hydraulischer Wandler + 3 Gang-Planetengetriebe		Hydraulischer Wandler + 3 Gang-Planetengetriebe	
I. 2,31, II, 1,46, III. 1,00, Wandler 2,2fach		I. 2,31, II. 1,46, III. 1,00, Wandler 2,2fach	
3,46		3,07	
Selbsttragende Ganzstahlkarosserie			
Doppel-Querlenker, Schraubenfedern			
Gummi-Zusatzfedern, Drehstab-Stabilisator			
Diagonal-Pendelachse, Schräglenker, Schraubenfedern			
Gummi-Zusatzfedern, Drehstab-Stabilisator			
Auf Wunsch: Niveau-Regulierung			
Kugelumlauf (1:14), Servohilfe, 3 Lenkraddrehungen			
Zweikreis-Hydraulik, Servohilfe, ab 1979 auf Wunsch ABS			
Scheibenbremsen vorn 278 mm ∅, hinten 279 ∅			
2865 mm	2965 mm	2860 mm	2960 mm
1521/1505 mm	1521/1505 mm	1521/1505 mm	1521/1505 mm
4960 × 1870 × 1425 mm	5060 × 1870 × 1430 mm	4960 × 1870 × 1425 mm	5060 × 1870 × 1430 mm
6½ J × 14	6½ J × 14	6½ J × 14	6½ J × 14
205/70 HR 14	205/70 HR 14	205/70 VR 14	205/70 VR 14
11,5/11,5 Meter	11,8/11,8 Meter	11,5/11,5 Meter	11,8/11,8 Meter
1725 kg	1760 kg	1790 kg	1825 kg
Automatic + 40 kg	Automatic + 40 kg		
2195 kg	2220 kg	2250 kg	2285 kg
205 km/h	205 km/h	210 km/h	210 km/h
10, Automatic 11 sec	10, Automatic 11 sec	10,5 sec	10,5 sec
19 Liter Super	19 Liter Super	19 Liter Super	19 Liter Super
96 Liter (über Hinterachse)	96 Liter (über Hinterachse)	96 Liter (über Hinterachse)	96 Liter (über Hinterachse)

Mercedes-Benz Typ 450 SEL 6,9
Limousine 4 Türen
1975 – 1980

Mercedes-Benz
Typ 300 SD Turbodiesel
Limousine 4 Türen
(nur für USA-Markt)
1977 – 1980

→

	Mercedes-Benz Typ 450 SEL 6,9 (W 116 E 69) 1975 – 1980	Mercedes-Benz Typ 300 SD (W 116 D 30 A) 1977 – 1980
Motor	Daimler-Benz M 100 Einspritzmotor	Daimler-Benz OM 617 Vorkammer-Dieselmotor mit Abgas-Turbolader
Zylinderzahl	V8 (90°-V-Form)	5 (Reihe)
Bohrung × Hub	107 × 95 mm	90,9 × 92,4 mm
Hubraum	6834 (Steuer 6786) ccm	2998 ccm
Leistung	286 PS (210 kW) bei 4250 U/min	115 PS (85 kW) bei 4200 U/min
Drehmoment	56 mkg bei 3000 U/min	23,5 mkg bei 2400 U/min
Verdichtung	1:8,8	1:21,5
Gemischbildung	Mechanisch von einem Luftmengenmesser gesteuerte Bosch K-Jetronic Einspritzung ohne motorabhängigen Antrieb	Bosch Fünfstempel- Garrett Abgas-Turbolader
Zündung	Transistorzündung	Selbstzündung
Ventile	Hängend, für jede Zylinderreihe 1 obenliegende Nockenwelle Antrieb durch je 1 Duplex-Kette	Hängend 1 obenliegende Nockenwelle Antrieb durch Duplex-Kette
Kurbelwellenlager	5	6
Kühlung	Pumpe, 18 Liter Wasser	Pumpe, 12 Liter Wasser
Schmierung	Trockensumpf, 12 Liter Öl	Druckumlauf, 8,6 Liter Öl
Batterie	12 V 88 Ah (im Motorraum)	12 V 88 Ah (im Motorraum)
Lichtmaschine	Drehstrom 75 Ah (1050 W)	Drehstrom 55 Ah (770 W)
Kraftübertragung	Antrieb auf Hinterräder Gelenkwelle zweiteilig Sperrdifferential	Antrieb auf Hinterräder Gelenkwelle zweiteilig
Getriebe	Automatic. Wählhebel Wagenmitte Hydraulischer Wandler + 3 Gang-Planetengetriebe I. 2,31, II. 1,46, III. 1,00 Wandler 2,2fach	Automatic. Wählhebel Wagenmitte Hydraulischer Wandler + 4 Gang-Planetengetriebe I. 3,98, II. 2,39, III. 1,46, IV. 1,00 Wandler 2,2fach
Antriebs-Übersetzung	2,65	3,07
Fahrwerk	Selbsttragende Ganzstahlkarosserie	Selbsttragende Ganzstahlkarosserie
Vorderradaufhänung	Doppel-Querlenker, hydropneumatische Federung mit Federbeinen und Gasfeder-Speichern, Drehstab-Stabilisator, Niveau-Regulierung	Doppel-Querlenker, Schraubenfedern Gasdruck-Stoßdämpfer, Bremsnickabstützung, Drehstab-Stabilisator,
Hinterradaufhängung	Diagonal-Pendelachse, Schräglenker Hydropneumatische Federung mit Federbeinen und Gasfeder-Speichern Drehstab-Stabilisator, Niveau-Regulierung	Diagonal-Pendelachse, Schräglenker Schraubenfedern, Gasdruck-Stoßdämpfer Drehstab-Stabilisator
Lenkung	Kugelumlauf (1:14), Servohilfe 3 Lenkraddrehungen	Kugelumlauf (1:14), Servohilfe 3 Lenkraddrehungen
Fußbremse	Zweikreis-Hydraulik, Servohilfe ab 1979 auf Wunsch ABS Scheiben-∅ vorn 278, hinten 279 mm	Zweikreis-Hydraulik, Servohilfe Scheiben-∅ vorn 278, hinten 279 mm
Allgemeine Daten		
Radstand	2960 mm	2865 mm
Spur vorn/hinten	1521/1505 mm	1521/1505 mm
Gesamtmaße	5060 × 1870 × 1410 mm	5220 × 1870 × 1425 mm
Felgen	6½ J × 14	6 J × 14
Reifen	215/70 VR 14	185 HR 14
Wendekreis links/rechts	12,1/12,1 Meter	11,6/11,6 Meter
Wagengewicht	1985 kg	1815 kg
Zuläss. Gesamtgewicht	2420 kg	2215 kg
Höchstgeschwindigkeit	225 km/h	165 km/h
Beschleunigung 0–100 km/h	8 sec	17 sec
Verbrauch/100 km	22 Liter Super	14 Liter Diesel
Kraftstofftank	96 Liter (über Hinterachse)	82 Liter (über Hinterachse)
		Nur für USA-Markt!

Mercedes-Benz Typ 280 SL, 280 SLC (1974–1985)
Mercedes-Benz Typ 350 SL, 350 SLC, 380 SL, 380 SLC (1971–1985)
Mercedes-Benz Typ 450 SL, 450 SLC, 450 SLC 5,0 (1971–1980)
Mercedes-Benz Typ 500 SL, 500 SLC (1980–1985)
Mercedes-Benz Typ 300 SL, 420 SL, 500 SL (ab 1985)

Werksinterne Bezeichnung: Baureihe 107. – Als Nachfolger des früheren Typs 280 SL (Baureihe 113) und Vorbote einer damals völlig neuen S-Klasse (Baureihe 116) erschien im April 1971 der 350 SL. Dank seiner hervorragend gelungenen Karosserielinie wirkte er repräsentativer und vor allem viel harmonischer als der etwas exaltierte 280 SL der vorhergehenden Machart. Technisch bemerkenswert war der 3,5 Liter V8-Motor, die Schräglenker-Pendel-Hinterachse, die 70er-Reifen, das Vierspeichen-Lenkrad sowie die profilierten Heckleuchten, die auch bei Verschmutzung wirksam bleiben. Das abnehmbare Coupédach, vom Vorgänger übernommen, machte den Roadster auch in der kalten Jahreszeit zu einem angenehmen Auto. Daß sich dieses freilich auf winterlichen Straßen wegen des kurzen Radstandes, der Kopflastigkeit und der geringen Hinterachsbelastung arg unberechenbar verhält, das steht auf einem anderen Blatt.

Zum Zweisitzer-Roadster 350 SL kam in Oktober 1971 der 350 SLC als Viersitzer-Familien-Coupé mit festem Dach. Es ersetzte das frühere große SE-Coupé. In seiner äußeren Erscheinung wirkte der 350 SLC längst nicht so überzeugend gezeichnet wie der SL und die früheren SE-Coupés. Andererseits sorgte der längere Radstand für stabilere Fahreigenschaften.

Im März 1973 wurden die Typen 450 SL und 450 SLC vorgestellt, die den konstruktiv völlig gleichen (und schon eine ganze Zeitlang für den amerikanischen Markt gebauten) 4,5 Liter V8-Motor besaßen. Der brachte zwar nicht sehr viel mehr PS-Leistung, aber ein beträchtlich kräftigeres Drehmoment mit und ließ somit den 3,5 Liter-Motor vergleichsweise uninteressant werden.

Als Folge der Ölkrise von Ende 1973 wurden ab Juli 1974 die Typen 280 SL und 280 SLC mit dem 2,8 Liter Sechszylinder-Motor des Typs 280 SE lieferbar, der praktisch nunmehr die Alternative zum 4,5 Liter darstellte, zumal der Sechszylinder bei erheblich geringerem Verbrauch die gleichen Fahrleistungen hergab wie der 3,5 Liter V8.

Im September 1977 erschien der Typ 450 SLC 5,0 mit auf 5 Liter aufgebohrtem V8-Motor. Seine Motor- und Kofferhaube bestanden aus Leichtmetall und er besaß serienmäßig Leichtmetallfelgen, was in Verbindung mit einigen anderen Maßnahmen zwar zu einer Gewichtsverringerung, aber auch zu einer drastischen Verteuerung führte, ohne daß dem Käufer damit ein entsprechend höherer Nutzen zugewachsen wäre. Zur äußeren Kennzeichnung erhielten dieses und die folgenden 500er SL-Modelle ein unschönes Gummiprofil an das Heck geklebt, das man Spoiler nannte.

Produktion	1970	1971	1972	1973	1974	1975	1976	1977	1978
280 SL					297	1 020	1 099	1 347	1 536
300 SL									
350 SL	3	4 802	4 778	1 647	574	390	540	650	743
380 SL									
420 SL									
450 SL		2 131	7 473	8 654	6 093	6 011	6 625	8 110	7 434
500 SL									
560 SL									
280 SLC					300	1 312	1 508	1 624	1 553
350 SLC		6	5 562	3 750	864	589	671	822	807
380 SLC									
450 SLC			700	5 594	2 961	2 993	3 802	4 569	4 382
500 SLC								9	524

Preise			280 SL	280 SLC	350 SL	350 SLC	450 SL	450 SLC
April	1971	DM	–	–	30 000,–	–	–	–
Oktober	1971	DM	–	–	30 000,–	33 700,–	–	–
Mai	1972	DM	–	–	31 400,–	35 600,–	–	–
März	1973	DM	–	–	32 900,–	37 300,–	36 600,–	41 000,–
Februar	1974	DM	–	–	34 400,–	39 000,–	38 300,–	42 900,–
August	1974	DM	32 500,–	37 200,–	35 800,–	40 600,–	39 900,–	44 700,–
Februar	1975	DM	34 400,–	39 400,–	37 900,–	43 000,–	42 200,–	47 300,–
März	1977	DM	35 600,–	41 200,–	39 400,–	44 900,–	43 900,–	49 400,–
								450 SLC 5,0
April	1978	DM	37 200,–	43 600,–	41 100,–	47 600,–	45 800,–	62 300,–
Dezember	1978	DM	37 900,–	44 500,–	41 900,–	48 500,–	46 800,–	63 500,–
Juli	1979	DM	39 000,–	45 900,–	43 200,–	50 100,–	48 100,–	65 500,–
					380 SL	**380 SLC**	**500 SL**	**500 SLC**
März	1980	DM	44 500,–	49 200,–	54 000,–	57 700,–	61 900,–	67 100,–
August	1980	DM	45 400,–	50 100,–	55 000,–	58 800,–	63 100,–	68 400,–
September	1981	DM	48 600,–	–	58 000,–	–	66 300,–	–
Januar	1982	DM	49 900,–	–	59 600,–	–	68 100,–	–
Juli	1982	DM	51 500,–	–	61 400,–	–	70 600,–	–
September	1983	DM	54 000,–	–	64 400,–	–	73 500,–	–
Januar	1984	DM	55 400,–	–	66 100,–	–	75 500,–	–
Dezember	1984	DM	57 000,–	–	71 600,–	–	81 200,	–
			300 SL		**420 SL**			
September	1985	DM	63 500,–	–	80 800,–	–	89 100,–	–
Dezember	1985	DM	64 600,–	–	82 300,–	–	90 800,–	–

Im März 1980 stellte sich die gesamte Baureihe neu geordnet vor. Die 280er besaßen nun das 5 Gang-Getriebe als Grundausstattung, während es die 380er und 500er nur mehr mit Viergang-Automatic gab. Ab September 1981 blieben nur mehr die SL-Roadster im Programm, die drei SLC-Coupés entfielen. Zum gleichen Zeitpunkt hat man die Motoren gründlich überarbeitet sowie die Getriebe- und Antriebs-Übersetzungen neu festgelegt, womit eine deutliche Verbrauchsreduzierung bezweckt und erreicht wurde.

Im September 1985 wurde, parallel zur S-Klasse, der 2,8 Liter durch den neuen 3 Liter Sechszylinder-Motor, und der seitherige 3,8 Liter durch den auf 4,2 Liter aufgebohrten V8-Motor ersetzt. Der 5 Liter blieb, während der neue 5,6 Liter-V8 (mit wesentlich herabgesetzter Leistung) nur für den USA-Markt verwendet wird. Auch sonst gab es noch einige Änderungen, wobei vor allem der Übergang von 14 auf 15″-Reifen besonders erwähnt sei.

Zur Frankfurter Automobil-Ausstellung im September 1987 wird eine völlig neue SL-Reihe erwartet. Das jetzige Modell hätte damit die respektable Bauzeit von 16 Jahren erreicht!

1979	1980	1981	1982	1983	1984	1985	1986	1987	1988
2 155	2 429	2 628	3 165	3 393	3 529	2 838			
						1 356			
934	243								
	3 147	9 470	9 926	11 198	11 115	8 144			
						215			
8 184	5 583								
	501	899	1 297	1 563	1 793	2 719			
						3 907			
1 741	1 510	1 118							
775	79								
	1 737	2 052							
4 510	2 228								
937	816	483							

Mercedes-Benz Typ 280 SL Roadster (mit abnehmbarem Coupédach) 1974–1985

Mercedes-Benz Typ 350 SL Roadster (mit abnehmbarem Coupédach) 1970 – 1980

Mercedes-Benz Typ 450 SL Roadster (mit abnehmbarem Coupédach) 1971 – 1980

<table>
<tr><th></th><th>Mercedes-Benz
Typ 280 SL
(R 107 E 28)
1974–1985</th><th>Mercedes-Benz
Typ 280 SLC
(C 107 E 28)
1974–1981</th></tr>
<tr><td>Motor</td><td colspan="2">Daimler-Benz M 110
Einspritzmotor</td></tr>
<tr><td>Zylinderzahl</td><td colspan="2">6 (Reihe)</td></tr>
<tr><td>Bohrung × Hub</td><td colspan="2">86 × 78,8 mm</td></tr>
<tr><td>Hubraum</td><td colspan="2">2746 (Steuer 2717) ccm</td></tr>
<tr><td>Leistung</td><td colspan="2">185 PS (136 kW) bei 6000 U/min bzw.
ab Anfang 1976: 177 PS (130 kW) bei 6000 U/min bzw.
ab Anfang 1978: 185 PS (136 kW) bei 5800 U/min</td></tr>
<tr><td>Drehmoment</td><td colspan="2">24,3 mkg bei 4500 U/min bzw.
ab Anfang 1976: 23,8 mkg bei 4500 U/min bzw.
ab Anfang 1978: 24,5 mkg bei 4500 U/min</td></tr>
<tr><td>Verdichtung</td><td colspan="2">9,0 bzw. ab Anfang 1976: 8,7 bzw. ab Anfang 1978: 9,0</td></tr>
<tr><td>Gemischbildung</td><td colspan="2">Elektronische Einspritzung Bosch D-Jetronic bzw.
(ab Anfang 1976) mechanische Einspritzung Bosch K-Jetronic</td></tr>
<tr><td>Zündung</td><td colspan="2">Transistorzündung</td></tr>
<tr><td>Ventile</td><td colspan="2">V-förmig hängend
2 obenliegende Nockenwellen, Antrieb durch Duplex-Kette</td></tr>
<tr><td>Kurbelwellenlager</td><td colspan="2">7</td></tr>
<tr><td>Kühlung</td><td colspan="2">Pumpe, 12 Liter Wasser</td></tr>
<tr><td>Schmierung</td><td colspan="2">Druckumlauf, 6 Liter bzw. (ab Herbst 1981) 5,5 Liter Öl</td></tr>
<tr><td>Batterie</td><td colspan="2">12 V 55 Ah (im Motorraum)</td></tr>
<tr><td>Lichtmaschine</td><td colspan="2">Drehstrom 55 A (770 W)</td></tr>
<tr><td>Kraftübertragung</td><td colspan="2">Antrieb auf Hinterräder, Gelenkwelle zweiteilig</td></tr>
<tr><td>Kupplung</td><td colspan="2">Einscheibentrockenkupplung</td></tr>
<tr><td>Schaltung</td><td colspan="2">Schaltstock Wagenmitte</td></tr>
<tr><td>Getriebe</td><td colspan="2">4 Gang (Serie) oder 5 Gang (Serie ab Herbst 1981)</td></tr>
<tr><td>Synchronisierung</td><td colspan="2">I – IV bzw. I – V</td></tr>
<tr><td>Übersetzungen</td><td colspan="2">4 Gang: I. 3,90, II. 2,30, III. 1,41, IV. 1,00
5 Gang: I. 3,98, II. 2,34, III. 1,43, IV. 1,00, V. 0,88
bzw. ab Herbst 1981:
5 Gang: I. 3,82, II. 2,20, III. 1,40, IV. 1,00, V. 0,81
Auf Wunsch: Automatic. Wählhebel Wagenmitte
Hydraulischer Wandler + 4 Gang-Planetengetriebe
I. 3,98, II. 2,39, III. 1,46, IV. 1,00, Wandler 2,2fach
bzw. ab Herbst 1981:
I. 3,68, II. 2,41, III. 1,44, IV. 1,00, Wandler 2,2fach</td></tr>
<tr><td>Antriebs-Übersetzung</td><td colspan="2">4 Gang und Automatic 3,69, 5 Gang 3,92 bzw.
ab Herbst 1981: 5 Gang und Automatic 3,58</td></tr>
<tr><td>Fahrwerk</td><td colspan="2">Selbsttragende Ganzstahlkarosserie</td></tr>
<tr><td>Vorderradaufhängung</td><td colspan="2">Doppel-Querlenker, Schraubenfedern
Gummi-Zusatzfedern, Drehstab-Stabilisator</td></tr>
<tr><td>Hinterradaufhängung</td><td colspan="2">Diagonal-Pendelachse, Schräglenker, Schraubenfedern
Gummi-Zusatzfedern, Drehstab-Stabilisator</td></tr>
<tr><td>Lenkung</td><td colspan="2">Kugelumlauf (1:15,6), Servohilfe, 3,3 Lenkraddrehungen</td></tr>
<tr><td>Fußbremse</td><td colspan="2">Zweikreis-Hydraulik, Servohilfe, ab 1980 auf Wunsch ABS
Scheibenbremsen vorn 278 mm ∅, hinten 279 mm ∅</td></tr>
<tr><td>Allgemeine Daten</td><td></td><td></td></tr>
<tr><td>Radstand</td><td>2460 mm</td><td>2820 mm</td></tr>
<tr><td>Spur vorn/hinten</td><td>1452/1440 mm</td><td>1452/1440 mm</td></tr>
<tr><td>Gesamtmaße</td><td>4390 × 1790 × 1300 mm</td><td>4750 × 1790 × 1330 mm</td></tr>
<tr><td>Felgen</td><td>6 J oder 6½ J × 14</td><td>6 J oder 6½ J × 14</td></tr>
<tr><td>Reifen</td><td>185 HR 14 oder
(ab 1980 Serie) 195/70 HR 14
oder 205/70 VR 14</td><td>185 HR 14 oder
(ab 1980 Serie) 195/70 HR 14
oder 205/70 VR 14</td></tr>
<tr><td>Wendekreis links/rechts</td><td>10,8/10,6 Meter</td><td>11,9/11,7 Meter</td></tr>
<tr><td>Wagengewicht</td><td>1560 kg, Automatic + 40 kg</td><td>1610 kg, Automatic + 40 kg</td></tr>
<tr><td>Zuläss. Gesamtgewicht</td><td>1920 kg</td><td>2040 kg</td></tr>
<tr><td>Höchstgeschwindigkeit</td><td>207 km/h</td><td>205 km/h</td></tr>
<tr><td>Beschleunigung 0–100 km/h</td><td>9,5, Automatic 10,5 sec</td><td>10, Automatic 11 sec</td></tr>
<tr><td>Verbrauch/100 km/h</td><td>15,5 Liter Super
bzw. (ab Herbst 1981)
15 Liter Super</td><td>15,5 Liter Super</td></tr>
<tr><td>Kraftstofftank</td><td>90 Liter (über Hinterachse)</td><td>90 Liter (über Hinterachse)</td></tr>
</table>

Mercedes-Benz Typ 280 SLC Coupé 4 Sitze 1974 – 1981
Mercedes-Benz Typ 350 SLC Coupé 4 Sitze 1971 – 1980
Mercedes-Benz Typ 450 SLC Coupé 4 Sitze 1972 – 1980

Mercedes-Benz Typ 450 SLC 5,0 Coupé 4 Sitze 1978 – 1980
Mercedes-Benz Typ 500 SLC Coupé 4 Sitze 1980 – 1981

Motor

Zylinderzahl
Bohrung × Hub
Hubraum
Leistung

Drehmoment

Verdichtung
Gemischbildung

Zündung
Ventile
Kurbelwellenlager
Kühlung
Schmierung
Batterie
Lichtmaschine

Kraftübertragung
Kupplung
Schaltung
Getriebe
Synchronisierung
Übersetzungen

Antriebs-Übersetzung

Fahrwerk
Vorderradaufhängung

Hinterradaufhängung

Lenkung
Fußbremse

Allgemeine Daten
Radstand
Spur vorn/hinten
Gesamtmaße
Felgen
Reifen
Wendekreis links/rechts
Wagengewicht

Zuläss. Gesamtgewicht
Höchstgeschwindigkeit

Beschleunigung 0–100 km/h
Verbrauch/100 km

Kraftstofftank

Mercedes-Benz Typ 350 SL (R 107 E 35) 1970–1980	Mercedes-Benz Typ 350 SLC (C 107 E 35) 1971–1980	Mercedes-Benz Typ 380 SL (R 107 E 38) 1980–1985	Mercedes-Benz Typ 380 SLC (C 107 E 38) 1980–1981
Daimler-Benz M 116		Daimler-Benz M 116	
Einspritzmotor		Einspritzmotor	
V8 (90°-V-Form)		V8 (90°-V-Form)	
92 x 65,8 mm		92 × 71,8 mm bzw. ab Herbst 1981: 88 × 78,9 mm	
3499 (Steuer 3459) ccm		3818 (3776) ccm bzw. ab Herbst 1981: 3839 (3793) ccm	
200 PS (147 kW) bei 5800 U/min bzw. ab Anfang 1976: 195 PS (143 kW) bei 5500 U/min bzw. ab Anfang 1978: 205 PS (151 kW) bei 5750 U/min		218 PS (160 kW) bei 5500 U/min bzw. ab Herbst 1981: 204 PS (150 kW) bei 5250 U/min	
29,2 mkg bei 4000 U/min bzw. ab Anfang 1976: 28 mkg bei 4000 U/min bzw. ab Anfang 1978: 29 mkg bei 4000 U/min		30,5 mkg bei 4000 U/min bzw. ab Herbst 1981: 32,1 mkg bei 3250 U/min	
9,5 bzw. (ab Anfang 1978) 9,0		9,0 bzw. (ab Herbst 1981) 9,4	
Elektronische Einspritzung Bosch D-Jetronic bzw. (ab Anfang 1976) mechanische Bosch K-Jetronic		Mechanische Einspitzung Bosch K-Jetronic	
Transistorzündung			
Hängend, je Zylinderreihe 1 obenliegende Nockenwelle, Antrieb durch Duplex-Kette			
5			
Pumpe, 14,3 Liter Wasser		Pumpe, 12,5 Liter Wasser	
Druckumlauf, 7,5 Liter Öl		Druckumlauf, 7,5 Liter Öl	
12 V 66 Ah (im Motorraum)		12 V 66 Ah (im Motorraum)	
Drehstrom 55 A (770 W)		Drehstrom 70 A (980 W)	
Antrieb auf Hinterräder, Gelenkwelle zweiteilig		Antrieb auf Hinterräder, Gelenkwelle zweiteilig	
Einscheibentrockenkupplung			
Schaltstock Wagenmitte			
4 Gang			
I – IV			
I. 3,96, II. 2,34, III. 1,43, IV. 1,00			
Auf Wunsch: Automatic. Wählhebel Wagenmitte		Automatic. Wählhebel Wagenmitte	
bis Juli 1972: Hydraul. Kupplung + 4 Gang-Planetengetriebe		Hydraulischer Wandler + 4 Gang-Planetengetriebe	
I. 3,98, II. 2,39, III. 1,46, IV. 1,00		I. 3,68, II. 2,41, III. 1,44, IV. 1,00, Wandler 2,2fach	
Ab Juli 1972: Hydraul. Wandler + 3 Gang-Planetengetriebe			
I. 2,31, II. 1,46, III. 1,00, Wandler 2,2fach			
3,46		3,27 bzw. (ab Herbst 1981) 2,47	
Selbsttragende Ganzstahlkarosserie			
Doppel-Querlenker, Schraubenfedern			
Gummi-Zusatzfedern, Drehstab-Stabilisator			
Diagonal-Pendelachse, Schräglenker, Schraubenfedern			
Gummi-Zusatzfedern, Drehstab-Stabilisator			
Kugelumlauf (1:15,6), Servohilfe, 3,3 Lenkraddrehungen			
Zweikreis-Hydraulik, Servohilfe, ab 1980 auf Wunsch ABS			
Scheibenbremsen vorn 278 mm ∅, hinten 279 ∅			
2460 mm	2820 mm	2460 mm	2820 mm
1452/1440 mm	1452/1440 mm	1452/1440 mm	1452/1440 mm
4390 × 1790 × 1300 mm	4750 × 1790 × 1330 mm	4390 × 1790 × 1300 mm	4750 × 1790 × 1330 mm
6½ J × 14	6½ J × 14	6½ J × 14	6½ J × 14
205/70 VR 14	205/70 VR 14	205/70 VR 14	205/70 VR 14
10,8/10,6 Meter	11,9/11,7 Meter	10,8/10,6 Meter	11,9/11,7 Meter
1600 kg	1650 kg	1640 kg	1690 kg
Automatic + 40 kg	Automatic + 40 kg		
1960 kg	2050 kg	1960 kg	2050 kg
212 km/h	212 km/h	215 km/h bzw. (ab Herbst 1981) 205 km/h	215 km/h
9, Automatic 10 sec	9, Automatic 10 sec	9,5 sec	9,5 sec
18,5 Liter Super	18,5 Liter Super	18,5 bzw. (ab Herbst 1981) 17 Liter Super	18,5 Liter Super
90 Liter (über Hinterachse)	90 Liter (über Hinterachse)	90 Liter (über Hinterachse)	90 Liter (über Hinterachse)

Mercedes-Benz Typ 280 SL und 380 SL Roadster (1980–1985) sowie im Vordergrund des Bildes Mercedes-Benz Typ 500 SL Roadster (1980–1985)

Mercedes-Benz Typ 500 SL Roadster (1980–1985)

Motor

Zylinderzahl
Bohrung × Hub
Hubraum
Leistung

Drehmoment

Verdichtung
Gemischbildung

Zündung
Ventile
Kurbelwellenlager
Kühlung
Schmierung
Batterie
Lichtmaschine

Kraftübertragung
Getriebe

Antriebs-Übersetzung

Fahrwerk
Vorderradaufhängung

Hinterradaufhängung

Lenkung
Fußbremse

Allgemeine Daten
Radstand
Spur vorn/hinten
Gesamtmaße
Felgen
Reifen
Wendekreis links/rechts
Wagengewicht
Zuläss. Gesamtgewicht
Höchstgeschwindigkeit

Beschleunigung 0–100 km/h
Verbrauch/100 km

Kraftstofftank

Mercedes-Benz Typ 450 SL (R 107 E 45) 1971 – 1980	**Mercedes-Benz Typ 450 SLC (C 107 E 45) 1972 – 1980**	**Mercedes-Benz Typ 450 SLC 5,0 (C 107 E 50) 1978 – 1980**	**Mercedes-Benz Typ 500 SL (R 107 E 50) 1980 – 1985**	**Mercedes-Benz Typ 500 SLC (C 107 E 50) 1980 – 1981**
Daimler-Benz M 117		Daimler-Benz M 117	Daimler-Benz M 117	
Einspritzmotor		Einspritzmotor	Einspritzmotor	
V8 (90°-V-Form)		V8 (90°-V-Form)	V8 (90°-V-Form)	
92 x 85 mm		97 x 85 mm	96,5 x 85 mm	
4520 (Steuer 4189) ccm		5025 (Steuer 4990) ccm	4973 (Steuer 4939) ccm	
225 PS (165 kW) bei 5000 U/min bzw. ab Nov. 1975: 217 PS (160 kW) bei 5000 U/min bzw. ab 1978: 225 PS (165 kW) bei 5000 U/min		240 PS (177 kW) bei 5000 U/min	240 PS (177 kW) bei 5000 U/min bzw. ab Herbst 1981: 231 PS (170 kW) bei 4750 U/min	
38,5 mkg bei 3000 U/min bzw. ab Nov. 1975: 36,7 mkg bei 3250 U/min bzw. ab 1978: 37,5 mkg bei 3250 U/min		41 mkg bei 3200 U/min	41 mkg bei 3200 U/min bzw. ab Nov. 1981: 41,2 mkg bei 3000 U/min bzw.	
8,8		8,8	8,8 bzw. (ab Herbst 1981) 9,2	
Elektronische Bosch D-Jetronic bzw. (ab Nov. 1975) mechanische Bosch K-Jetronic		Mechanische Bosch K-Jetronic	Mechanische Bosch K-Jetronic	
Transistorzündung				
Hängend, je Zylinderreihe 1 obenliegende Nockenwelle, Antrieb durch Duplex-Kette				
5				
Pumpe, 15 Liter Wasser				
Druckumlauf, 7,5 Liter Öl				
12 V 66 Ah (im Motorraum)				
Drehstrom 55 A (770 W)		Drehstrom 55 A (770 W)	Drehstrom 70 A (980 W)	
Antrieb auf Hinterräder, Gelenkwelle zweiteilig			Antrieb auf Hinterräder, Gelenkwelle zweiteilig	
Automatic. Wählhebel Wagenmitte			Automatic. Wählhebel Wagenmitte	
Hydraulischer Wandler + 3 Gang-Planetengetriebe			Hydraulischer Wandler + 4 Gang-Planetengetriebe	
I. 2,31, II. 1,46, III. 1,00, Wandler 2,2fach			I. 3,68, II. 2,41, III. 1,44, IV. 1,00 Wandler 2,2fach	
3,07	3,07	2,72	2,72 bzw. (ab Herbst 1981) 2,24	2,72
Selbsttragende Ganzstahlkarosserie				
Doppel-Querlenker, Schraubenfedern				
Gummi-Zusatzfedern, Drehstab-Stabilisator				
Diagonal-Pendelachse, Schräglenker, Schraubenfedern				
Gummi-Zusatzfedern, Drehstab-Stabilisator				
Kugelumlauf (1:15,6), Servohilfe, 3,3 Lenkraddrehungen				
Zweikreis-Hydraulik, Servohilfe, ab 1980 auf Wunsch ABS				
Scheibenbremsen vorn 278 mm ∅, hinten 279 ∅				
2460 mm	2820 mm	2820 mm	2460 mm	2820 mm
1452/1440 mm	1452/1440 mm	1452/1440 mm	1452/1440 mm	1452/1440 mm
4390 × 1790 × 1300 mm	4750 × 1790 × 1330 mm	4750 × 1790 × 1330 mm	4390 × 1790 × 1300 mm	4750 × 1790 × 1330 mm
6½ J × 14	6½ J × 14	6½ J × 14	6½ J × 14	6½ J × 14
205/70 VR 14	205/70 VR 14	205/70 VR 14	205/70 VR 14	205/70 VR 14
10,8/10,6 Meter	11,9/11,7 Meter	11,9/11,7 Meter	10,8/10,6 Meter	11,9/11,7 Meter
1640 kg	1690 kg	1570 kg	1600 kg	1570 kg
2015 kg	2095 kg	2005 kg	1960 kg	2005 kg
218 km/h	218 km/h	225 km/h	225 km/h bzw. (ab Herbst 1981) 220 km/h	225 km/h
9,5 sec	9,5 sec	8,5 sec	8,5 sec	8,5 sec
18,5 Liter Super	18,5 Liter Super	18,5 Liter Super	18,5 Liter Super bzw. (ab Herbst 1981) 17 Liter Super	18,5 Liter Super
90 Liter (über Hinterachse)	90 Liter (über Hinterachse)	90 Liter (über Hinterachse)	90 Liter (über Hinterachse)	90 Liter (über Hinterachse)

Mercedes-Benz Typ 300 SL Roadster (USA-Ausführung) 1980 – 1985

Mercedes-Benz Typ 300 SL Roadster
(mit abnehmbarem Coupédach) ab 1985

Mercedes-Benz Typ 420 SL Roadster, ab 1985
Mercedes-Benz Typ 500 SL Roadster (ab 1985)

	Mercedes-Benz Typ 300 SL (R 107 E 30) ab 1985	Mercedes-Benz Typ 420 SL (R 107 E 42) ab 1985	Mercedes-Benz Typ 500 SL (R 107 E 50) ab 1985
Motor	Daimler-Benz M 103 E 30 Einspritzmotor	Daimler-Benz M 116 E 42 Einspritzmotor	Daimler-Benz M 117 E 50 Einspritzmotor
Zylinderzahl	6 (Reihe)	V8 (90°-V-Form)	V8 (90°-V-Form)
Bohrung × Hub	88,5 × 80,25 mm	92,0 × 78,9 mm	96,5 × 85,0 mm
Hubraum	2962 ccm	4196 ccm	4973 ccm
Leistung	188 PS = 138 kW b. 5700 U/min bzw. mit Katalysator 180 PS = 132 kW b. 5700 U/min	218 PS = 160 kW b. 5200 U/min bzw. mit Katalysator 204 PS = 150 kW b. 5200 U/min	245 PS = 180 kW b. 4750 U/min
Drehmoment	26,0 mkg bei 4400 U/min bzw. mit Katalysator 25,5 mkg bei 4400 U/min	33,0 mkg bei 3750 U/min bzw. mit Katalysator 31,0 mkg bei 3600 U/min	40,0 mkg bei 3750 U/min
Verdichtung	9,2	9,0	9,0
Gemischbereitung	Mech. Benzineinspritzung Bosch KE-Jetronic	Mech. Benzineinspritzung Bosch KE-Jetronic	Mech. Benzineinspritzung Bosch KE-Jetronic
Ventile	V-förmig hängend 1 obenliegende Nockenwelle, Antrieb durch Einfach-Kette	Hängend, je Zylinderreihe 1 obenliegende Nockenwelle, Antrieb durch Duplex-Kette	Hängend, je Zylinderreihe 1 obenliegende Nockenwelle, Antrieb durch Duplex-Kette
Kurbelwellenlager	7	5	5
Kühlung	Pumpe, 11 Liter Wasser	Pumpe, 12,5 Liter Wasser	Pumpe, 15 Liter Wasser
Schmierung	Druckumlauf, 6 Liter Öl	Druckumlauf, 8 Liter Öl	Druckumlauf, 8 Liter Öl
Batterie	12 V 62 Ah (im Motorraum)	12 V 66 Ah (im Motorraum)	12 V 66 Ah (im Motorraum)
Lichtmaschine	Drehstrom 70 A = 900 W	Drehstrom 80 A = 1120 W	Drehstrom 80 A = 1120 W
Kraftübertragung	Antrieb auf Hinterräder, Gelenkwelle zweiteilig	Antrieb auf Hinterräder, Gelenkwelle zweiteilig	Antrieb auf Hinterräder, Gelenkwelle zweiteilig
Schaltgetriebe	5 Gang	–	–
Automat. Getriebe	Hydraulisch Wandler + 4 Gang-Planetengetriebe	Hydraulisch Wandler + 4 Gang-Planetengetriebe	Hydraulisch Wandler + 4 Gang-Planetengetriebe
Antriebs-Übersetzung	3,46	2,47	2,24
Fahrwerk	Selbsttragende Ganzstahlkarosserie		
Vorderradaufhängung	Doppel-Querlenker, Schraubenfedern, Gummi-Zusatzfedern, Drehstab-Stabilisator		
Hinterradaufhängung	Diagonal-Pendelachse, Schräglenker, Schraubenfedern, Gummi-Zusatzfedern, Drehstab-Stabilisator		
Lenkung	Kugelumlauf (1:15,6), Servohilfe, 3 Lenkraddrehungen		
Fußbremse	**Zweikreis-Hydraulik, Servohilfe, Serie bzw. bei 300 SL auf Wunsch: ABS** Scheibenbremsen vorn 284, hinten 279 mm Ø		
Allgemeine Daten			
Radstand	2460 mm	2460 mm	2460 mm
Spur vorn/hinten	1461/1465 mm	1461/1465 mm	1461/1465 mm
Gesamtmaße	4390 × 1790 × 1305 mm	4390 × 1790 × 1305 mm	4390 × 1790 × 1305 mm
Felgen	7 J × 15	7 J × 15	7 J × 15
Reifen	205/65 VR 15	205/65 VR 15	205/65 VR 15
Wendekreis links/rechts	10,8/10,6 Meter	10,8/10,6 Meter	10,8/10,6 Meter
Wagengewicht	1530 kg Automatic + 40 kg	1600 kg	1610 kg
Zuläss. Gesamtgewicht	1930 kg	2020 kg	2030 kg
Höchstgeschwindigkeit	200 km/h	210 km/h	225 km/h
Beschleunigung 0–100 km/h	10, Automatic 11 sec	9,5 sec	8 sec
Verbrauch/100 km	14,5 Liter Super	15,5 Liter Super	16,5 Liter Super
Kraftstofftank	85 Liter (über Hinterachse)	85 Liter (über Hinterachse)	85 Liter (über Hinterachse)

Typ 560 SL
mit 5,6 Liter-Motor und Katalysator amerikanischer Ausführung, 230 PS
nur für USA-Markt!

Mercedes-Benz Typ 200 bis 280 E (1976–1985)
Mercedes-Benz Typ 230 C bis 280 CE (1976–1985)
Mercedes-Benz Typ 200 T bis 280 TE (1977–1985)
Mercedes-Benz Typ 200 D bis 300 D (1976–1985)
Mercedes-Benz Typ 240 TD bis 300 TD Turbodiesel (1978–1985)

Ende Januar 1976 wurden die Limousinen der Baureihe 123 vorgestellt. Sie unterschieden sich in vielerlei Beziehung vorteilhaft von der vorausgegangenen Baureihe 115, auch wenn dies in der äußeren Erscheinung nur wenig auffiel. Ebenso verhielt es sich mit den technischen Einzelheiten, wo die Überlegenheit der neuen Baureihe ohnehin erst im Laufe der Weiterentwicklungen deutliche Auswirkungen zeigte.

Die Motoren der neuen Baureihe wurden zunächst von der vorhergehenden übernommen, mit der einzigen Ausnahme des neuen 2,5 Liter-Sechszylinders für den Typ 250. Doch gerade diese Ausführung vermochte wegen ihres ziemlich hohen Verbrauchs nie so recht zu überzeugen.

Komfort und Fahreigenschaften der Baureihe 123 konnten wiederum ein bißchen durch Vergrößerung des Radstandes und der vorderen Spurweite verbessert werden. Im übrigen entfiel bei der Vorderradaufhängung der einst beim Typ 180 mit großem Stolz zum erstenmal hergezeigte »Fahrschemel«.

Erfreulicherweise unverändert blieb die praxisgerechte Anordnung aller Bedienungselemente und die hervorragende Ablesbarkeit sämtlicher Anzeigen. Eine gewisse Beeinträchtigung in dieser Beziehung brachte allerdings der im September 1979 erfolgte Übergang zu einem etwas kleineren Lenkrad. Beibehalten freilich wurde die altmodische, schwergängige und schlecht erreichbare Sitzlehnenverstellung mittels des seitlichen Handrades. Kaum begreiflich erscheint es, daß Daimler in seinen nahezu perfekten Automobilen mit derart lächerlichen Ungereimtheiten seine Kunden über Jahrzehnte hinweg permanent ärgert. Beibehalten wurde ferner die allzu aufwendige Heizungsanlage. Da hätten sich durch eine Rückbesinnung auf deren funktionelle Einfachheit vor 20 oder 30 Jahren manche unnötigen Kosten sparen lassen.

Im März 1977 wurde das Programm durch ein elegant gezeichnetes Coupé erweitert, dessen wichtigste Ausführungen die Typen 230 C (später 230 CE) und 280 CE waren und blieben. Während das Coupé der vorhergehenden Baureihe wie eine abgeschnittene Limousine und entsprechend hausbacken wirkte, bestach das neue Coupé durch eine ausgesprochen flotte und imposante Linienführung. Allerdings fanden manche Leute den Chromschmuck zu reichlich.

Ab August 1977 gab es wieder 7/8 Sitzer-Limousinen mit langem Radstand als Typen 240 D, 300 D und 250. Das lange Fahrgestell stand auch für den Aufbau von Krankenwagen zur Verfügung. Auf diesem Sektor besaß Daimler-Benz längst nicht nur eine führende, sondern eine nahezu unangefochtene Monopolstellung.

Auf der Frankfurter Automobil-Ausstellung 1977 vorgestellt und ab April 1978 im Werk Bremen produziert wurden die sogenannten T-Limousinen, also der Kombiwagen der Baureihe 123. Diese Kombis, wiewohl von Anfang an ziemlich teuer angeboten, wurden von der Kundschaft bestens aufgenommen. Auch sie galten bald als die solidesten und perfektesten Automobile ihrer Art, zumal sie dank ihrer Ansehnlichkeit durchaus den gleichen Prestigewert besitzen wie die Limousinen. Einen Hit besonderer Art brachte Daimler im September 1979 mit dem 300 TD Turbodiesel. Damit wurde der 3 Liter Turbo-Dieselmotor, schon seit Jahren in großer Stückzahl für Amerika gebaut, erstmalig auch deutschen Interessenten zugänglich. Zwar vermögen sachlich abwägende Menschen nur schwer zu begreifen, wieso man derart viel Geld – 6000 DM Mehrpreis nur für den Lader! – ausgeben will, nur um unbedingt auch mit einem Diesel schneller fahren zu können, obwohl sich das mit einem entsprechenden Benzinmotor besser, angenehmer und auch nicht teurer bewerkstelligen läßt. Aber da spielt halt nun mal viel Irrationalität, Emotion und Mode herein.

Als arg schwach motorisiert galten in den ersten Jahren die Typen 200, 200 D und 220 D. Der 200 D erhielt Anfang 1979 ein paar dringend nötige PS mehr, woraufhin der 220 D ersatzlos gestrichen werden konnte. Vor allem aber sah sich das Werk zur Entwicklung des völlig neuen Benzinmotors M 102 veranlaßt, der ab Juni 1980 in den Typen 200 und 230 E erschien. Der 200 verfügte damit wieder über eine einigermaßen ausreichende Leistung, und vor allem im 230 E bewährte sich das Triebwerk ganz vorzüglich. Allerdings wurde es hier nur noch als Einspritzer angeboten, was einen ebenso beträchtlichen wie unnötigen Mehrpreis zur Folge hatte. Zwar bot er tatsächlich mehr Temperament, doch der seitherige 230-Vergaser war gewiß den allermeisten Kunden schnell genug, entgegen häufiger Behauptung auch durchaus sparsam, er lief tadellos und fuhr sich insofern sogar angenehmer als der Einspritzer, weil er »am Pedal hing« und das Gefühl für die jeweilige Geschwindigkeit deutlicher vermittelte. In bezug auf den Kaltlauf war er dem Einspritzer klar überlegen. Leute, die Bescheid wußten und rechnen konnten, vermissen – auch bei der nachfolgenden Baureihe 124 – den Typ 230 (ohne das sündteuere »E«) nach wie vor mit großem Bedauern.

Charakteristisch für die Wagen der Baureihe 123 waren lange Zeit die verschieden großen Doppelscheinwerfer. Lediglich die Typen 280 und 280 E sowie das Coupé in allen Ausführungen waren von Anfang an mit Breitband-Halogen-Scheinwerfern ausgerüstet (links im Bild). Ab September 1982 besaßen dann alle Wagen dieser Baureihe die Breitband-Scheinwerfer.

Außer der Aufschrift auf dem Kofferdeckel gibt es für die Typen 280 und 280 E nur winzige Unterscheidungsmerkmale von den anderen Wagen dieser Baureihe: Sie weisen sich durch einen Zwillingsauspuff sowie durch je eine Chromleiste unter den Heckleuchten aus.

Besonders zahlreiche Maßnahmen der laufend durchgeführten Modellpflege kamen im September 1982 zur Geltung. Alle Modelle der Baureihe erhielten die bis dahin den teueren Ausführungen vorbehaltenen Rechteckscheinwerfer. Und alle Wagen, auch die weniger teueren, wurden nun endlich bereits in der Grundausstattung mit Servolenkung geliefert. Das war wirklich höchste Zeit! Zu früh gefreut hatte man sich freilich über die angekündigte Formänderung der Fensterkurbeln, denn hier war auch weiterhin von der an sich längst notwendigen Verbesserung nichts zu merken. Die Freude darüber, daß nun auch die kleineren Mercedes mit dem Antiblockiersystem (ABS) erhältlich wurden, hielt sich durch den exorbitant hohen Aufpreis von an die 3000 Mark in Grenzen. Als weitere gute, aber ebenfalls sehr teuere Sicherheitseinrichtung gab es seit 1982 außerdem den Airbag (Luftsack).

Am 15. 11. 1985, etwa ein Jahr nach dem Baubeginn der nachfolgenden Baureihe 124, endete die Produktion der Baureihe 123. Sie erreichte die Rekordzahl von 2 696 915 Einheiten, wovon 1,08 Millionen in den Export gingen. In neun Jahren Produktionszeit lief damit die bisher erfolgreichste Baureihe in der Geschichte der Daimler-Benz AG. aus. In der Gunst der Kunden stand der Dieseltyp 240 D mit 454 679 Wagen ganz vorn, gefolgt vom 230 E (441 683) und dem betont wirtschaftlichen 200 D (378 138). Das Coupé brachte es auf 99 884 Einheiten, der Kombi (T-Modell) auf 199 517. Jedenfalls konnte Daimler-Benz mit diesen Autos die Führung in der gehobenen Mittelklasse weiter festigen. Die verdiente Spitzenposition unter allen vergleichbaren Konkurrenten erbrachte Herstellungszahlen, die es bis dahin nur für massenproduzierte Jedermanns-Automobile gegeben hat.

Produktion	**1975**	**1976**	**1977**	**1978**	**1979**	**1980**	**1981**	**1982**	**1983**	**1984**	**1985**
200	5	26 374	39 112	35 884	34 190	23 207			44 419	29 652	10 151
200 (M 102)					37	17 606	54 780	60 670			
230	9	32 060	49 426	42 270	47 739	23 549	1 132		50 931	38 298	8 717
230 E (M 102)					31	24 997	62 125	60 777	3 246	2 232	1 311
250	5	14 915	25 183	23 306	21 798	17 447	8 029	5 392			
280	957	12 821	7 530	4 103	3 139	3 477	1 179		8 545	5 946	1 518
280 E	607	17 638	17 651	14 904	18 383	17 703	12 723	10 757			
200 D	5	36 894	56 378	49 359	52 834	56 435	51 152	44 633	20 444	9 308	696
220 D	4	16 733	19 323	19 230	1 446						
240 D	7	21 247	40 382	42 816	62 678	69 908	73 162	74 627	44 718	23 338	1 897
300 D	9	28 996	48 605	49 908	52 296	50 197	38 858	30 720	18 773	10 920	2 717
300 DT							4 505	20 178	20 005	19 673	10 900
230 C		1	3 484	7 049	6 538	1 603					
230 CE (M 102)						4 818	7 192	6 734	6 038	4 052	1 024
280 C		2	1 577	1 243	757	125					
280 CE		2	6 413	6 958	5 091	4 013	2 774	2 509	2 237	1 476	665
300 CD			1 078	2 485	1 834	1 770	335				
300 CDT							777	1 985	2 031	1 923	1 291
230 T				1 793	3 829	1 262					
230 TE (M 102)					2	3 750	5 655	7 158	9 731	9 617	6 340
250 T			1	1 381	2 946	2 761	402	213			
280 TE			3	1 260	4 059	3 614	1 956	2 545	2 716	2 293	1 329
200 T (M 102)						648	3 142	3 809	4 742	4 092	2 422
240 TD				3 003	6 387	5 820	5 078	5 881	5 134	4 491	3 103
300 TD			1	3 144	11 180	7 523	3 308	3 712	3 419	2 823	2 030
300 TDT					2	1 852	6 710	6 302	4 898	4 739	3 713

Preise		200	230	280 E	200 D	240 D	240 D lang
Januar 1976	DM	18 400,–	19 200,–	26 900,–	18 900,–	19 600,–	
März 1977	DM	19 000,–	20 000,–	28 100,–	19 500,–	21 100,–	
September 1977	DM	19 000,–	20 000,–	28 100,–	19 500,–	21 100,–	33 100,–
April 1978	DM	19 900,–	20 900,–	29 400,–	20 500,–	22 000,–	34 900,–
Dezember 1978	DM	20 300,–	21 300,–	30 000,–	20 900,–	22 800,–	36 000,–
Juli 1979	DM	21 000,–	22 200,–	31 100,–	22 200,–	23 700,–	37 200,–
März 1980	DM	21 900,–	23 100,–	32 300,–	23 000,–	24 600,–	38 600,–
			230 E				
September 1980	DM	22 600,–	25 200,–	32 300,–	23 000,–	24 600,–	38 600,–
September 1981	DM	24 300,–	26 700,–	34 200,–	24 300,–	26 000,–	40 700,–
Januar 1982	DM	24 400,–	27 500,–	35 200,–	25 000,–	26 700,–	41 800,–
Juli 1982	DM	25 000,–	28 100,–	36 400,–	25 600,–	27 300,–	43 000,–
September 1982	DM	25 800,–	29 000,–	36 400,–	26 400,–	28 100,–	43 000,–
September 1983	DM	26 900,–	30 200,–	37 900,–	27 400,–	29 300,–	44 700,–
Januar 1984	DM	27 500,–	30 900,–	38 800,–	28 100,–	29 900,–	45 700,–

		230 C	280 CE	230 T	280 TE	240 TD	300 TD
März 1977	DM	25 100,–	31 800,–				
September 1977	DM	25 100,–	31 800,–	24 000,–	32 100,–	25 100,–	27 300,–
April 1978	DM	26 300,–	33 300,–	25 300,–	33 800,–	26 400,–	28 800,–
Dezember 1978	DM	26 800,–	34 000,–	25 700,–	34 400,–	27 200,–	29 300,–
Juli 1979	DM	27 200,–	34 500,–	26 100,–	34 900,–	27 700,–	29 700,–
März 1980	DM	28 800,–	36 600,–	26 700,–	35 800,–	28 200,–	30 800,–
		230 CE		**230 TE**			**300 TD Turbodiesel**
September 1980	DM	31 400,–	37 300,–	29 300,–	36 400,–	28 700,–	37 200,–
September 1981	DM	32 700,–	38 700,–	30 400,–	37 800,–	29 600,–	38 400,–
Januar 1982	DM	33 500,–	39 800,–	31 300,–	38 900,–	30 500,–	39 500,–
Juli 1982	DM	34 500,–	41 000,–	32 100,–	40 300,–	31 300,–	41 000,–
September 1982	DM	34 500,–	41 000,–	32 900,–	40 300,–	32 100,–	41 000,–
September 1983	DM	36 000,–	42 600,–	34 300,–	42 000,–	33 400,–	42 600,–
Januar 1984	DM	36 800,–	43 600,–	35 100,–	42 900,–	34 100,–	43 500,–

	Sonderausstattungen
1977	Automatic + DM 1 700,–, Elektr. Schiebedach + DM 1 100,–, Servolenkung + DM 700,–, Radio + ca. DM 800,–
1983	Automatic + DM 2 200,–, Elektr. Schiebedach + DM 1 400,–, ABS + DM 2 800,–, Radio + ca. DM 1 000,–

↑ ↑

Mercedes-Benz
Baureihe 123
Limousine 4 Türen
1975 – 1982

→

Mercedes-Benz
Baureihe 123
Limousine 4 Türen
1982 – 1985

	Mercedes-Benz Typ 200 (W 123 V 20) 1976 – 1980	Mercedes-Benz Typ 200 (W 123 V 20) 1979 – 1985	Mercedes-Benz Typ 200 T (S 123 V 20) 1980 – 1985
Motor	Daimler-Benz M 115 Vergasermotor	Daimler-Benz M 102 Vergasermotor	
Zylinderzahl	4 (Reihe)	4 (Reihe)	
Bohrung × Hub	87 × 83,6 mm	89 × 80,25 mm	
Hubraum	1988 (Steuer 1971) ccm	1997 (Steuer 1977) ccm	
Leistung	94 PS (69 kW) bei 4800 U/min	109 PS (80 kW) bei 5200 U/min	
Drehmoment	16,1 mkg bei 3000 U/min	17,3 mkg bei 3000 U/min	
Verdichtung	1:9,0 ± 0,2 bzw. wahlweise auch 1:8,0	1:9,0	
Gemischbildung	1 Flachstromvergaser Stromberg 175 CDT (44 ∅)	1 Flachstromvergaser Stromberg 175 CDT (44 ∅)	
Ventile	Hängend 1 obenliegende Nockenwelle Antrieb durch Duplex-Kette	V-förmig hängend 1 obenliegende Nockenwelle Antrieb durch Einfachkette	
Kurbelwellenlager	5	5	
Kühlung	Pumpe, 10,5 Liter Wasser	Pumpe, 8,5 Liter Wasser	
Schmierung	Druckumlauf, 5 Liter Öl	Druckumlauf, 5 Liter Öl	
Batterie	12 V 44 Ah (im Motorraum)	12 V 55 Ah (im Motorraum)	
Lichtmaschine	Drehstrom 35 A = 490 W	Drehstrom 55 A = 770 W	
Kraftübertragung	Antrieb auf Hinterräder Gelenkwelle dreiteilig	Antrieb auf Hinterräder Gelenkwelle dreiteilig	
Kupplung	Einscheibentrockenkupplung	Einscheibentrockenkupplung	
Schaltung	Stockschaltung Wagenmitte oder Lenkradschaltung	Stockschaltung Wagenmitte	
Getriebe	4 Gang	4 Gang (auf Wunsch ab Febr. 1982) 5 Gang	
Synchronisierung	I – IV	I – IV I – V	
Übersetzungen	I. 3,90 II. 2,30 III. 1,41 IV. 1,00	I. 3,91 I. 3,82 II. 2,32 II. 2,20 III. 1,42 III. 1,40 IV. 1,00 IV. 1,00 V. 0,81	
	Auf Wunsch: Automatic. Wählhebel am Lenkrad oder Wagenmitte Hydraulischer Wandler + 4 Gang-Planetengetriebe I. 3,98, II. 2,39. III. 1,46, IV. 1,00, Wandler 2,2fach		
Antriebs-Übersetzung	3,92	3,69	
Fahrwerk	Selbsttragende Ganzstahlkarosserie		
Vorderradaufhängung	Doppel-Querlenker, Schraubenfedern Drehstab-Stabilisator, 200 T: Gasdruck-Stoßdämpfer		
Hinterradaufhängung	Diagonal-Pendelachse, Schräglenker, Schraubenfedern Drehstab-Stabilisator, 200 T: Gasdruck-Stoßdämpfer Auf Wunsch bzw. Serie bei 200 T: Hydropneumatische Niveau-Regulierung		
Lenkung	Kugelumlauf (22,4:1), 4,3 Lenkraddrehungen oder (als Sonderausstattung bzw. ab September 1982 Serie) Kugelumlauf (14,2:1), Servohilfe, 2,7 Lenkraddrehungen		
Fußbremse	Zweikreis-Hydraulik, Servohilfe Scheiben-∅ vorn 278 mm, hinten 279 mm Sonderausstattung ab August 1980: ABS		

Allgemeine Daten	**Limousine**	**Limousine**	**Kombi**
Radstand	2795 mm	2795 mm	2795 mm
Spur vorn/hinten	1488/1446 mm	1488/1446 mm	1488/1476 mm
Gesamtmaße	4725 × 1786 × 1438 mm	4725 × 1786 × 1438 mm	4725 × 1786 × 1425 bzw. (mit Dachreeling) 1470 mm
Felgen	5½ J × 14	5½ J × 14	6 J × 14
Reifen	175 SR 14	175 SR 14	195/70 SR 14
Wendekreis links/rechts	11,25 Meter	11,25 Meter	11,25 Meter
Wagengewicht	1390 kg Automatic + 40 kg	1390 kg Automatic + 40 kg	1500 kg Automatic + 40 kg
Zuläss. Gesamtgewicht	1860 kg	1860 kg	2075 kg
Höchstgeschwindigkeit	160 km/h	170 km/h	170 km/h
Beschleunigung 0–100 km/h	15, Automatic 16 sec	14, Automatic 15 sec	14, Automatic 15 sec
Verbrauch/100 km	13,5 Liter Super	12,5 Liter Super	13,5 Liter Super
Kraftstofftank	65 Liter (über Hinterachse)	65 Liter (über Hinterachse)	70 Liter (über Hinterachse)

	Mercedes-Benz Typ 230 (W 123 V 23) 1976 – 1981	Mercedes-Benz Typ 230 C (C 123 V 23) 1977 – 1980	Mercedes-Benz Typ 230 T (S 123 V 23) 1978 – 1980
Motor	Daimler-Benz M 115 Vergasermotor		
Zylinderzahl	4 (Reihe)		
Bohrung × Hub	93,75 × 83,6 mm		
Hubraum	2307 (Steuer 2277) ccm		
Leistung	109 PS (80 kW) bei 4800 U/min		
Drehmoment	18,9 mkg bei 3000 U/min		
Verdichtung	1:9,0 ± 0,2		
Gemischbildung	1 Flachstromvergaser Stromberg 175 CDT (44 ∅)		
Ventile	Hängend, 1 obenliegende Nockenwelle, Antrieb durch Duplex-Kette		
Kurbelwellenlager	5		
Kühlung	Pumpe, 10 Liter Wasser		
Schmierung	Druckumlauf, 5 Liter Öl		
Batterie	12 V 55 Ah (im Motorraum)		
Lichtmaschine	Drehstrom 35 A = 490 W		
Kraftübertragung	Antrieb auf Hinterräder, Gelenkwelle dreiteilig		
Kupplung	Einscheibentrockenkupplung		
Schaltung	Stockschaltung Wagenmitte		
Getriebe	4 Gang		
Synchronisierung	I – IV		
Übersetzungen	I. 3,90, II. 2,30, III. 1,41, IV. 1,00 Auf Wunsch: Automatic. Wählhebel am Lenkrad oder Wagenmitte Hydraulischer Wandler + 4 Gang-Planetengetriebe I. 3,98, II. 2,39, III. 1,46, IV. 1,00, Wandler 2,2fach		
Antriebs-Übersetzung	3,69		
Fahrwerk	Selbsttragende Ganzstahlkarosserie		
Vorderradaufhängung	Doppel-Querlenker, Schraubenfedern Drehstab-Stabilisator, 230 T: Gasdruck-Stoßdämpfer		
Hinterradaufhängung	Diagonal-Pendelachse, Schräglenker, Schraubenfedern Drehstab-Stabilisator, 230 T: Gasdruck-Stoßdämpfer Auf Wunsch bzw. Serie bei 230 T: Hydropneumatische Niveau-Regulierung		
Lenkung	Kugelumlauf (22,4:1), 4,3 Lenkraddrehungen oder (als Sonderausstattung bzw. beim 230 C Serie) Kugelumlauf (14,2:1), Servohilfe, 2,7 Lenkraddrehungen		
Fußbremse	Zweikreis-Hydraulik, Servohilfe Scheiben-∅ vorn 278 mm, hinten 279 mm Sonderausstattung ab August 1980: ABS		
Allgemeine Daten	**Limousine**	**Coupé**	**Kombi**
Radstand	2795 mm	2710 mm	2795 mm
Spur vorn/hinten	1488/1446 mm	1488/1446 mm	1488/1446 mm
Gesamtmaße	4725 × 1786 × 1438	4640 × 1786 × 1395 mm	4725 × 1786 × 1425 bzw. (mit Dachreeling) 1470 mm
Felgen	5½ J × 14	6 J × 14	6 J × 14
Reifen	175 SR 14	195/70 SR oder HR 14	195/70 SR 14
Wendekreis	11,25 Meter	11 Meter	11,25 Meter
Wagengewicht	1400 kg Automatic + 40 kg	1400 kg Automatic + 40 kg	1500 kg Automatic + 40 kg
Zuläss. Gesamtgewicht	1870 kg	1895 kg	2010 kg
Höchstgeschwindigkeit	170 km/h	170 km/h	170 km/h
Beschleunigung 0–100 km/h	14 sec	14 sec	14 sec
Verbrauch/100 km	13 Liter Super	13 Liter Super	13,5 Liter Super
Kraftstofftank	65 Liter (über Hinterachse)	65 Liter (über Hinterachse)	70 Liter (über Hinterachse)
Bemerkungen	Fahrgestell für Krankenwagen u. a. Sonderaufbauten lieberbar		Für erhöhte Zuladung: Reifen 175 HR 15 Spur 1477/1435 mm Wagengewicht + 15 kg Gesamtgewicht 2165 kg

Mercedes-Benz Typ 230 E (W 123 E 23) 1979 – 1985	Mercedes-Benz Typ 230 CE (C 123 E 23) 1980 – 1985	Mercedes-Benz Typ 230 TE (S 123 E 23) 1980 – 1985

Daimler-Benz M 102
Einspritzmotor
4 (Reihe)
95,5 × 80,25 mm
2299 (Steuer 2276) ccm
136 PS (100 kW) bei 5100 U/min
20,5 mkg bei 3500 U/min
1:9,0
Mechanische Kraftstoffeinspritzung Bosch K-Jetronic, Transistorzündung
V-förmig hängend, 1 obenliegende Nockenwelle, Antrieb durch Einfachkette
5
Pumpe, 8,5 Liter Wasser
Druckumlauf, 5 Liter Öl
12 V 55 Ah (im Motorraum)
Drehstrom 55 A = 770 W

Antrieb auf Hinterräder, Gelenkwelle dreiteilig
Einscheibentrockenkupplung
Stockschaltung Wagenmitte
4 Gang oder (auf Wunsch ab Februar 1982) 5 Gang
I – IV bzw. I – V
4 Gang: I. 3,91, II. 2,32, III. 1,42, IV. 1,00
5 Gang: I. 3,82, II. 2,20, III. 1,40, IV. 1,00, V. 0,81
Auf Wunsch: Automatic. Wählhebel am Lenkrad oder Wagenmitte
Hydraulischer Wandler + 4 Gang-Planetengetriebe
I. 3,98, II. 2,39, III. 1,46, IV. 1,00, Wandler 2,2fach
3,58

Selbsttragende Ganzstahlkarosserie
Doppel-Querlenker, Schraubenfedern
Drehstab-Stabilisator, 230 TE: Gasdruck-Stoßdämpfer
Diagonal-Pendelachse, Schräglenker, Schraubenfedern
Drehstab-Stabilisator, 230 TE: Gasdruck-Stoßdämpfer
Auf Wunsch bzw. Serie bei 230 TE: Hydropneumatische Niveau-Regulierung
Kugelumlauf (22,4:1), 4,3 Lenkraddrehungen oder (als Sonderausstattung bzw. beim 230 CE und ab Sept. 1982 auch bei 230 E und 230 TE Serie) Servohilfe (14,2:1), 2,7 Lenkraddrehungen
Zweikreis-Hydraulik, Servohilfe
Scheiben-∅ vorn 278 mm, hinten 279 mm
Sonderausstattung ab August 1980: ABS

Limousine	**Coupé**	**Kombi**
2795 mm	2710 mm	2795 mm
1488/1446 mm	1488/1446 mm	1488/1446 mm
4725 × 1786 × 1438	4640 × 1786 × 1395 mm	4725 × 1786 × 1425 bzw. (mit Dachreeling) 1470 mm
5½ J × 14	6 J × 14	6 J × 14
175 HR 14	195/70 SR oder HR 14	195/70 SR oder HR 14
11,25 Meter	11 Meter	11,25 Meter
1410 kg	1410 kg	1510 kg
Automatic + 40 kg	Automatic + 40 kg	Automatic + 40 kg
1880 kg	1895 kg	2100 kg
180 km/h	180 km/h	180 km/h
12 sec	12 sec	12,5 sec
13 Liter Super	13 Liter Super	13 Liter Super
65 Liter	65 Liter	70 Liter
(über Hinterachse)	(über Hinterachse)	(über Hinterachse)
Fahrgestell für Kranken-wagen u. a. Sonderaufbauten lieberbar		Für erhöhte Zuladung: Reifen 175 HR 15 Spur 1477/1435 mm Wagengewicht + 15 kg Gesamtgewicht 2165 kg

↑ ↑ Mercedes-Benz
Typ 230 C (1977 – 1980)
Typ 230 CE (1980 – 1985)
Typ 280 C (1977 – 1980)
Typ 280 CE (1977 – 1985)

Mercedes-Benz Typ 280 E
Pick-up 1984
Einzelanfertigung (Umbau)
← einer norddeutschen
← Tuning-Firma

<table>
<tr><th></th><th>Mercedes-Benz Typ 250
(W 123 V 25)
1976 – 1985</th><th>Mercedes-Benz Typ 250 T
(S 123 V 25)
1978 – 1985</th><th>Mercedes-Benz Typ 250 lang
(W 123 V 25)
1977 – 1985</th></tr>
<tr><td>Motor</td><td colspan="3">Daimler-Benz M 123 Vergasermotor</td></tr>
<tr><td>Zylinderzahl</td><td colspan="3">6 (Reihe)</td></tr>
<tr><td>Bohrung × Hub</td><td colspan="3">86,0 × 72,45 mm</td></tr>
<tr><td>Hubraum</td><td colspan="3">2525 (Steuer 2492) ccm</td></tr>
<tr><td>Leistung</td><td colspan="3">129 PS (95 kW) bei 5500 U/min bzw. (ab September 1979) 140 PS (103 kW) bei 5500 U/min</td></tr>
<tr><td>Drehmoment</td><td colspan="3">19,6 mkg bzw. (ab September 1979) 20,0 mkg bei 3500 U/min</td></tr>
<tr><td>Verdichtung</td><td colspan="3">8,7:1 bzw. (ab September 1979) 9,0:1</td></tr>
<tr><td>Gemischbildung</td><td colspan="3">1 Doppel-Register-Fallstromvergaser Solex 4 A 1 mit Startautomatik
Kammerweite 32/44 bzw. (ab September 1979) 32/54</td></tr>
<tr><td>Zündung</td><td colspan="3">Batteriezündung</td></tr>
<tr><td>Ventile</td><td colspan="3">Hängend, 1 obenliegende Nockenwelle, Antrieb durch Einfach-Rollenkette</td></tr>
<tr><td>Kurbelwellenlager</td><td colspan="3">4</td></tr>
<tr><td>Kühlung</td><td colspan="3">Pumpe, 10 Liter Wasser</td></tr>
<tr><td>Schmierung</td><td colspan="3">Druckumlauf, 6 Liter Öl</td></tr>
<tr><td>Batterie</td><td colspan="3">12 V 55 Ah (im Motorraum)</td></tr>
<tr><td>Lichtmaschine</td><td colspan="3">Drehstrom 55 A = 770 W</td></tr>
<tr><td>Kraftübertragung</td><td colspan="3">Antrieb auf Hinterräder, Gelenkwelle zweiteilig</td></tr>
<tr><td>Kupplung</td><td colspan="3">Einscheibentrockenkupplung</td></tr>
<tr><td>Schaltung</td><td colspan="3">Stockschaltung Wagenmitte</td></tr>
<tr><td>Getriebe</td><td colspan="3">4 Gang oder (auf Wunsch ab Februar 1982) 5 Gang</td></tr>
<tr><td>Synchronisierung</td><td colspan="3">I – IV bzw. I – V</td></tr>
<tr><td>Übersetzungen</td><td colspan="3">4 Gang: I. 3,90, II. 2,30, III. 1,41, IV. 1,00
5 Gang: I. 3,82, II. 2,20, III. 1,40, IV. 1,00, V. 0,81
Auf Wunsch: Automatic. Wählhebel am Lenkrad oder Wagenmitte
Hydraulischer Wandler + 4 Gang-Planetengetriebe
I. 3,98, II. 2,39, III. 1,48, IV. 1,00, Wandler 2,2fach</td></tr>
<tr><td>Antriebs-Übersetzung</td><td colspan="3">3,69</td></tr>
<tr><td>Fahrwerk</td><td colspan="3">Selbsttragende Ganzstahlkarosserie</td></tr>
<tr><td>Vorderradaufhängung</td><td colspan="3">Doppel-Querlenker, Schraubenfedern
Drehstab-Stabilisator, 250 T: Gasdruck-Stoßdämpfer</td></tr>
<tr><td>Hinterradaufhängung</td><td colspan="3">Diagonal-Pendelachse, Schräglenker, Schraubenfedern
Drehstab-Stabilisator, 250 T: Gasdruck-Stoßdämpfer
Auf Wunsch bzw. Serie bei 250 T und 250 lang: Hydropneumatische Niveau-Regulierung</td></tr>
<tr><td>Lenkung</td><td colspan="3">Kugelumlauf (22,4:1), 4,3 Lenkraddrehungen oder (als Sonderausstattung bzw. ab August 1978 Serie) Kugelumlauf (14,2:1), Servohilfe, 2,7 Lendraddrehungen</td></tr>
<tr><td>Fußbremse</td><td colspan="3">Zweikreis-Hydraulik, Servohilfe
Scheiben-∅ vorn 278 mm, hinten 279 mm
Sonderausstattung ab August 1980: ABS</td></tr>
<tr><td>Allgemeine Daten</td><td>Limousine</td><td>Kombi</td><td>Limousine 7/8 Sitze</td></tr>
<tr><td>Radstand</td><td>2795 mm</td><td>2795 mm</td><td>3425 mm</td></tr>
<tr><td>Spur vorn/hinten</td><td>1488/1446 mm</td><td>1488/1446 mm</td><td>1477/1430 mm</td></tr>
<tr><td>Gesamtmaße</td><td>4725 × 1786 × 1438 mm</td><td>4725 × 1786 × 1425 bzw. (mit Dachreeling) 1470 mm</td><td>5355 × 1786 × 1480 mm</td></tr>
<tr><td>Felgen</td><td>5½ J × 14</td><td>6 J × 14</td><td>5½ J × 15</td></tr>
<tr><td>Reifen</td><td>175 SR oder HR 14</td><td>195/70 HR 14</td><td>185 R 15</td></tr>
<tr><td>Wendekreis links/rechts</td><td>11,25 Meter</td><td>11,25 Meter</td><td>13,4 Meter</td></tr>
<tr><td>Wagengewicht</td><td>1410 kg
Automatic + 40 kg</td><td>1510 kg
Automatic + 40 kg</td><td>1620 kg
Automatic + 40 kg</td></tr>
<tr><td>Zuläss. Gesamtgewicht</td><td>1880 kg</td><td>2020 kg</td><td>2235 kg</td></tr>
<tr><td>Höchstgeschwindigkeit</td><td>180 km/h</td><td>180 km/h</td><td>145 km/h</td></tr>
<tr><td>Beschleunigung 0–100 km/h</td><td>12 sec</td><td>12 sec</td><td></td></tr>
<tr><td>Verbrauch/100 km</td><td>14,5 Liter Super</td><td>15 Liter Super</td><td>16 Liter Super</td></tr>
<tr><td>Kraftstofftank</td><td>65 bzw. (ab 1981) 80 Liter (über Hinterachse)</td><td>70 Liter (hinter Hinterachse)</td><td>65 Liter (über Hinterachse)</td></tr>
<tr><td>Bemerkungen</td><td></td><td>Für erhöhte Zuladung:
Reifen 175 HR 15
Spur 1477/1435 mm
Wagengewicht + 15 kg
Gesamtgewicht 2175 kg</td><td>Fahrgestell für Krankenwagen u. a. Sonderaufbauten lieferbar</td></tr>
</table>

Der Mercedes-Benz Typ 200 wurde ab Herbst 1982 auch für Gasbetrieb lieferbar. Mehrpreis 3000 DM. Der Wagen kann wahlweise mit Flüssiggas oder Superkraftstoff betrieben werden und verfügt somit über einen wesentlich weiteren Aktionsradius. Äußerlich erkennt man den Flüssiggas-Mercedes an der zweiten Tankklappe im hinteren rechten Kotflügel. Der speziell geformte Druckbehälter beansprucht allerdings rund ein Drittel des Kofferraums. Zusätzliche Einrichtungen am Motor sind ein zweistufiger Verdampfer mit Wärmetauscher, ein Mischgerät am Vergaser sowie ein Ventil für Gas und Super. Der Vorratsbehälter faßt 27 Liter Flüssiggas.

Mercedes-Benz Typ 280 (W 123 V 28) 1975 – 1981	**Mercedes-Benz Typ 280 C (C 123 V 28) 1977 – 1980**

Daimler-Benz M 110
Vergasermotor
6 (Reihe)
86,0 × 78,8 mm
2746 (Steuer 2717) ccm
156 PS (115 kW) bei 5500 U/min
22,7 mkg bei 4000 U/min
8,7:1
1 Doppel-Register-Fallstromvergaser Solex 4 A 1
Batteriezündung
V-förmig hängend, 2 obenliegende Nockenwellen, Duplex-Kette
7
Pumpe, 10 Liter Wasser
Druckumlauf, 6 Liter Öl
12 V 55 Ah (im Motorraum)
Drehstrom 55 A = 770 W

Antrieb auf Hinterräder, Gelenkwelle zweiteilig
Einscheibentrockenkupplung
Stockschaltung Wagenmitte
4 Gang
I – IV
I. 3,90, II. 2,30, III. 1,41, IV. 1,00

Auf Wunsch: Automatic. Wählhebel Lenkrad od. Wagenmitte
Hydraulischer Wandler + 4 Gang-Planetengetriebe
I. 3,98, II. 2,39, III. 1,46, IV. 1,00, Wandler 2,2fach
3,54

Selbsttragende Ganzstahlkarosserie
Doppel-Querlenker, Schraubenfedern
Drehstab-Stabilisator
Diagonal-Pendelachse, Schräglenker, Schraubenfedern
Drehstab-Stabilisator. Auf Wunsch:
Hydropneumatische Niveau-Regulierung
Kugelumlauf (14,2:1), Servohilfe, 2,7 Lenkraddrehungen
Zweikreis-Hydraulik, Servohilfe
Scheiben-∅ vorn 278 mm, hinten 279 mm
Sonderausstattung ab August 1980: ABS

Limousine	**Coupé**
2795 mm	2710 mm
1488/1446 mm	1488/1446 mm
4725 × 1786 × 1438 mm	4640 × 1786 × 1395 mm
6 J × 14	6 J × 14
195/70 HR 14	195/70 HR 14
11,3 Meter	11 Meter
1505 kg	1505 kg
Automatic + 40 kg	Automatic + 40 kg
1975 kg	1965 kg
190 km/h	190 km/h
10,5, Automatic 11,5 sec	10,5, Automatic 11,5 sec
15,5 Liter Super	15,5 Liter Super
80 Liter	80 Liter
(über Hinterachse)	(über Hinterachse)

	Mercedes-Benz Typ 280 E (W 123 E 28) 1975 – 1985	Mercedes-Benz Typ 280 CE (C 123 E 28) 1977 – 1985	Mercedes-Benz Typ 280 TE (S 123 E 28) 1978 – 1985
Motor	Daimler-Benz M 110 Einspritzmotor		
Zylinderzahl	6 (Reihe)		
Bohrung × Hub	86,0 × 78, 8 mm		
Hubraum	2746 (Steuer 2717) ccm		
Leistung	177 PS (130 kW) bei 6000 U/min bzw. (ab Anfang 1978) 185 PS (136 kW) bei 5800 U/min		
Drehmoment	23,4 mkg bzw. (ab Anfang 1978) 24 mkg bei 4500 U/min		
Verdichtung	8,7 bzw. (ab Anfang 1978) 9,0		
Gemischbildung	Mechanische Einspritzung Bosch K-Jetronic		
Zündung	Transistorzündung		
Ventile	V-förmig hängend, 2 obenliegende Nockenwellen, Antrieb durch Duplex-Kette		
Kurbelwellenlager	7		
Kühlung	Pumpe, 10 Liter Wasser		
Schmierung	Druckumlauf, 6 Liter Öl		
Batterie	12 V 55 Ah (im Motorraum)		
Lichtmaschine	Drehstrom 55 A = 770 W		
Kraftübertragung	Antrieb auf Hinterräder, Gelenkwelle zweiteilig		
Kupplung	Einscheibentrockenkupplung		
Schaltung	Stockschaltung Wagenmitte		
Getriebe	4 Gang (oder auf Wunsch ab Februar 1982) 5 Gang		
Synchronisierung	I – IV bzw. I – V		
Übersetzungen	4 Gang: I. 3,90, II. 2,30, III. 1,41, IV. 1,00 5 Gang: I. 3,82, II. 2,20, III. 1,40, IV. 1,00, V. 0,81 Auf Wunsch: Automatic. Wählhebel am Lenkrad oder Wagenmitte Hydraulischer Wandler + 4 Gang-Planetengetriebe I. 3,98, II. 2,39, III. 1,46, IV. 1,00, Wandler 2,2fach		
Antriebs-Übersetzung	3,54		
Fahrwerk	Selbsttragende Ganzstahlkarosserie		
Vorderradaufhängung	Doppel-Querlenker, Schraubenfedern Drehstab-Stabilisator, 280 TE: Gasdruck-Stoßdämpfer		
Hinterradaufhängung	Diagonal-Pendelachse, Schräglenker, Schraubenfedern Drehstab-Stabilisator, 280 TE: Gasdruck-Stoßdämpfer Auf Wunsch bzw. Serie bei 280 TE: Hydropneumatische Niveau-Regulierung		
Lenkung	Kugelumlauf (14,2:1), Servohilfe, 2,7 Lenkraddrehungen		
Fußbremse	Zweikreis-Hydraulik, Servohilfe Scheiben-∅ vorn 278, hinten 279 mm Sonderausstattung ab August 1980: ABS		

Allgemeine Daten	**Limousine**	**Coupé**	**Kombi**
Radstand	2795 mm	2710 mm	2795 mm
Spur vorn/hinten	1488/1446 mm	1488/1446 mm	1488/1446 mm
Gesamtmaße	4725 × 1786 × 1438 mm	4640 × 1786 × 1395 mm	4725 × 1786 × 1425 bzw. (mit Dachreeling) 1470 mm
Felgen	6 J × 14	6 J × 14	6 J × 14
Reifen	195/70 HR 14	195/70 HR 14	195/70 HR 14
Wendekreis	11,3 Meter	11 Meter	11,3 Meter
Wagengewicht	1510 kg Automatic + 40 kg	1510 kg Automatic + 40 kg	1575 kg Automatic + 40 kg
Zuläss. Gesamtgewicht	1980 kg	1970 kg	2085 kg
Höchstgeschwindigkeit	200 km/h	200 km/h	200 km/h
Beschleunigung 0–100 km/h	10, Automatic 11 sec	10, Automatic 11 sec	10, Automatic 11 sec
Verbrauch/100 km	15,5 Liter Super	15,5 Liter Super	16 Liter Super
Kraftstofftank	80 Liter (über Hinterachse)	80 Liter (über Hinterachse)	70 Liter (hinter Hinterachse)

<table>
<tr><th></th><th>Mercedes-Benz Typ 200 D
(W 123 D 20)
1976 – 1985</th><th>Mercedes-Benz Typ 220 D
(W 123 D 22)
1976 – 1979</th></tr>
<tr><td>Motor</td><td>Daimler-Benz OM 615
Vorkammer-Dieselmotor</td><td>Daimler-Benz OM 615
Vorkammer-Dieselmotor</td></tr>
<tr><td>Zylinderzahl</td><td>4 (Reihe)</td><td>4 (Reihe)</td></tr>
<tr><td>Bohrung × Hub</td><td>87,0 × 83,6 mm</td><td>87,0 × 92,4 mm</td></tr>
<tr><td>Hubraum</td><td>1988 (Steuer 1971) ccm</td><td>2197 (Steuer 2172) ccm</td></tr>
<tr><td>Leistung</td><td>55 PS (40 kW) bei 4200 U/min
bzw. ab Februar 1979:
60 PS (44 kW) bei 4400 U/min</td><td>60 PS (44 kW) bei 4200 U/min</td></tr>
<tr><td>Drehmoment</td><td>11,5 mkg bei 2400 U/min</td><td></td></tr>
<tr><td>Verdichtung</td><td>21 ± 1,5</td><td>21 ± 1,5</td></tr>
<tr><td>Gemischbildung</td><td>Bosch 4 Stempel-Einspritzpumpe</td><td>Bosch 4 Stempel-Einspritzpumpe</td></tr>
<tr><td>Ventile</td><td colspan="2">Hängend, 1 obenliegede Nockenwelle, Antrieb durch Duplex-Kette</td></tr>
<tr><td>Kurbelwellenlager</td><td colspan="2">5</td></tr>
<tr><td>Kühlung</td><td colspan="2">Pumpe, 10 Liter Wasser</td></tr>
<tr><td>Schmierung</td><td colspan="2">Druckumlauf, 5 Liter Öl</td></tr>
<tr><td>Batterie</td><td>12 V 66 Ah (im Motorraum)</td><td>12 V 88 Ah (im Motorraum)</td></tr>
<tr><td>Lichtmaschine</td><td>Drehstrom 35 A = 490 W</td><td>Drehstrom 35 A = 490 W</td></tr>
<tr><td>Kraftübertragung</td><td colspan="2">Antrieb auf Hinterräder, Gelenkwelle zweiteilig</td></tr>
<tr><td>Kupplung</td><td colspan="2">Einscheibentrockenkupplung</td></tr>
<tr><td>Schaltung</td><td colspan="2">Stockschaltung Wagenmitte</td></tr>
<tr><td>Getriebe</td><td>4 Gang oder
(auf Wunsch ab Februar 1982) 5 Gang</td><td>4 Gang</td></tr>
<tr><td>Synchronisierung</td><td>I – IV bzw. I – V</td><td>I – IV</td></tr>
<tr><td>Übersetzungen</td><td>I. 3,90, II. 2,30, III. 1,41, IV. 1,00
bzw. 5 Gang:
I. 3,82, II. 2,20, III. 1,40, IV. 1,00, V. 0,81</td><td>I. 3,90, II. 2,30, III. 1,41, IV. 1,00</td></tr>
<tr><td></td><td colspan="2">Auf Wunsch: Automatic. Wählhebel am Lenkrad oder Wagenmitte
Hydraulischer Wandler + 4 Gang-Planetengetriebe
I. 3,98, II. 2,39, III. 1,46, IV. 1,00, Wandler 2,2fach</td></tr>
<tr><td>Antriebs-Übersetzung</td><td colspan="2">3,92</td></tr>
<tr><td>Fahrwerk</td><td colspan="2">Selbsttragende Ganzstahlkarosserie</td></tr>
<tr><td>Vorderradaufhängung</td><td colspan="2">Doppel-Querlenker, Schraubenfedern
Drehstab-Stabilisator</td></tr>
<tr><td>Hinterradaufhängung</td><td colspan="2">Diagonal-Pendelachse, Schräglenker, Schraubenfedern
Drehstab-Stabilisator
Auf Wunsch: Hydropneumatische Niveau-Regulierung</td></tr>
<tr><td>Lenkung</td><td colspan="2">Kugelumlauf (22,4:1), 4,3 Lenkraddrehungen oder (als Sonderausstattung bzw. ab September 1982 Serie) Kugelumlauf (14,2:1), Servohilfe, 2,7 Lenkraddrehungen</td></tr>
<tr><td>Fußbremse</td><td colspan="2">Zweikreis-Hydraulik, Servohilfe
Scheiben-Ø vorn 278 mm, hinten 279 mm
Sonderausstattung ab August 1980: ABS</td></tr>
<tr><td>Allgemeine Daten</td><td>Limousine</td><td>Limousine</td></tr>
<tr><td>Radstand</td><td>2795 mm</td><td>2795 mm</td></tr>
<tr><td>Spur vorn/hinten</td><td>1488/1446 mm</td><td>1488/1446 mm</td></tr>
<tr><td>Gesamtmaße</td><td>4725 × 1786 × 1438 mm</td><td>4725 × 1786 × 1438 mm</td></tr>
<tr><td>Felgen</td><td>5½ J × 14</td><td>5½ J × 14</td></tr>
<tr><td>Reifen</td><td>175 SR 14</td><td>175 SR 14</td></tr>
<tr><td>Wendekreis</td><td>11,25 Meter</td><td>11,25 Meter</td></tr>
<tr><td>Wagengewicht</td><td>1430 kg
Automatic + 40 kg</td><td>1430 kg
Automatic + 40 kg</td></tr>
<tr><td>Zuläss. Gesamtgewicht</td><td>1895 kg</td><td>1900 kg</td></tr>
<tr><td>Höchstgeschwindigkeit</td><td>130, Automatic 125 km/h</td><td>134, Automatic 129 km/h</td></tr>
<tr><td>Beschleunigung 0–100 km/h</td><td>31, Automatic 33,5 sec</td><td>29, Automatic 30 sec</td></tr>
<tr><td>Verbrauch/100 km</td><td>9,5, Automatic 10,5 Liter Diesel</td><td>10, Automatic 11 Liter Diesel</td></tr>
<tr><td>Kraftstofftank</td><td>65 Liter
(über Hinterachse)</td><td>65 Liter
(über Hinterachse)</td></tr>
<tr><td>Bemerkungen</td><td></td><td></td></tr>
</table>

Mercedes-Benz Typ 240 D (W 123 D 24) 1976 – 1985	**Mercedes-Benz Typ 240 TD (S 123 D 24) 1978 – 1985**	**Mercedes-Benz Typ 240 D lang (W 123 D 24) 1977 – 1985**

Daimler-Benz OM 616
Vorkammer-Dieselmotor
4 (Reihe)
91,0 × 92,4 mm
2404 (Steuer 2376) ccm
65 PS (48 kW) bei 4200 U/min
bzw. ab Februar 1979:
72 PS (53 kW) bei 4400 U/min
14 mkg bei 2400 U/min
21 ± 1,5
Bosch 4 Stempel-Einspritzpumpe
Hängend, 1 obenliegende Nockenwelle, Antrieb durch Duplex-Kette
5
Pumpe, 10 Liter Wasser
Druckumlauf, 5 Liter Öl
12 V 88 Ah (im Motorraum)
Drehstrom 35 A = 490 W

Antrieb auf Hinterräder, Gelenkwelle zweiteilig
Einscheibentrockenkupplung
Stockschaltung Wagenmitte
4 Gang oder
(auf Wunsch ab Februar 1982) 5 Gang
I – IV bzw. I – V
I. 3,90, II. 2,30, III. 1,41, IV. 1,00
bzw. 5 Gang:
I. 3,82, II. 2,20, III. 1,40, IV. 1,00, V. 0,81
Auf Wunsch: Automatic. Wählhebel am Lenkrad oder Wagenmitte
Hydraulischer Wandler + 4 Gang-Planetengetriebe
I. 3,98, II. 2,39, III. 1,46, IV. 1,00, Wandler 2,2fach
3,69

Selbsttragende Ganzstahlkarosserie
Doppel-Querlenker, Schraubenfedern
Drehstab-Stabilisator, 240 TD: Gasdruck-Stoßdämpfer
Diagonal-Pendelachse, Schräglenker, Schraubenfedern
Drehstab-Stabilisator, 240 TD: Gasdruck-Stoßdämpfer
Auf Wunsch bzw. Serie bei 240 TD und 240 D lang: Hydropneumatische Niveau-Regulierung
Kugelumlauf (22,4:1), 4,3 Lenkraddrehungen oder (als Sonderausstattung bzw. ab September 1982 Serie) Kugelumlauf (14,2:1), Servohilfe, 2,7 Lenkraddrehungen
Zweikreis-Hydraulik, Servohilfe
Scheiben-∅ vorn 278 mm, hinten 279 mm
Sonderausstattung ab August 1980: ABS

Limousine	**Kombi**	**Limousine 7/8 Sitze**
2795 mm	2795 mm	3425 mm
1488/1446 mm	1488/1446 mm	1477/1430 mm
4725 × 1786 × 1438 mm	4725 × 1786 × 1425 bzw. (mit Dachreeling) 1470 mm	5355 × 1786 × 1480 mm
5½ J × 14	6 J × 14	5½ J × 15
175 SR 14	195/70 SR 14	185 R 15
11,25 Meter	11,25 Meter	13,4 Meter
1435 kg	1535 kg	1635 kg
Automatic + 40 kg	Automatic + 40 kg	Automatic + 40 kg
1905 kg	2045 kg	2250 kg
138, Automatic 133 km/h	138, Automatic 133 km/h	135, Automatic 130 km/h
25, Automatic 27,5 sec	25, Automatic 27,5 sec	
10,5, Automatic 11,5 l Diesel	11, Automatic 12 l Diesel	11,5, Automatic 12,5 l Diesel
65 Liter	70 Liter	65 Liter
(über Hinterachse)	(hinter Hinterachse)	(über Hinterachse)
Fahrgestell für Krankenwagen u. a. Sonderaufbauten lieferbar (Reifen 185 R 15)	Für erhöhte Zuladung: Reifen 175 HR 15 Spur 1477/1435 mm Wagengewicht + 60 kg Gesamtgewicht 2260 kg	Fahrgestell für Krankenwagen u. a. Sonderaufbauten lieferbar

Mercedes-Benz Typ 300 D (W 123 D 30) 1976 – 1985	Mercedes-Benz Typ 300 CD (C 123 D 30) 1977 – 1981	Mercedes-Benz Typ 300 TD (S 123 D 30) 1978 – 1985	Mercedes-Benz Typ 300 D lang (W 123 D 30) 1977 – 1985

Daimler-Benz OM 617
Vorkammer-Dieselmotor
5 (Reihe)
90,9 × 92,4 mm
3005 (Steuer 2971) ccm
80 PS (59 kW) bei 4000 U/min bzw.
ab September 1979: 88 PS (65 kW) bei 4400 U/min
17,2 mkg bei 2400 U/min
1:21 ± 1,5
Bosch 5 Stempel-Einspritzpumpe
Hängend, 1 obenliegende Nockenwelle, Antrieb durch Duplex-Kette
6
Pumpe, 11 Liter Wasser
Druckumlauf, 5 Liter Öl
12 V 88 Ah (im Motorraum)
Drehstrom 35 A = 490 W

Antrieb auf Hinterräder, Gelenkwelle zweiteilig
Einscheibentrockenkupplung
Stockschaltung Wagenmitte
4 Gang oder (auf Wunsch ab Februar 1982) 5 Gang
I – IV bzw. I – V
4 Gang: I. 3,90, II. 2,30, III. 1,41, IV. 1,00
5 Gang: I. 3,82, II. 2,20, III. 1,40, IV. 1,00, V. 0,81
Auf Wunsch: Automatic. Wählhebel am Lenkrad oder Wagenmitte
Hydraulischer Wandler + 4 Gang-Planetengetriebe
I. 3,98, II. 2,39, III. 1,46, IV. 1,00, Wandler 2,2fach
3,46

Selbsttragende Ganzstahlkarosserie
Doppel-Querlenker, Schraubenfedern
Drehstab-Stabilisator, 300 TD: Gasdruck-Stoßdämpfer
Diagonal-Pendelachse, Schräglenker, Schraubenfedern
Drehstab-Stabilisator, 300 TD: Gasdruck-Stoßdämpfer
Auf Wunsch bzw. Serie bei 300 TD und 300 D lang: Hydropneumatische Niveau-Regulierung
Kugelumlauf (14,2:1), Servohilfe, 2,7 Lenkraddrehungen
Zweikreis-Hydraulik, Servohilfe
Scheiben-∅ vorn 278, hinten 279 mm
Sonderausstattung ab August 1980: ABS

Limousine	**Coupé**	**Kombi**	**Limousine 7/8 Sitze**
2795 mm	2710 mm	2795 mm	3425 mm
1488/1446 mm	1488/1446 mm	1488/1446 mm	1477/1430 mm
4725 × 1786 × 1438 mm	4640 × 1786 × 1395 mm	4725 × 1786 × 1425 bzw. (mit Dachreeling) 1470 mm	5355 × 1786 × 1480 mm
5½ J × 14	6 J × 14	6 J × 14	5½ J × 15
175 SR 14	195/70 HR 14	195/70 SR 14	185 R 15
11,25 Meter	11 Meter	11,3 Meter	13,4 Meter
1495 kg	1495 kg	1595 kg	1680 kg
Automatic + 40 kg	Automatic + 40 kg	Automatic + 40 kg	Automatic + 40 kg
1965 kg	1955 kg	2105 kg	2295 kg
149, Automatic 144 km/h	149, Automatic 144 km/h	149, Automatic 144 km/h	145, Automatic 140 km/h
20, Automatic 21 sec	20, Automatic 21 sec	20, Automatic 21 sec	
12, Automatic 13 l Diesel	12, Automatic 13 l Diesel	12,5, Automatic 13,5 l Diesel	13, Automatic 14 l Diesel
65 Liter	65 Liter	70 Liter	65 Liter
(über Hinterachse)	(über Hinterachse)	(hinter Hinterachse)	(über Hinterachse)
	Nur für USA-Markt!	Für erhöhte Zuladung: Reifen 175 HR 15 Spur 1477/1435 mm Wagengewicht + 15 kg Gesamtgewicht 2260 kg	Fahrgestell für Krankenwagen u. a. Sonderaufbauten lieferbar

	Mercedes-Benz Typ 300 D Turbodiesel (W 123 D 30 A) 1981 – 1985	Mercedes-Benz Typ 300 CD Turbodiesel (C 123 D 30 A) 1981 – 1985	Mercedes-Benz Typ 300 TD Turbodiesel (S 123 D 30 A) 1980 – 1985

Motor	Daimler-Benz OM 617 Vorkammer-Dieselmotor mit Abgas-Turbolader
Zylinderzahl	5 (Reihe)
Bohrung × Hub	90,9 × 92,4 mm
Hubraum	3005 (Steuer 2971) ccm
Leistung	125 PS (92 kW) bei 4350 U/min
Drehmoment	25 mkg bei 2400 U/min
Verdichtung	21,5
Gemischbildung	Bosch 5 Stempel-Einspritzpumpe, Garrett Abgas-Turbolader
Ventile	Hängend, 1 obenliegende Nockenwelle, Antrieb durch Duplex-Kette
Kurbelwellenlager	6
Kühlung	Pumpe, 12 Liter Wasser
Schmierung	Druckumlauf, 8,6 Liter Öl
Batterie	12 V 88 Ah (im Motorraum)
Lichtmaschine	Drehstrom 35 A = 490 W
Kraftübertragung	Antrieb auf Hinterräder, Gelenkwelle zweiteilig
Kupplung	
Schaltung	
Getriebe	
Synchronisierung	
Übersetzungen	
	Automatic. Wählhebel am Lenkrad oder Wagenmitte Hydraulischer Wandler + 4 Gang-Planetengetriebe I. 3,98, II. 2,39, III. 1,46, IV. 1,00, Wandler 2,2fach
Antriebs-Übersetzung	3,07
Fahrwerk	Selbsttragende Ganzstahlkarosserie
Vorderradaufhängung	Doppel-Querlenker, Schraubenfedern Drehstab-Stabilisator, 300 TD: Gasdruck-Stoßdämpfer
Hinterradaufhängung	Diagonal-Pendelachse, Schräglenker, Schraubenfedern Drehstab-Stabilisator, 300 TD: Gasdruck-Stoßdämpfer Auf Wunsch bzw. Serie bei 300 TD: Hydropneumatische Niveau-Regulierung
Lenkung	Kugelumlauf (14,2:1), Servohilfe, 2,7 Lenkraddrehungen
Fußbremse	Zweikreis-Hydraulik, Servohilfe Scheiben-∅ vorn 278, hinten 279 mm Sonderausstattung ab August 1980: ABS

Allgemeine Daten	**Limousine**	**Coupé**	**Kombi**
Radstand	2795 mm	2710 mm	2795 mm
Spur vorn/hinten	1488/1446 mm	1488/1446 mm	1488/1446 mm
Gesamtmaße	4725 × 1786 × 1438 mm	4640 × 1786 × 1395 mm	4725 × 1786 × 1425 bzw. (mit Dachreeling) 1470 mm
Felgen	6 J × 14	6 J × 14	6 J × 14
Reifen	195/70 HR 14	195/70 HR 14	195/70 SR oder HR 14
Wendekreis	11,3 Meter	11 Meter	11,3 Meter
Wagengewicht	1550 kg	1550 kg	1650 kg
Zuläss. Gesamtgewicht	1980 kg	1970 kg	2120 kg
Höchstgeschwindigkeit	165 km/h	165 km/h	165 km/h
Beschleunigung 0–100 km/h	15 sec	15 sec	15 sec
Verbrauch/100 km	13,5 Liter Diesel	13,5 Liter Diesel	14 Liter Diesel
Kraftstofftank	65 Liter (über Hinterachse)	65 Liter (über Hinterachse)	70 Liter (hinter Hinterachse)
Bemerkungen	**Nur für USA-Markt!**	**Nur für USA-Markt!**	Für erhöhte Zuladung: Reifen 175 HR 15 Spur 1477/1435 mm Wagengewicht + 15 kg Gesamtgewicht 2260 kg

Mercedes-Benz
Kombi 4 Türen
Typ 200 T (1980 – 1985)
Typ 230 T (1978 – 1980)
Typ 230 TE (1980 – 1985)
Typ 250 T (1978 – 1985)
Typ 280 TE (1978 – 1985)
Typ 240 TD (1978 – 1985)
Typ 300 TD (1978 – 1985)
Typ 300 TDT (1980 – 1985)

Mercedes-Benz
Typ 250
Typ 240 D
Typ 300 D
Limousine 4 Türen
(langer Radstand)
1977 – 1985

Mercedes-Benz
Typ 240 D
Typ 300 D
Typ 250
Typ 280 E
Krankenwagen
(langer Radstand)
Aufbau Miesen
1977 – 1985

Mercedes-Benz
Typ 250
Typ 240 D
Typ 300 D
Krankenwagen
(langer Radstand)
Aufbau Binz
1977 – 1985

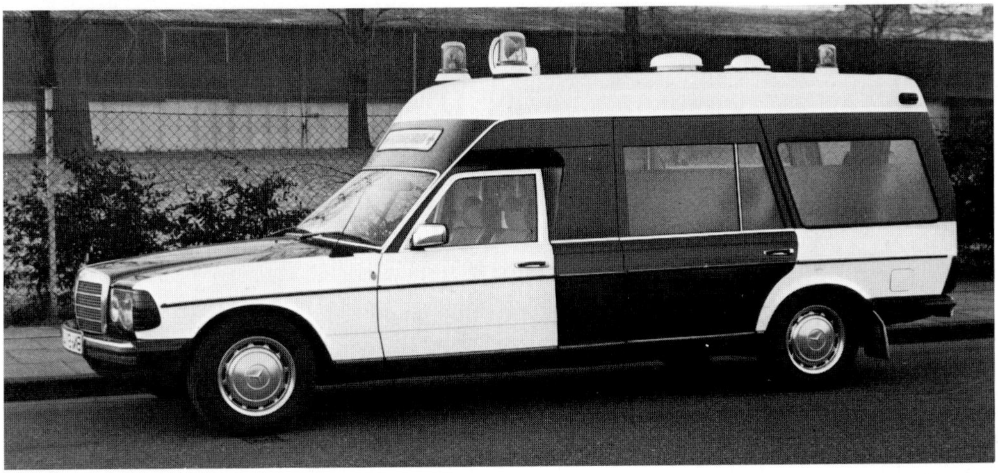

AMBULANCE
Z-60-03

Mercedes-Benz Typ 230 G, 230 GE, 280 GE (1979–1989)
Mercedes-Benz Typ 240 GD, 300 GD (1979–1991)

Gelände-Personenwagen kannte man bis vor wenigen Jahren in unseren Breiten fast nur für militärische Zwecke. Gewisse Ereignisse und Zeiterscheinungen brachten es jedoch mit sich, daß diese rustikalen Vielzweckautos plötzlich auch im zivilen Bereich auffallend an Bedeutung gewannen, obschon hierfür nur in den seltensten Fällen eine sinnvolle Einsatzmöglichkeit besteht. Es wurde zur Mode und gilt als chic, einen „Jeep" zu chauffieren, wobei in der Exklusivität ein zusätzlicher Anreiz besteht. Solche Fahrzeuge sind nämlich, sofern sie nicht aus Japan oder Rußland kommen, unverhältnismäßig teuer beim Kauf und im Betrieb.

Da sich hier offensichtlich eine Marktlücke aufgetan hatte, begann man auch bei Daimler-Benz, sich für dieses möglicherweise lukrative Geschäft zu interessieren. Anfang 1979 brachte die Firma eine Baureihe völlig neuer Geländewagen auf den Markt. Entwickelt und gebaut wurden diese G-Typen aufgrund eines Kooperationsvertrages mit der Steyr-Daimler-Puch AG. in deren Werk Graz (Österreich). Das Kapital hielten beide Partner je zur Hälfte. Zum 1. August 1981 hat Daimler-Benz diese Beteiligung aufgegeben. Seitdem fertigt das Grazer Werk die Mercedes-Benz G-Modelle im Lohnauftrag. In Österreich, in der Schweiz und in den Ostblock-Ländern werden die sonst völlig gleichen Wagen unter der Marke „Puch" angeboten, worauf aber nur etwa 10% der Gesamtproduktion entfallen. Angestrebt war eine jährliche Ausbringung von 10 000 Fahrzeugen, doch die tatsächlichen Ergebnisse blieben weit darunter.

Die G-Modelle stehen mit je zwei Benzin- und Dieselmotoren, zwei Radständen und fünf Aufbauten zur Wahl. Letztere sind einfach und funktionell gestaltet, sehen aber dennoch markant und gefällig aus. Solide Machart und hohe technische Perfektion sorgen sowohl für bestmögliche Gelände- als auch Straßentauglichkeit. Doch trotz der hohen Preise ist die Grundausstattung recht mager. So müssen für viele Notwendigkeiten, ja selbst für den Rücksitz beim offenen Wagen erkleckliche Aufpreise hingenommen werden. Ein ordentlich ausgestatteter Geländewagen mit Stern hat ungefähr den gleichen Preis wie ein Mercedes der S-Klasse!

Preise	230 G Kombi kurz	280 GE Kombi kurz	240 GD Kombi kurz	300 GD Offen	300 GD Kombi kurz	300 GD Kombi lang
März 1979	DM 32 600,–	38 800,–	34 000,–	33 000,–	35 800,–	39 900,–
Mai 1980	DM 34 500,–	42 000,–	36 000,–	36 500,–	39 500,–	43 700,–
März 1981	DM 36 800,–	44 700,–	38 400,–	38 800,–	42 000,–	46 600,–
	230 GE Kombi kurz					
April 1982	DM 44 000,–	49 800,–	42 400,–	42 800,–	46 300,–	51 600,–
August 1983	DM 46 500,–	52 300,–	44 100,–	44 000,–	48 300,–	53 800,–
Januar 1984	DM 47 300,–	53 300,–	45 000,–	44 900,–	49 200,–	54 800,–
Sept. 1984	DM 47 300,–	53 300,–	44 900,–	44 900,–	49 200,–	54 800,–
Januar 1985	DM 48 600,–	54 700,–	46 200,–	45 700,–	50 600,–	56 300,–
Sept. 1985	DM 50 700,–	56 800,–	48 300,–	47 800,–	52 600,–	58 400,–
Januar 1986	DM 52 400,–	58 700,–	49 800,–	49 000,–	54 400,–	60 300,–

Produktion	1979	1980	1981	1982	1983	1984	1985	1986	1987	
230 G	1 044	1 347	1 739	418	384	167				
230 GE				672	1 092	809				
280 GE	401	1 431	1 022	998	921	1 348				
240 GD	999	1 799	1 260	1 340	809	1 330				
300 GD	64	2 090	2 434	3 138	2 456	1 878				
	2 508	**6 667**	**6 455**	**6 566**	**5 662**	**5 532**	**6 303**			
davon										
Zivilausführung	2 508	6 667	5 369	6 233	5 423	4 608				
Militärausführung			1 086	333	239	924				
Offene Wagen	1 379	952	1 559	1 020	616	1 185				
Kastenwagen	2	55	246	258	131	203				
Kombiwagen	1 127	5 660	4 650	5 288	4 915	4 144				
Radstand 2,4	1 385	3 953	3 954	4 041	3 561	2 862				
Radstand 2,8	1 123	2 714	2 501	2 525	2 101	2 670				

Mercedes-Benz
Typ 230 G (1979–1982)
Typ 230 GE (1982–1989)
Typ 280 GE (1979–1989)
Typ 240 GD (1979–1991)
Typ 300 GD (1979–1991)
von links nach rechts:
Kastenwagen (lang)
Kombi 4 Türen (lang)
Offener Wagen (kurz)
Kombi 2 Türen (kurz)

	Mercedes-Benz Typ 230 G (460 G 23) 1979–1989	
Motor	Daimler-Benz M 115	
	Vergasermotor	
Zylinderzahl	4 (Reihe)	
Bohrung × Hub	93,75 × 83,6 mm	
Hubraum	2307 (Steuer 2277) ccm	
Leistung	90 PS (66 kW) b. 5000 U/min	100 PS (75 kW) b. 5200 U/min
Drehmoment	16,7 mkg bei 2500 U/min	17,2 mkg bei 3000 U/min
Verdichtung	8,1:1	9,0:1
Gemischbildung	1 Flachstromvergaser Stromberg 175 CD (44 ∅)	
Ventile	Hängend	
	1 obenliegende Nockenwelle, Antrieb durch Duplex-Kette	
Kurbelwellenlager	5	
Kühlung	Pumpe, 10 Liter Wasser	
Schmierung	Druckumlauf, 5 Liter Öl	
Batterie	12 V 55 Ah (im Motorraum)	
Lichtmaschine	Drehstrom 55 A = 770 W	
Kraftübertragung	Allrad-Antrieb (4 × 4)	
	Antrieb auf Hinterräder	
	Antrieb auf Vorderräder zu- und abschaltbar	
	Auf Wunsch: Differentialsperren für Vorder- und Hinterachse	
Kupplung	Einscheibentrockenkupplung	
Schaltung	Stockschaltung Wagenmitte	
Getriebe	4 Gang + Vorgelege	
Synchronisierung	I – IV	
Übersetzungen	I. 4,628, II. 2,462, III. 1,473, IV. 1,00	
	Vorgelege: Straße 1,00, Gelände 2,14	
Antriebs-Übersetzung	5,33	
Fahrwerk	Vierkantrohr-Kastenrahmen mit Querträgern	
Vorderradaufhängung	Starrachse, Längslenker, Querlenker (Panhardstab), Schraubenfedern, Zusatzfedern, Teleskop-Stoßdämpfer, Drehstab-Stabilisator	
Hinterradaufhängung	Starrachse, Längslenker, Querlenker (Panhardstab), Schraubenfedern, Zusatzfedern, Teleskop-Stoßdämpfer	
Lenkung	Kugelumlauf- oder (auf Wunsch) Servolenkung	
Fußbremse	Zweikreis-Hydraulik, Servohilfe	
	vorn Scheiben-, hinten Trommelbremsen	
Handbremse	Mechanisch (Seilzug), Hinterräder	
Allgemeine Daten	**Kurze Modelle**	**Lange Modelle**
Radstand	2400 mm	2850 mm
Spur vorn/hinten	1425/1425 mm	1425/1425 mm
Gesamtmaße	3945 × 1700 × 1960 mm	4395 × 1700 × 1950 mm
Felgen	5½ JK × 16	5½ JK × 16
Reifen	6,50 oder 205 R 16	6,50 oder 205 R 16
Wendekreis	11,4 Meter	13 Meter
Wagengewicht	Offener Wagen 1870 kg Kombi 1920 kg	Kombi 2040 kg
Zuläss. Gesamtgewicht	2500 kg	2800 kg
Höchstgeschwindigkeit	131 km/h	131 km/h
Beschleunigung 0–100 km/h	24 sec	24 sec
Verbrauch/100 km	8,1:1: 19,5 Liter Normal 9,0:1: 17,5 Liter Super	8,1:1: 20 Liter Normal 9,0:1: 18 Liter Super
Kraftstofftank	68 Liter (hinter Hinterachse)	68 Liter (hinter Hinterachse)

Mercedes-Benz Typ 230 GE (460 GE 23) 1982–1989	**Mercedes-Benz Typ 280 GE (460 GE 28) 1979–1991**
Daimler-Benz M 102	Daimler-Benz M 110
Einspritzmotor	Einspritzmotor
4 (Reihe)	6 (Reihe)
95,5 × 80,25 mm	86,0 × 78,8 mm
2299 (Steuer 2276) ccm	2746 (Steuer 2717) ccm
125 PS (92 kW) bei 5000 U/min	150 PS (110 kW) bei 5250 U/min bzw. ab 1980: 156 PS (115 kW) bei 5250 U/min
19,2 mkg bei 4000 U/min	22 mkg bei 4280 U/min bzw. ab 1980: 22,6 mkg bei 4250 U/min
9,0:1	8,0:1
Mechanische Benzineinspritzung Bosch K-Jetronic	Mechanische Benzineinspritzung Bosch K-Jetronic
V-förmig hängend	V-förmig hängend
1 obenliegende Nockenwelle, Antrieb durch Einfach-Kette	2 obenliegende Nockenwellen, Antrieb durch Duplex-Kette
5	7
Pumpe, 8,5 Liter Wasser	Pumpe, 10,5 Liter Wasser
Druckumlauf, 5 Liter Öl	Druckumlauf, 6,5 Liter Öl
12 V 66 Ah (im Motorraum)	12 V 66 Ah (im Motorraum)
Drehstrom 55 A = 770 W	Drehstrom 55 A = 770 W
Allrad-Antrieb (4 × 4)	Allrad-Antrieb (4 × 4)
Antrieb auf Hinterräder	Antrieb auf Hinterräder
Antrieb auf Vorderräder zu- und abschaltbar	Antrieb auf Vorderräder zu- und abschaltbar
Auf Wunsch: Differentialsperren für Vorder- und Hinterachse	Auf Wunsch: Differentialsperren für Vorder- und Hinterachse
Einscheibentrockenkupplung	Einscheibentrockenkupplung
Stockschaltung Wagenmitte	Stockschaltung Wagenmitte
4 Gang (ab 1983 auch 5 Gang) + Vorgelege	4 Gang (ab 1983 auch 5 Gang) + Vorgelege
I – IV bzw. I – V	I – IV bzw. I – V
I. 4,628, II. 2,462, III. 1,473, IV. 1,00 bzw.	I. 4,043, II. 2,206, III. 1,381, IV. 1,00 bzw.
I. 3,822, II. 2,199, III. 1,398, IV. 1,00, V. 0,813	I. 3,822, II. 2,199, III. 1,398, IV. 1,00, V. 0,813
Vorgelege: Straße 1,00, Gelände 2,14	Vorgelege: Straße 1,00, Gelände 2,14
	Auf Wunsch: Automatic + Vorgelege, Wählhebel Wagenmitte
	Hydraulischer Wandler + 4 Gang-Planetengetriebe
	I. 4,007, II. 2,392, III. 1,463, IV. 1,00, Wandler 2,2fach
4,90	4,90
Vierkantrohr-Kastenrahmen mit Querträgern	Vierkantrohr-Kastenrahmen mit Querträgern
Starrachse, Längslenker, Querlenker (Panhardstab), Schraubenfedern, Zusatzfedern, Teleskop-Stoßdämpfer, Drehstab-Stabilisator	Starrachse, Längslenker, Querlenker (Panhardstab), Schraubenfedern, Zusatzfedern, Teleskop-Stoßdämpfer, Drehstab-Stabilisator
Starrachse, Längslenker, Querlenker (Panhardstab), Schraubenfedern, Zusatzfedern, Teleskop-Stoßdämpfer	Starrachse, Längslenker, Querlenker (Panhardstab), Schraubenfedern, Zusatzfedern, Teleskop-Stoßdämpfer
Kugelumlauf- oder (Serie ab 1983) Servolenkung	Servolenkung
Zweikreis-Hydraulik, Servohilfe	Zweikreis-Hydraulik, Servohilfe
vorn Scheiben-, hinten Trommelbremsen	vorn Scheiben-, hinten Trommelbremsen
Mechanisch (Seilzug), Hinterräder	Mechanisch (Seilzug), Hinterräder

Kurze Modelle	**Lange Modelle**	**Kurze Modelle**	**Lange Modelle**
2400 mm	2850 mm	2400 mm	2850 mm
1425/1425 mm	1425/1425 mm	1425/1425 mm	1425/1425 mm
3945 × 1700 × 1960 mm	4395 × 1700 × 1950 mm	3945 × 1700 × 1960 mm	4395 × 1700 × 1950 mm
5½ JK × 16	5½ JK × 16	5½ JK × 16	5½ JK × 16
6,50 oder 205 R 16	6,50 oder 205 R 16	6,50 oder 205 R 16	6,50 oder 205 R 16
11,4 Meter	13 Meter	11,4 Meter	13 Meter
Offener Wagen 1880 kg Kombi 1930 kg	Kombi 2050 kg	Offener Wagen 1895 kg Kombi 1945 kg	Kombi 2115 kg
2500 kg	2800 kg	2500 kg	2800 kg
145 km/h	145 km/h	150 km/h	150 km/h
20 sec	20 sec	18 sec	18 sec
16,5 Liter Super	17 Liter Super	22 Liter Normal	22,5 Liter Normal
68 Liter (hinter Hinterachse)	68 Liter (hinter Hinterachse)	81 Liter (hinter Hinterachse)	81 Liter (hinter Hinterachse)

Mercedes-Benz Typ 230 G (1979 – 1982)
Mercedes-Benz Typ 230 GE (1982 – 1985)
Geländewagen, offene Ausführung, mit kurzem Radstand

Mercedes-Benz Typ 230 GE (1985–1991)
Geländewagen, offene Ausführung, mit kurzem Radstand

Mercedes-Benz Typ 230 G (1979–1982)
Mercedes-Benz Typ 230 GE (1982–1991)
Geländewagen, Kombi 2 Türen mit kurzem Radstand

Motor

Zylinderzahl
Bohrung × Hub
Hubraum
Leistung

Drehmoment
Verdichtung
Gemischbereitung
Ventile

Kurbelwellenlager
Kühlung
Schmierung
Batterie
Lichtmaschine

Kraftübertragung

Kupplung
Schaltung
Getriebe
Synchronisierung
Übersetzungen

Antriebs-Übersetzung

Fahrwerk
Vorderradaufhängung

Hinterradaufhängung

Lenkung
Fußbremse

Handbremse

Allgemeine Daten
Radstand
Spur vorn/hinten
Gesamtmaße
Felgen
Reifen
Wendekreis
Wagengewicht

Zuläss. Gesamtgewicht
Höchstgeschwindigkeit
Beschleunigung 0–100 km/h
Verbrauch/100 km
Kraftstofftank

Mercedes-Benz Typ 240 GD
(460 GD 24)
1979–1991

Daimler-Benz OM 616
Vorkammer-Dieselmotor
4 (Reihe)
90,9 × 92,4 mm
2404 (Steuer 2376) ccm
72 PS (53 kW) bei 4400 U/min

13,7 mkg bei 2400 U/min
21:1
Bosch Vierstempel-Einspritzpumpe
Hängend
1 obenliegende Nockenwelle, Antrieb durch Duplex-Kette
5
Pumpe, 10 Liter Wasser
Druckumlauf, 6,5 Liter Öl
12 V 88 Ah (im Motorraum)
Drehstrom 55 A = 770 W

Allrad-Antrieb (4 × 4)
Antrieb auf Hinderräder
Antrieb auf Vorderräder zu- und abschaltbar
Auf Wunsch Differentialsperren für Vorder- und Hinterachse
Einscheibentrockenkupplung
Stockschaltung Wagenmitte
4 Gang + Vorgelege
I – IV
I. 4,628, II. 2,462, III. 1,473, IV. 1,00

5,33

Vierkantrohr-Kastenrahmen mit Querträgern
Starrachse, Längslenker, Querlenker (Panhardstab),
Schraubenfedern, Zusatzfedern, Teleskop-Stoßdämpfer
Drehstab-Stabilisator
Starrachse, Längslenker, Querlenker (Panhardstab)
Schraubenfedern, Zusatzfedern, Teleskop-Stoßdämpfer
Kugelumlauf- oder (auf Wunsch) Servolenkung
Zweikreis-Hydraulik, Servohilfe
vorn Scheiben-, hinten Trommelbremsen
Mechanisch (Seilzug), Hinterräder

Kurze Modelle	**Lange Modelle**
2400 mm	2850 mm
1425/1425 mm	1425/1425 mm
3945 × 1700 × 1960 mm	4395 × 1700 × 1950 mm
5½ JK × 16	5½ JK × 16
6,50 oder 205 R 16	6,50 oder 205 R 16
11,4 Meter	13 Meter
Offener Wagen 1900 kg	Kombi 2070 kg
Kombi 1950 kg	
2500 kg	2800 kg
115 km/h	115 km/h
39 sec	39 sec
15 Liter Diesel	15,5 Liter Diesel
68 Liter	68 Liter
(hinter Hinterachse)	(hinter Hinterachse)

Mercedes-Benz Typ 300 GD
(460 GD 30)
1979–1991

Daimler-Benz OM 617
Vorkammer-Dieselmotor
5 (Reihe)
90,9 × 92,4 mm
3005 (Steuer 2971) ccm
80 PS (59 kW) bei 4000 U/min bzw.
ab 1980: 88 PS (65 kW) bei 4000 U/min
17 bzw. (ab 1980) 17,2 mkg bei 2400 U/min
21:1
Bosch Fünfstempel-Einspritzpumpe
Hängend
1 obenliegende Nockenwelle, Antrieb durch Duplex-Kette
6
Pumpe, 12 Liter Wasser
Druckumlauf, 8,6 Liter Öl
12 V 88 Ah (im Motorraum)
Drehstrom 55 A = 770 W

Allrad-Antrieb (4 × 4)
Antrieb auf Hinderräder
Antrieb auf Vorderräder zu- und abschaltbar
Auf Wunsch Differentialsperren für Vorder- und Hinterachse
Einscheibentrockenkupplung
Stockschaltung Wagenmitte
4 Gang (ab 1983 auch 5 Gang) + Vorgelege
I – IV bzw. I – V
I. 4,628, II. 2,462, III. 1,473, IV. 1,00 bzw.
I. 3,822, II. 2,199, III. 1,398, IV. 1,00, V. 0,813
Auf Wunsch: Automatic + Vorgelege, Wählhebel Wagenmitte
Hydraulischer Wandler + 4 Gang-Planetengetriebe
I. 4,007, II. 2,392, III. 1,463, IV. 1,00, Wandler 2,2fach
4,90

Vierkantrohr-Kastenrahmen mit Querträgern
Starrachse, Längslenker, Querlenker (Panhardstab),
Schraubenfedern, Zusatzfedern, Teleskop-Stoßdämpfer
Drehstab-Stabilisator
Starrachse, Längslenker, Querlenker (Panhardstab),
Schraubenfedern, Zusatzfedern, Teleskop-Stoßdämpfer
Servolenkung
Zweikreis-Hydraulik, Servohilfe
vorn Scheiben-, hinten Trommelbremsen
Mechanisch (Seilzug), Hinterräder

Kurze Modelle	**Lange Modelle**
2400 mm	2850 mm
1425/1425 mm	1425/1425 mm
3945 × 1700 × 1960 mm	4395 × 1700 × 1950 mm
5½ JK × 16	5½ JK × 16
6,50 oder 205 R 16	6,50 oder 205 R 16
11,4 Meter	13 Meter
Offener Wagen 1935 kg	Kombi 2105 kg
Kombi 1985 kg	
2500 kg	2800 kg
130 km/h	130 km/h
27 sec	27 sec
16 Liter Diesel	16,5 Liter Diesel
68 Liter	68 Liter
(hinter Hinterachse)	(hinter Hinterachse)

Mercedes-Benz Typ 300 GD
Geländewagen, Kombi 4 Türen
mit langem Radstand
1979–1991

Mercedes-Benz Typ 280 GE
Polizei-Sonderschutzfahrzeug
Geländewagen mit kurzem Radstand und gepanzertem Aufbau
1986

Mercedes-Benz Typ 300 GD
Geländewagen, Kombi 4 Türen,
langer Radstand, von der
Firma Ziegler eingerichtet
als Schnellbergungswagen für
Feuerwehr und Rettungsdienste
1983

Mercedes-Benz Typ 290 GD Geländewagen, Pick-up mit langem Radstand. Lieferbar in zwei Motor- und sechs Aufbau-Varianten, 1992.

Mercedes-Benz Typ G 350 Turbodiesel, Geländewagen, Kombi 4 Türen mit langem Radstand, 1992. 3,5-Liter-Sechszylinder-Turbodiesel, 100 kW/136 PS bei 4000/min. Maximales Drehmoment 305 Nm bei 1800/min.

Mercedes-Benz Typ G 350 Turbodiesel, Geländewagen, Kombi 2 Türen mit kurzem Radstand, 1992. Serienbereifung 255/ R16; Höchstgeschwindigkeit 145 km/h.

Mercedes-Benz Typ G 320, Geländewagen, Kombi 4 Türen mit langem Radstand, 1994. 3,2-Liter-Sechszylinder-Reihenmotor, Vierventiltechnik mit variabler Ventilsteuerung und Viergang-Automatik. Leistung 155 kW/210 PS bei 5500/min. Höchstgeschwindigkeit 178 km/h.

Im November 1980 besuchte Papst Johannes Paul II. die Bundesrepublik Deutschland. Zu diesem Anlaß stellte die Daimler-Benz AG. mehrere Fahrzeuge zur Verfügung. Große Aufmerksamkeit erweckte dabei vor allem ein besonders hergerichteter Geländewagen Typ 230 G. Das weißlackierte Automobil hatte eine Plattform erhalten, auf welcher der Heilige Vater stand, und dahinter befand sich eine Sitzbank für seine Begleitung. Bei schlechtem oder kaltem Wetter wurde eine Plexiglaskuppel auf die Plattform aufgesetzt, damit der Papst geschützt war, sich aber dennoch dem Volk zeigen konnte. – Diese Plexiglaskuppel hat Schule gemacht. Bei den häufigen Auslandsreisen des jetzigen Papstes wird nun fast überall ein ähnlich wetterfestes Fahrzeug für ihn bereitgehalten.

Mercedes-Benz Typ 190, 190 E, 190 D (1982–1993)
Mercedes-Benz Typ 190 E 2,3–16 (1983–1988)
Mercedes-Benz Typ 190 D 2,5 (ab 1984)
Mercedes-Benz Typ 190 E 2,3, 190 E-2,6 (1985–1993)

Werksinterne Bezeichnung: Baureihe W 201. – Im Herbst 1976 hatten die Entwicklungsarbeiten, zwei Jahre später die Fahrversuche begonnen. Am 8. Dezember 1982, nach Anlauf der Serienproduktion, standen die neuen Autos der Typen 190 und 190 E bei den Niederlassungen und Händlern. Mit außergewöhnlichem Interesse war der »kleine« Mercedes vom Publikum erwartet worden, fand dann aber etwa ein halbes Jahr lang bei weitem nicht den vom Werk erhofften Zuspruch. Die bescheidene äußere Erscheinung und die magere Grundausstattung bedurften erst der Gewöhnung, vor allem aber löste der Preis des neuen Wagens zunächst einen ernüchternden Schock aus. Schließlich aber fand sich die Kundschaft doch recht bald damit ab, und seitdem hat sich der 190 samt den inzwischen zahlreich gewordenen Varianten auf dem Markt überzeugend durchgesetzt. Lange Lieferfristen allerdings, wie sie sonst bei neuen Typen des Stuttgarter Hauses hingenommen werden müssen, gab und gibt es hier nicht.

Der überaus hohe Preis der 190er findet übrigens in deren aufwendigen Technik eine durchaus annehmbare Erklärung. Dennoch erhebt sich hier die Frage, ob der effektive Nutzen derart optimierter Konstruktionen noch im richtigen Verhältnis sowohl zu den Kosten als auch zu den dadurch bedingten Nachteilen steht. So suchen sich gegenwärtig die Konstrukteure (aller Marken!) bei der Verringerung des Luftwiderstands und der Wagengewichte zu überbieten, wobei eine relativ geringfügige Verbrauchsminderung mit beträchtlichen Komfortmängeln erkauft werden muß. Die »Raumlenker-Hinterachse«, um noch ein weiteres Beispiel zu nennen, bringt zwar wiederum einen naturgemäß nur noch bescheidenen Gewinn an Fahrwerksqualität, doch ist dieses empfindliche Gebilde arg teuer in der Herstellung und erst recht bei Reparaturschäden, wie sie hier bereits bei leichten Seitenschlägen zu befürchten sind.

Beliebtestes Modell der »kleinen« Mercedes Baureihe war und blieb bis heute der Typ 190 E, der etwa fünfmal soviel gekauft wird wie der 190 mit Vergasermotor, obwohl dieser bei nahezu gleicher Leistung um 3 000 DM preiswerter ist. Bei den größeren Mercedes mag ein solcher Betrag unwichtig sein, aber daß dies auch für die ohnehin so teure 190er-Baureihe gilt, zählt für den nüchternen Beobachter schon zu den seltsamen Überraschungen. Kaum eine andere Marke wie Daimler hätte dem »E« (und übrigens erst recht dem »D«) zu seiner heutigen Weltgeltung verhelfen können.

Einen wesentlichen Beitrag zum Erfolg der kleinen Baureihe liefert der Typ 190 D, dessen Produktion im August 1982 begann und im November 1983 voll einsetzte. Hier wurde in der Tat ein Beispiel fortschrittlicher Automobiltechnik realisiert. Der 190 D besitzt nämlich einen völlig neu entwickelten Zweiliter-Dieselmotor, der zwecks Geräuschisolierung erstmals rundum total verkapselt ist. Damit konnte das typische Laufgeräusch des Selbstzünders nach außen um mehr als die Hälfte verringert werden. Akustisch unterscheidet sich um den Wagen herum dieser »flüsternde« Diesel wirklich kaum mehr von einem Benzinmotor. Im übrigen zeichnet sich das neue Triebwerk durch eine im Verhältnis zu seiner Leistung erstaunliche Sparsamkeit aus. Und für die Diesel-Kunden, denen der 190 D trotz seines nun wirklich beachtenswerten Temperaments immer noch zu phlegmatisch erscheint, brachte Daimler-Benz im August 1984 den Typ 190 D 2,5 heraus, der akkurat den gleichen Motor als Fünfzylinder beitzt. Auch er erfreut sich der geräuschhemmenden Vollisolierung sowie einer außergewöhnlichen Sparsamkeit.

Im September 1983 präsentierte Daimler den 230 km/h schnellen Typ 190 E 2,3–16. Er verdankt seine Überschuß-Leistung hauptsächlich einem 16 Ventil-Zylinderkopf, der in Zusammenarbeit mit der britischen Rennmotorenfirma Cosworth entstand.

Preise		190	190 E	190 D	190 D 2,5	190 E 2,3	190 E 2,6	190 E 2,3–16
Dez. 1982	DM	25 600,–	27 800,–					
Sept. 1983	DM	26 000,–	28 800,–	27 000,–				49 600,–
Jan. 1984	DM	26 500,–	29 400,–	27 500,–				49 600,–
Sept. 1984	DM	27 420,–	30 250,–	28 310,–				52 220,–
Dez. 1984	DM	27 420,–	30 250,–	28 310,–				55 160,–
April 1985	DM	28 160,–	31 130,–	29 130,–	33 920,–			57 120,–
Sept. 1985	DM	29 070,–	32 040,–	30 040,–	33 920,–		39 110,–	57 120,–
Dez. 1985	DM	29 610,–	32 630,–	30 590,–	34 550,–	34 770,–	39 110,–	58 140,–

Sonderausstattungen (Stand Dez. 1985): Automatik + DM 2560,–, Katalysator (nicht bei Diesel) DM 1830,–, ABS DM 3080,–, Schiebedach DM 1170,–, Zentralverriegelung DM 570,–.

Produktion	**1982**	**1983**	**1984**	**1985**	**1986**	**1987**	**1988**	**1989**	**1990**
190	1 635	25 746	7 640	–					
190/1	–	–	7 775	15 790					
190 D	28	3 500	71 221	71 766					
190 E	2 987	73 284	80 149	77 752					
190 E 2,3	–	–	–	2					
190 E 2,6	–	–	–	–					
190 D 2,5/1	–	–	46	12 841					
190 E 2,3 (USA)	–	3 945	20 743	23 121					
190 D 2,2 (USA)	–	3 357	5 327	1 876					
190 E 2,3-16	–	5	2 445	8 656					
Gesamtzahl	**4 650**	**109 837**	**195 346**	**211 804**					
davon Diesel	28	6 857	76 594	86 483					

Von seiner seitherigen Faszination dürfte dieser schnelle Brüter allerdings verlieren, sobald die Auslieferung des auf der Frankfurter Automobil-Ausstellung im September 1985 vorgestellten Typs 190 E–2,6 einsetzt. Hier wird der neue 2,6 Liter-Sechszylinder-Motor eingebaut, der ursprünglich vor allem der erneuerten S-Klasse zugedacht ist. Für den Vier- bzw. Sechzehnventiler werden dann wohl vorwiegend jene Leute übrigbleiben, die für den Original-Heckspoiler als Statussymbol 10 bis 20 000 DM bezahlen können und wollen.

Zu einer wirklichen Attraktion aber könnte in Zukunft mit Recht der 190 E 2,3 werden, der seit Ende 1985 im Verkaufsprogramm steht. Dessen bewährter 2,3 Liter-Vierzylinder-Motor, der sich ebenso durch eine gesunde Leistung wie durch die immer wieder überraschende Sparsamkeit auszeichnet, dürfte sich wohl bald bei sachkundigen Käufern der besonderen Gunst erfreuen.

Seit ihrem Erscheinen ließ man den 190ern bereits zahlreiche Maßnahmen zur Modellpflege angedeihen. Als deren wichtigste mag die seit Oktober 1984 höhere Motorleistung für den Vergaser-190 gelten, der von da an im werksinternen Sprachgebrauch Typ 190/1 heißt. Zum gleichen Zeitpunkt wurden hydraulische Ventilstößel eingeführt, auch für den 190 E, während der 190 D von Anfang an mit solchen versehen war. Zwei wichtige Änderungen folgten im Januar 1985, nämlich der Übergang auf 15″-Felgen mit 65er-Reifen und die Exzenter-Steuerung für den Einblatt-Scheibenwischer. Sonstige Verbesserungen von geringerer Wichtigkeit sollen hier nicht einzeln aufgeführt werden. Als wesentlich aber sei noch vermerkt, daß seit September 1985 alle 190er die Servolenkung serienmäßig mitbekommen.

Im übrigen werden seit 1985 alle Benzinmotoren dieser Baureihe wahlweise (als eine der vielen wünschenswerten, aber wahnsinnig preistreibenden Sonderausstattungen) mit Dreiwege-Katalysator und Lambda-Sonde angeboten. Bei der europäischen Ausführung, die sich von der für Amerika bestimmten gewaltig unterscheidet, bleiben sowohl der Leistungsverlust als auch der Mehrverbrauch nahezu unbedeutend.

Hergestellt wurden die 190er anfangs nur in Sindelfingen. Seit 1984 erfolgt die Endmontage mit steigendem Anteil auch im Werk Bremen, welches ja ohnehin hauptsächlich für den Bau des »kleinen« Mercedes errichtet wurde. Im nunmehrigen Produktionsverbund der einzelnen Werke liefert Bremen für die Sindelfinger 190-Montage Türen, Motorhauben, Bodenanlagen und Kraftstofftanks, während umgekehrt Sindelfingen Vorbau, Dach, Heck und Seitenwände nach Bremen schickt. Untertürkheim versorgt sowohl Sindelfingen als auch Bremen mit Motoren, Getrieben und Achsen. Die Lenkgetriebe schließlich kommen aus Düsseldorf.

Mercedes-Benz
Typ 190
Typ 190 E
Typ 190 D
Limousine 4 Türen
ab 1982

<table>
<tr><th></th><th>Mercedes-Benz
Typ 190
(W 201 V 19)
1982–1984</th><th>Mercedes-Benz
Typ 190/1
(W 201 V 19)
1984–1988</th><th>Mercedes-Benz
Typ 190 E
(W 202 E 19)
ab 1982</th></tr>
<tr><td>Motor</td><td colspan="2">Daimler-Benz M 102 V 20
Vergasermotor</td><td>Daimler-Benz M 102 E 20
Einspritzmotor</td></tr>
<tr><td>Zylinderzahl</td><td colspan="2">4 (Reihe)</td><td>4 (Reihe)</td></tr>
<tr><td>Bohrung × Hub</td><td colspan="2">89,0 × 80,25 mm</td><td>89,0 × 80,25 mm</td></tr>
<tr><td>Hubraum</td><td colspan="2">1997 ccm</td><td>1997 ccm</td></tr>
<tr><td>Leistung</td><td>90 PS (66 kW) b. 5000 U/min</td><td>105 PS (77 kW) b. 5500 U/min
bzw. ab 1985 bei Katalysator
102 PS (75 kW) b. 5500 U/min</td><td>122 PS (90 kW) b. 5100 U/min
bzw. ab 1985 bei Katalysator
118 PS (87 kW) b. 5100 U/min</td></tr>
<tr><td>Drehmoment</td><td>16,5 mkg bei 2500 U/min</td><td>16,5 mkg bei 3000 U/min
bzw. ab 1985 bei Katalysator
16,0 mkg bei 3000 U/min</td><td>17,8 mkg bei 3500 U/min
bzw. ab 1985 bei Katalysator
17,2 mkg bei 3500 U/min</td></tr>
<tr><td>Verdichtung</td><td>9,0:1</td><td>9,1:1</td><td>9,1:1</td></tr>
<tr><td>Gemischbereitung</td><td>1 Flachstromvergaser
Stromberg 175 CDT</td><td>1 Flachstromvergaser
Stromberg 175 CDT</td><td>Mech. Benzineinspritzung
Bosch KE-Jetronic</td></tr>
<tr><td>Ventile</td><td colspan="3">V-förmig hängend, 1 obenliegende Nockenwelle, Antrieb durch Einfachkette</td></tr>
<tr><td>Kurbelwellenlager</td><td colspan="3">5</td></tr>
<tr><td>Kühlung</td><td colspan="3">Pumpe, 8,5 Liter Wasser</td></tr>
<tr><td>Schmierung</td><td colspan="3">Druckumlauf, 4,3 Liter Öl</td></tr>
<tr><td>Batterie</td><td colspan="3">12 V 55 Ah (im Motorraum)</td></tr>
<tr><td>Lichtmaschine</td><td colspan="3">Drehstrom 55 A = 770 W</td></tr>
<tr><td>Kraftübertragung</td><td colspan="3">Antrieb auf Hinterräder</td></tr>
<tr><td>Schaltgetriebe</td><td colspan="2">4 Gang</td><td>5 Gang</td></tr>
<tr><td>Synchronisierung</td><td colspan="2">I–IV</td><td>I–V</td></tr>
<tr><td>Übersetzungen</td><td colspan="2">I. 3,91
II. 2,32 bzw. (ab 1984) 2,17
III. 1,42 bzw. (ab 1984) 1,37
IV. 1,00</td><td>I. 3,91
II. 2,17
III. 1,37
IV. 1,00
V. 0,78</td></tr>
<tr><td>Automatic-Getriebe</td><td colspan="3">Hydraulischer Wandler + 4 Gang-Planetengetriebe
I. 4,25, II. 2,41, III. 1,49, IV. 1,00, Wandler 2,2-fach</td></tr>
<tr><td>Antriebs-Übersetzung</td><td colspan="3">3,23</td></tr>
<tr><td>Fahrwerk</td><td colspan="3">Selbsttragende Ganzstahlkarosserie</td></tr>
<tr><td>Vorderradaufhängung</td><td colspan="3">Dämpferbein-Vorderachse, Dreieck-Querlenker, Schraubenfedern
Gasdruck-Stoßdämpfer, Drehstab-Stabilisator</td></tr>
<tr><td>Hinterradaufhängung</td><td colspan="3">»Raumlenker-Hinterachse«, beiderseits je 5 Stablenker, Schraubenfedern
Gasdruck-Stoßdämpfer, Drehstab-Stabilisator
Auf Wunsch: Hydropneumatische Niveauregulierung</td></tr>
<tr><td>Lenkung</td><td colspan="3">Bis 1985: Kugelumlauf, 5 Lenkraddrehungen
Auf Wunsch bzw. ab Sept. 1985 Serie: Servolenkung, 3 1/3 Lenkraddrehungen</td></tr>
<tr><td>Fußbremse</td><td colspan="3">Zweikreis-Hydraulik, Servohilfe auf Wunsch ABS
Scheibenbremsen vorn 262, hinten 258 mm Ø</td></tr>
<tr><td>Handbremse</td><td colspan="3">Mechanisch, Hinterräder</td></tr>
<tr><td>Allgemeine Daten</td><td></td><td></td><td></td></tr>
<tr><td>Radstand</td><td>2665 mm</td><td>2665 mm</td><td>2665 mm</td></tr>
<tr><td>Spur</td><td>1428/1415 mm</td><td>1428/1415 mm</td><td>1428/1415 mm</td></tr>
<tr><td>Gesamtmaße</td><td>4420 × 1678 × 1383 mm</td><td>4420 × 1678 × 1383 mm</td><td>4420 × 1678 × 1383 mm</td></tr>
<tr><td>Felgen</td><td>5 J × 14</td><td>5 J × 14 bzw.
(ab Jan. 1985) 6 J × 15</td><td>5 J × 14 bzw.
(ab Jan. 1985) 6 J × 15</td></tr>
<tr><td>Reifen</td><td>175/70 R 14 – 82 T</td><td>175/70 R 14 – 82 T
bzw. (ab Jan. 1985)
185/65 R 15 – 87 H</td><td>175/70 R 14 – 82 H
bzw. (ab Jan. 1985)
185/65 R 15 – 87 H</td></tr>
<tr><td>Wendekreis</td><td>10,6 Meter</td><td>10,6 Meter</td><td>10,6 Meter</td></tr>
<tr><td>Wagengewicht</td><td>1130 kg
Automatic + 40 kg</td><td>1140 kg
Automatic + 40 kg</td><td>1160 kg
Automatic + 40 kg</td></tr>
<tr><td>Zuläss. Gesamtgewicht</td><td>1580 kg</td><td>1580 kg bzw.
(ab Jan. 1985) 1630 kg</td><td>1600 kg bzw.
(ab Jan. 1985) 1640 kg</td></tr>
<tr><td>Höchstgeschwindigkeit</td><td>175 km/h</td><td>180 km/h</td><td>195 km/h</td></tr>
<tr><td>Beschleunigung 0–100 km/h</td><td>13,5, Automatic 14 sec</td><td>12,5, Automatic 13 sec</td><td>11, Automatic 11,5 sec</td></tr>
<tr><td>Verbrauch/100 km</td><td>10, Automatic 11 l Super</td><td>10,5, Automatic 11 l Super</td><td>10,5, Automatic 11 l Super</td></tr>
<tr><td>Kraftstofftank</td><td>55 Liter
(über Hinterachse)</td><td>55 Liter
(über Hinterachse)</td><td>55 Liter
(über Hinterachse)</td></tr>
</table>

Mercedes-Benz
Typ 190
Typ 190 E
Typ 190 D
Limousine 4 Türen
1982–1988

Mercedes-Benz
Typ 190 D 2,5
Limousine 4 Türen
1984–1988

Mercedes-Benz Typ 190 E 2.3-16 Limousine 4 Türen, 1984

	Mercedes-Benz Typ 190 D (W 201 D 19) 1983–1988	Mercedes-Benz Typ 190 D 2,5 (W 201 D 25) 1984–1988
Motor	Daimler-Benz OM 601 Vorkammer-Dieselmotor	Daimler-Benz OM 602 Vorkammer-Dieselmotor
Zylinderzahl	4 (Reihe)	5 (Reihe)
Bohrung × Hub	87,0 × 84,0 mm	87,0 × 84,0 mm
Hubraum	1997 ccm	2497 ccm
Leistung	72 PS = 53 kW b. 4600 U/min	90 PS = 60 kW b. 4600 U/min
Drehmoment	12,3 mkg bei 2800 U/min	15,4 mkg bei 2800 U/min
Verdichtung	22,0:1	22,0:1
Gemischbereitung	Bosch-Vierstempel-Diesel-Reihen-Einspritzpumpe	Bosch-Fünfstempel-Diesel-Reihen-Einspritzpumpe
Ventile	Hängend 1 obenliegende Nockenwelle Antrieb durch Duplex-Kette	Hängend 1 obenliegende Nockenwelle Antrieb durch Duplex-Kette
Kurbelwellenlager	5	6
Kühlung	Pumpe, 8,5 Liter Wasser	Pumpe, 8,5 Liter Wasser
Schmierung	Druckumlauf, 6 Liter Öl	Druckumlauf, 7 Liter Öl
Batterie	12 V 72 Ah (im Motorraum)	12 V 72 Ah (im Motorraum)
Lichtmaschine	Drehstrom 55 A = 770 W	Drehstrom 55 A = 770 W
Kraftübertragung	Antrieb auf Hinterräder	Antrieb auf Hinterräder
Schaltgetriebe	4 oder 5 Gang	5 Gang
Synchronisierung	I–IV I–V	I–V
Übersetzungen	I. 4,23 I. 4,23 II. 2,36 II. 2,36 III. 1,49 III. 1,49 IV. 1,00 IV. 1,00 V. 0,84	I. 3,91 II. 2,17 III. 1,37 IV. 1,00 V. 0,78
Automatic-Getriebe	Hydraulischer Wandler + 4 Gang-Planetengetriebe I. 4,25, II. 2,41, III. 1,49, IV. 1,00, Wandler 2,2-fach	
Antriebs-Übersetzung	3,23	3,64 (bei 5 Gang) 3,07 (bei Automatic)
Fahrwerk	Selbsttragende Ganzstahlkarosserie	
Vorderradaufhängung	Dämpferbein-Vorderachse, Dreieck-Querlenker, Schraubenfedern, Gasdruck-Stoßdämpfer, Drehstab-Stabilisator	
Hinterradaufhängung	»Raumlenker-Hinterachse«, beiderseits je 5 Stablenker, Schraubenfedern, Gasdruck-Stoßdämpfer, Drehstab-Stabilisator Auf Wunsch: Hydropneumatische Niveauregulierung	
Lenkung	Bis 1985: Kugelumlauf, 5 Lenkraddrehungen Auf Wunsch bzw. ab Sept. 1985 Serie: Servolenkung, 3 1/3 Lenkraddrehungen	Servolenkung, 3 1/3 Lenkraddrehungen
Fußbremse	Zweikreis-Hydraulik, Servohilfe, auf Wunsch ABS Scheibenbremsen vorn 262, hinten 258 mm Ø	
Handbremse	Mechanisch, Hinterräder	
Allgemeine Daten		
Radstand	2665 mm	2665 mm
Spur	1428/1415 mm	1437/1418 mm
Gesamtmaße	4420 × 1678 × 1383 mm	4420 × 1678 × 1390 mm
Felgen	5 J × 14 bzw. (ab Jan. 1985) 6 J × 15	6 J × 15
Reifen	175/70 R 14 - 82 T bzw. (ab Jan. 1985) 185/65 R 15 - 87 T	185/65 R 15 - 87 T
Wendekreis	10,6 Meter	10,6 Meter
Wagengewicht	1175 kg Automatic + 40 kg	1220 kg Automatic + 40 kg
Zuläss. Gesamtgewicht	1610 kg bzw. (ab Jan. 1985) 1640 kg	1675 kg
Höchstgeschwindigkeit	160 km/h	170 km/h
Beschleunigung 0–100 km/h	18,5 Automatic 19,5 sec	15,5, Automatic 16,5 sec
Verbrauch/100 km	8, Automatic 9 l Diesel	9, Automatic 10 l Diesel
Kraftstofftank	55 Liter (über Hinterachse)	55 Liter (über Hinterachse)

Mercedes-Benz Typ 190 E 2,3 – 16 Limousine 4 Türen (1984–1988)

Mercedes-Benz Typ 190 E Cabriolet 2 Türen
Umbau-Preis ca. 100 000 DM, mit 380 SE-Motor ca. 120 000 DM
Tuning-Schulz, Korschenbroich

	Mercedes-Benz Typ 190 E 2,3 (W 201 E 23) 1983–1988	Mercedes-Benz Typ 190 E 2,6 (W 201 E 26) 1986–1988	Mercedes-Benz Typ 190 E 2,3–16 (W 201 E 23–16) 1983–1988
Motor	Daimler-Benz M 102 E 2,3 Einspritzmotor	Daimler-Benz M 103 E 26 Einspritzmotor	Daimler-Benz M 102 E 2,3–16 16 Ventil-Einspritzmotor
Zylinderzahl	4 (Reihe)	6 (Reihe)	4 (Reihe)
Bohrung × Hub	95,5 × 80,25 mm	82,9 × 80,25 mm	95,5 × 80,25 mm
Hubraum	2299 ccm	2599 ccm	2299 ccm
Leistung	136 PS = 100 kW b. 5100 U/min bzw. mit Katalysator 132 PS = 97 kW b. 5100 U/min	166 PS = 122 kW b. 5800 U/min bzw. mit Katalysator 160 PS = 118 kW b. 5800 U/min	185 PS = 136 kW b. 6200 U/min bzw. mit Katalysator 170 PS = 125 kW b. 5800 U/min
Drehmoment	20,5 mkg bei 3500 U/min bzw. mit Katalysator 19,8 mkg bei 3500 U/min	22,8 mkg bei 4600 U/min bzw. mit Katalysator 22,0 mkg bei 4600 U/min	23,5 mkg bei 4500 U/min bzw. mit Katalysator 22 mkg bei 4750 U/min
Verdichtung	9,1:1	9,2:1	10,5:1 bzw. mit Katalysator 9,7:1
Gemischbereitung	Mech. Benzineinspritzung Bosch KE-Jetronic	Mech. Benzineinspritzung Bosch KE-Jetronic	Mech. Benzineinspritzung Bosch KE-Jetronic
Ventile	V-förmig, hängend 1 obenliegende Nockenwelle Antrieb durch Einfach-Kette	V-förmig, hängend 1 obenliegende Nockenwelle Antrieb durch Einfach-Kette	V-förmig, hängend 4 Ventile je Zylinder 2 obenliegende Nockenwellen Antrieb durch Einfach-Kette
Kurbelwellenlager	5	7	5
Kühlung	Pumpe, 8,5 Liter Wasser	Pumpe, 8,5 Liter Wasser	Pumpe, 8,5 Liter Wasser
Schmierung	Druckumlauf, 5 Liter Öl	Druckumlauf, 6 Liter Öl	Druckumlauf, 5 Liter Öl
Batterie	12 V 62 Ah (im Motorraum)	12 V 62 Ah (im Motorraum)	12 V 55 Ah (im Motorraum)
Lichtmaschine	Drehstrom 55 A = 770 W	Drehstrom 70 A	Drehstrom 55 A = 770 W
Kraftübertragung	Antrieb auf Hinterräder	Antrieb auf Hinterräder	Antrieb auf Hinterräder
Schaltgetriebe	5 Gang	5 Gang	5 Gang
Synchronisierung	I–V	I–V	I–V
Übersetzungen	I. 3,91 II. 2,32 III. 1,37 IV. 1,00 V. 0,78	I. 3,86 II. 2,18 III. 1,38 IV. 1,00 V. 0,80	I. 4,08 II. 2,51 III. 1,76 IV. 1,26 V. 1,00
Automatic-Getriebe	Hydraulischer Wandler + 4 Gang-Planetengetriebe I. 4,25, II. 2,41, III. 1,49, IV. 1,00, Wandler 2,2 fach		
Antriebs-Übersetzung	3,27	3,27	3,27 oder 3,07
Fahrwerk	Selbsttragende Ganzstahlkarosserie		
Vorderradaufhängung	Dämpferbein-Vorderachse, Dreieck-Querlenker, Schraubenfedern Gasdruck-Stoßdämpfer, Drehstab-Stabilisator		
Hinterradaufhängung	»Raumlenker-Hinterachse«, beiderseits je 5 Stablenker, Schraubenfedern Gasdruck-Stoßdämpfer, Drehstab-Stabilisator Auf Wunsch (bzw. Serie beim 190 E 2,3–16): Hydropneumatische Niveauregulierung		
Lenkung	Kugelumlauf-Servolenkung, $3^{1}/_{3}$ Lenkraddrehungen		
Fußbremse	Zweikreis-Hydraulik Servohilfe, auf Wunsch ABS Scheibenbremsen vorn 262, hinten 258 mm ⌀	Zweikreis-Hydraulik Servohilfe, auf Wunsch ABS Scheibenbremsen vorn 262, hinten 258 mm ⌀	Zweikreis-Hydraulik Servohilfe, auf Wunsch bzw. ab Sept. 1984 Serie: ABS-Scheibenbremsen vorn 284, hinten 258 mm ⌀
Allgemeine Daten			
Radstand	2665 mm	2665 mm	2665 mm
Spur vorn/hinten	1437/1418 mm	1437/1418 mm	1441/1427 mm
Gesamtmaße	4427 × 1678 × 1390 mm	4427 × 1678 × 1390 mm	4430 × 1706 × 1361 mm
Felgen	6 J × 15	6 J × 15	7 J × 15
Reifen	185/65 R 15 – 87 H	185/65 VR 15	205/55 VR 15
Wendekreis	10,6 Meter	10,6 Meter	10,8 Meter
Wagengewicht	1220 kg	1260 kg	1310 kg
Zuläss. Gesamtgewicht	1670 kg	1710 kg	1760 kg
Höchstgeschwindigkeit	195 km/h	210 km/h	220–235 km/h
Beschleunigung 0–100 km/h	11 sec	10 sec	8 sec
Verbrauch/100 km	11 Liter Super	12 Liter Super	12 Liter Super
Kraftstoffvorrat	55 Liter (über Hinterachse)	55 Liter (über Hinterachse)	70 Liter (über Hinterachse)

Mercedes-Benz Typ 190 D 2.5 Turbo 1986–1988

Mercedes-Benz Typ 200 bis 300 E (1984–1989)
Mercedes-Benz Typ 200 D bis 300 D (1984–1989)
Mercedes-Benz Typ 200 T bis 300 TE (1985–1989)
Mercedes-Benz Typ 200 TD bis 300 TD Turbo (1985–1989)

Im Gegensatz zu den 190er-Typen (Baureihe 201) wurde genau zwei Jahre später der neue Mittelklasse-Mercedes (Baureihe 124) vom Tag seines Erscheinens an zu einem vollen und tollen Erfolg. Der kleinere Vorgänger freilich hatte ihm den Weg bereitet, denn infolge der 190er war nun das Publikum sowohl an die augenblickliche Mode der rustikal schmucklosen Karosserien als auch an die schwindelerregenden Anschaffungspreise gewöhnt. Immerhin kann sich die Automobilindustrie in der Bundesrepublik angesichts der derzeit so überaus günstigen politischen und wirtschaftlichen Verhältnisse derart exzessive Kalkulationen erlauben.

Am 8. Dezember 1984 wurde die neue Baureihe 124 auf dem Markt eingeführt. Gegenüber der vorhergehenden Baureihe 123 zeigt sie sich in einer völlig neuen Konzeption. Das gilt ebenso für den Aufbau wie für das Fahrwerk und die Motoren. Der Aufbau und damit das äußere Erscheinungsbild des neuen Wagens haben große Ähnlichkeit mit dem kompakteren Typ 190, wobei freilich beim genauen Hinsehen doch recht deutliche Unterschiede erkennbar werden. Konstruktiv stimmt auch das Fahrwerk mit Dämpferbein-Vorderachse und Raumlenker-Hinterachse mit der kleineren Baureihe überein. In bezug auf die Motoren wurden nur bei den Typen 200 und 230 E die hervorragend bewährten Triebwerke vom Vorgän-

	Mercedes-Benz Typ 200 D (W 124) 1984–1989	Mercedes-Benz Typ 250 D (W 124) 1984–1989	Mercedes-Benz Typ 300 D (W 124) 1984–1989
Motor	Daimler-Benz OM 601 Vorkammer-Dieselmotor	Daimler-Benz OM 602 Vorkammer-Dieselmotor	Daimler-Benz OM 603 Vorkammer-Dieselmotor
Zylinderzahl	4 (Reihe)	5 (Reihe)	6 (Reihe)
Bohrung × Hub	87 × 84 mm	87 × 84 mm	87 × 84 mm
Hubraum	1997 ccm	2497 ccm	2996 ccm
Leistung	72 PS = 53 kW b. 4600 U/min	90 PS = 66 kW b. 4600 U/min	109 PS = 80 kW b. 4600 U/min
Drehmoment	12,3 mkg bei 2800 U/min	15,4 mkg bei 2800 U/min	18,5 mkg bei 2800 U/min
Verdichtung	22,0:1	22,0:1	22,0:1
Gemischbereitung	Bosch Vierstempel-Diesel- Reihen-Einspritzpumpe	Bosch Fünfstempel-Diesel- Reihen-Einspritzpumpe	Bosch Sechsstempel-Diesel- Reihen-Einspritzpumpe
Ventile	Hängend 1 obenliegende Nockenwelle Antrieb durch Duplex-Kette	Hängend 1 obenliegende Nockenwelle Antrieb durch Duplex-Kette	Hängend 1 obenliegende Nockenwelle Antrieb durch Duplex-Kette
Kurbelwellenlager	5	6	7
Kühlung	Pumpe, 7,2 Liter Wasser	Pumpe, 8,2 Liter Wasser	Pumpe, 8,5 Liter Wasser
Schmierung	Druckumlauf, 6,5 Liter Öl	Druckumlauf, 7 Liter Öl	Druckumlauf, 7,5 Liter Öl
Batterie	12 V 72 Ah (im Motorraum)	12 V 72 Ah (im Motorraum)	12 V 72 Ah (im Motorraum)
Lichtmaschine	Drehstrom 55 A = 770 W	Drehstrom 55 A = 770 W	Drehstrom 55 A = 770 W
Kraftübertragung	Antrieb auf Hinterräder	Antrieb auf Hinterräder	Antrieb auf Hinterräder
Schaltgetriebe	4 Gang 5 Gang	5 Gang	5 Gang
Synchronisierung	I–IV I–V	I–V	I–V
Übersetzungen	I. 4,23 I. 4,23	I. 4,23	I. 3,86
	II. 2,36 II. 2,36	II. 2,36	II. 2,18
	III. 1,49 III. 1,49	III. 1,49	III. 1,38
	IV. 1,00 IV. 1,00	IV. 1,00	IV. 1,00
	V. 0,84	V. 0,84	V. 0,80
Automatic-Getriebe	Wandler-4 Gang-Automatic Mercedes-Benz W 4 A 020	Wandler-4 Gang-Automatic Mercedes-Benz W 4 A 020	Wandler-4 Gang-Automatic Mercedes-Benz W 4 A 020
Übersetzungen	I. 4,25	I. 4,25	I. 4,25
	II. 2,41	II. 2,41	II. 2,41
	III. 1,49	III. 1,49	III. 1,49
	IV. 1,00	IV. 1,00	IV. 1,00
Antriebs-Übersetzung	3,42 (bei 4 Gang) 3,64 (bei 5 Gang) 3,42 (bei Automatic)	3,42 (bei 5 Gang) 3,07 (bei Automatic)	3,46 (bei 5 Gang) 2,88 (bei Automatic)
Fahrwerk	Selbsttragende Ganzstahlkarosserie		
Vorderradaufhängung	Dämpferbein-Vorderachse, Dreieck-Querlenker, Schraubenfedern Gasdruck-Stoßdämpfer, Drehstab-Stabilisator		
Hinterradaufhängung	»Raumlenker-Hinterachse«, beiderseits je 5 Stablenker, Schraubenfedern Gasdruck-Stoßdämpfer, Drehstab-Stabilisator Auf Wunsch: Hydropneumatische Niveauregulierung		
Lenkung	Kugelumlauf-Servolenkung, 3 1/3 Lenkraddrehungen		
Fußbremse	Zweikreis-Hydraulik, Servohilfe, auf Wunsch: ABS Scheibenbremsen vorn 284, hinten 258 mm ∅		
Handbremse	Mechanisch, Hinterräder		
Allgemeine Daten			
Radstand	2800 mm	2800 mm	2800 mm
Spur	1497/1488 mm	1497/1488 mm	1497/1488 mm
Gesamtmaße	4740 × 1740 × 1440 mm	4740 × 1740 × 1446 mm	4740 × 1740 × 1446 mm
Felgen	6 J × 15 H 2	6 1/2 J × 15 H 2	6 1/2 J × 15 H 2
Reifen	185/65 R 15 – 87 T	195/65 R 15 – 90 T	195/65 R 15 – 90 H
Wendekreis links/rechts	11,3/11,4 Meter	11,3/11,4 Meter	11,3/11,4 Meter
Wagengewicht	1340 kg Automatic + 40 kg	1380 kg Automatic + 40 kg	1430 kg Automatic + 40 kg
Zuläss. Gesamtgewicht	1800 kg	1840 kg	1890 kg
Höchstgeschwindigkeit	160 km/h	170 km/h	190 km/h
Beschleunigung 0–100 km/h	19,5, Automatic 20,5 sec	16,5, Automatic 17,5 sec	14, Automatic 14,5 sec
Verbrauch/100 km	8,5, Automatic 9,5 l Diesel	9,5, Automatic 10,5 l Diesel	10, Automatic 11 l Diesel
Kraftstofftank	70 Liter (über Hinterachse)	70 Liter (über Hinterachse)	70 Liter (über Hinterachse)

ger übernommen, während es sich beim 260 E und 300 E jetzt um Sechszylinder, und bei den Dieseltypen ebenfalls um eine neue Motorenfamilie handelt.

Die Produktion der Limousine, des inzwischen begehrtesten Wagens der gehobenen Mittelklasse auf dem deutschen Markt, begann in den letzten Monaten des Jahres 1984. Ein Jahr später folgten die auf der Frankfurter Automobil-Ausstellung 1985 vorgestellten Kombiwagen (»T-Limousinen«) und für das Frühjahr 1987 ist der Produktionsbeginn der Coupés 230 CE und 300 CE vorgesehen.

Ebenfalls auf der Frankfurter Automobil-Ausstellung 1985 wurde der automatisch einschaltende Vierrad-Antrieb (»4-Matic«) vorgestellt. Hier hat man es zweifellos mit der perfektesten Antriebs-Konzeption ihrer Art zu tun, aber auch mit der bei weitem teuersten. Doch hierzulande besteht im normalen Verkehrsalltag sowieso kaum jemals eine dringende Notwendigkeit für den Einsatz einer derart hochwertigen Technik. Liefermöglichkeit vorerst nur bei den Sechszylinder- Benzin- und Diesel-Typen der neuen Baureihe 124.

Motor

Zylinderzahl
Bohrung × Hub
Hubraum
Leistung

Drehmoment

Verdichtung
Gemischbereitung

Ventile

Kurbelwellenlager
Kühlung
Schmierung
Batterie
Lichtmaschine

Kraftübertragung
Schaltgetriebe
Synchronisierung
Übersetzungen

Automatic-Getriebe

Übersetzungen

Antriebs-Übersetzung

Fahrwerk
Vorderradaufhängung

Hinterradaufhängung

Lenkung
Fußbremse

Allgemeine Daten
Radstand
Spur
Gesamtmaße
Felgen
Reifen
Wendekreis links/rechts
Wagengewicht

Zuläss. Gesamtgewicht
Höchstgeschwindigkeit
Beschleunigung 0–100 km/h
Verbrauch/100 km
Kraftstofftank

Mercedes-Benz Typ 200 (W 124) 1984–1989	Mercedes-Benz Typ 230 E (W 124) 1984–1989	Mercedes-Benz Typ 260 E (W 124) 1984–1989	Mercedes-Benz Typ 300 E (W 124) 1984–1989
Daimler-Benz M 102	Daimler-Benz M 102	Daimler-Benz M 103	Daimler-Benz M 103
Vergasermotor	Einspritzmotor	Einspritzmotor	Einspritzmotor
4 (Reihe)	4 (Reihe)	6 (Reihe)	6 (Reihe)
89,0 × 80,25 mm	95,5 × 80,25 mm	82,9 × 80,25 mm	88,5 × 80,25 mm
1997 ccm	2299 ccm	2599 ccm	2962 ccm
109 PS = 80 kW b. 5200 U/min	136 PS = 100 kW b. 5100 U/min	170 PS = 125 kW b. 5800 U/min	188 PS = 138 kW b. 5700 U/min
bzw. mit Katalysator	bzw. mit Katalysator	bzw. mit Katalysator	bzw. mit Katalysator
105 PS = 77 kW b. 5500 U/min	132 PS = 97 kW b. 5100 U/min	160 PS = 118 kW b. 5800 U/min	180 PS = 132 kW b. 5700 U/min
17,0 mkg bei 2500 U/min	20,5 mkg bei 3500 U/min	22,8 mkg bei 4600 U/min	26,0 mkg bei 4400 U/min
bzw. mit Katalysator	bzw. mit Katalysator	bzw. mit Katalysator	bzw. mit Katalysator
16,0 mkg bei 3000 U/min	19,8 mkg bei 3500 U/min	22,0 mkg bei 4600 U/min	25,5 mkg bei 4400 U/min
9,1:1	9,1:1	9,2:1	9,2:1
1 Flachstromvergaser	Mech. Benzineinspritzung	Mech. Benzineinspritzung	Mech. Benzineinspritzung
Stromberg 175 CD	Bosch KE-Jetronic	Bosch KE-Jetronic	Bosch KE-Jetronic
	bzw. mit Katalysator		
	1 Fallstrom-Registervergaser		
	Pierburg-Electronic 2 E–E		
V-förmig hängend	V-förmig hängend	V-förmig hängend	V-förmig hängend
1 obenliegende Nockenwelle	1 obenliegende Nockenwelle	1 obenliegende Nockenwelle	1 obenliegende Nockenwelle
Antrieb durch Einfach-Kette	Antrieb durch Einfach-Kette	Antrieb durch Einfach-Kette	Antrieb durch Einfach-Kette
5	5	7	7
Pumpe, 8,5 Liter Wasser	Pumpe, 8,5 Liter Wasser	Pumpe, 8,5 Liter Wasser	Pumpe, 8,5 Liter Wasser
Druckumlauf, 5 Liter Öl	Druckumlauf, 5 Liter Öl	Druckumlauf, 6 Liter Öl	Druckumlauf, 6 Liter Öl
12 V 62 Ah (im Motorraum)	12 V 62 Ah (im Motorraum)	12 V 62 Ah (im Motorraum)	12 V 62 Ah (im Motorraum)
Drehstrom 55 A = 770 W	Drehstrom 55 A = 770 W	Drehstrom 70 A = 980 W	Drehstrom 70 A = 980 W
Antrieb auf Hinterräder	Antrieb auf Hinterräder	Antrieb auf Hinterräder	Antrieb auf Hinterräder
4 Gang 5 Gang	4 Gang 5 Gang	5 Gang	5 Gang
I–IV I–V	I–IV I–V	I–V	I–V
I. 3,91 I. 3,91	I. 3,91 I. 3,91	I. 3,86	I. 3,86
II. 2,17 II. 2,17	II. 2,17 II. 2,17	II. 2,18	II. 2,18
III. 1,37 III. 1,37	III. 1,37 III. 1,37	III. 1,38	III. 1,38
IV. 1,00 IV. 1,00	IV. 1,00 IV. 1,00	IV. 1,00	IV. 1,00
V. 0,78	V. 0,78	V. 0,80	V. 0,80
Wandler-4 Gang-Automatic	Wandler-4 Gang-Automatic	Wandler-4 Gang-Automatic	Wandler-4 Gang-Automatic
Mercedes-Benz W 4 A 020	Mercedes-Benz W 4 A 020	Mercedes-Benz W 4 A 020	Mercedes-Benz W 4 A 040
I. 4,25	I. 4,25	I. 4,25	I. 3,68
II. 2,41	II. 2,41	II. 2,41	II. 2,41
III. 1,49	III. 1,49	III. 1,49	III. 1,44
IV. 1,00	IV. 1,00	IV. 1,00	IV. 1,00
3,42	3,27	3,27	3,07

Selbsttragende Ganzstahlkarosserie
Dämpferbein-Vorderachse, Dreieck-Querlenker, Schraubenfedern
Gasdruck-Stoßdämpfer, Drehstab-Stabilisator
»Raumlenker-Hinterachse«, beiderseits je 5 Stablenker, Schraubenfedern
Gasdruck-Stoßdämpfer, Drehstab-Stabilisator
Auf Wunsch: Hydropneumatische Niveauregulierung
Kugelumlauf-Servolenkung, 3 1/3 Lenkraddrehungen
Zweikreis-Hydraulik, Servohilfe, auf Wunsch: ABS
Scheibenbremsen vorn 284, hinten 258 mm ∅

2800 mm	2800 mm	2800 mm	2800 mm
1497/1488 mm	1497/1488 mm	1497/1488 mm	1497/1488 mm
4740 × 1740 × 1440 mm	4740 × 1740 × 1446 mm	4740 × 1740 × 1446 mm	4740 × 1740 × 1446 mm
6 J × 15 H 2	6 1/2 J × 15 H 2	6 1/2 J × 15 H 2	6 1/2 J × 15 H 2
185/65 R 15 – 87 H	195/65 R 15 – 90 H	195/65 VR 15	195/65 VR 15
11,3/11,4 Meter	11,3/11,4 Meter	11,3/11,4 Meter	11,3/11,4 Meter
1320 kg	1340 kg	1390 kg	1400 kg
Automatic + 40 kg	Automatic + 40 kg	Automatic + 40 kg	Automatic + 40 kg
1780 kg	1800 kg	1850 kg	1860 kg
185 km/h	200 km/h	215 km/h	230 km/h
13, Automatic 13,5 sec	10,5 sec	9 sec	8,5 sec
12, Automatic 12,5 l Super	12 Liter Super	13 Liter Super	13,5 Liter Super
70 Liter	70 Liter	70 Liter	70 Liter
(über Hinterachse)	(über Hinterachse)	(über Hinterachse)	(über Hinterachse)

Preise		200	230 E	260 E	300 E	200 T	300 TE
Dezember 1984	DM	31 700,–	35 400,–	40 000,–	44 000,–	–	–
Dezember 1985	DM	33 200,–	37 200,–	42 700,–	47 000,–	38 100,–	51 600,–
		200 D	**250 D**	**300 D**	**200 TD**	**250 TD**	**300 TD Turbo**
Dezember 1984	DM	32 600,–	36 200,–	39 700,–	–	–	–
Dezember 1985	DM	34 300,–	38 000,–	41 700,–	39 500,–	42 800,–	54 600,–

Sonderausstattungen	
Dezember 1985	Automatisches Getriebe + DM 2300,– Elektrisches Schiebe-Hebe-Dach + DM 1700,– ABS (Antiblockiersystem) + DM 3100,– Airbag (Luftkissen) + DM 2250,– Katalysator (nur bei Benzin-Motoren) + DM 1825,– Zentralverriegelung + DM 600,– 4-Matic (nur bei 6 Zylinder-Motoren) + DM 13 300,–

Produktion	1984	1985	1986	1987	1988	1989	1990
200	811	21 688					
200 E	–	1 009					
230 E	1 324	44 697					
260 E	17	5 045					
300 E	16	2 938					
300 E 4-Matic	–	9					
200 D	1 034	28 109					
250 D	13	18 250					
300 D	269	15 035					
300 D 4-Matic	–	2					
300 D Turbo	–	16					
200 T	–	77					
230 TE Fahrgestell	–	712					
300 TE	–	129					
300 TE 4-Matic	–	–					
200 TD	–	342					
250 TD Fahrgestell	–	413					
300 TD Turbo	–	2					

	Mercedes-Benz Typ 260 E 4-Matic (W 124) 1986–1989	Mercedes-Benz Typ 300 E 4-Matic (W 124) 1986–1989	Mercedes-Benz Typ 300 D 4-Matic (W 124) 1986–1989
Motor	Daimler-Benz M 103 Einspritzmotor	Daimler-Benz M 103 Einspritzmotor	Daimler-Benz OM 603 Vorkammer-Dieselmotor
Zylinderzahl	6 (Reihe)	6 (Reihe)	6 (Reihe)
Bohrung × Hub	82,9 × 80,25 mm	88,5 × 80,25 mm	87 × 84 mm
Hubraum	2599 ccm	2962 ccm	2996 ccm
Leistung	170 PS = 125 kW b. 5800 U/min bzw. mit Katalysator 160 PS = 118 kW b. 5800 U/min	188 PS = 138 kW b. 5700 U/min bzw. mit Katalysator 180 PS = 132 kW b. 5700 U/min	109 PS = 80 kW b. 4600 U/min
Drehmoment	22,8 mkg bei 4600 U/min bzw. mit Katalysator 22,0 mkg bei 4600 U/min	26,0 mkg bei 4400 U/min bzw. mit Katalysator 25,5 mkg bei 4400 U/min	18,5 mkg bei 2800 U/min
Verdichtung	9,2:1	9,2:1	22,0:1
Gemischbereitung	Mech. Benzineinspritzung Bosch KE-Jetronic	Mech. Benzineinspritzung Bosch KE-Jetronic	Bosch Sechsstempel-Diesel-Reihen-Einspritzpumpe
Ventile	V-förmig hängend 1 obenliegende Nockenwelle Antrieb durch Einfach-Kette	V-förmig hängend 1 obenliegende Nockenwelle Antrieb durch Einfach-Kette	Hängend 1 obenliegende Nockenwelle Antrieb durch Duplex-Kette
Kurbelwellenlager	7	7	7
Kühlung	Pumpe, 8,5 Liter Wasser	Pumpe, 8,5 Liter Wasser	Pumpe, 8,5 Liter Wasser
Schmierung	Druckumlauf, 6 Liter Öl	Druckumlauf, 6 Liter Öl	Druckumlauf, 7,5 Liter Öl
Batterie	12 V 62 Ah (im Motorraum)	12 V 62 Ah (im Motorraum)	12 V 72 Ah (im Motorraum)
Lichtmaschine	Drehstrom 70 A = 980 W	Drehstrom 70 A = 980 W	Drehstrom 55 A = 770 W
Kraftübertragung	Allrad-Antrieb 4-Matic: Antrieb auf Hinterräder + bei Bedarf automatisch zuschaltender Antrieb auf Vorderräder Kraftverteilung vorn 35, hinten 65 % Automatisches Sperrdifferential ASD im Verteilergetriebe und in der Hinterachse		
Schaltgetriebe	5 Gang		
Synchronisierung	I–V		
Übersetzungen	I. 3,86, II. 2,18, III. 1,38, IV. 1,00, V. 0,80		
Automatic-Getriebe	Wandler-4 Gang-Automatic Mercedes-Benz W 4 A 020	Wandler-4 Gang-Automatic Mercedes-Benz W 4 A 040	Wandler-4 Gang-Automatic Mercedes-Benz W 4 A 020
Übersetzungen	I. 4,25 II. 2,41 III. 1,49 IV. 1,00	I. 3,68 II. 2,41 III. 1,44 IV. 1,00	I. 4,25 II. 2,41 III. 1,49 IV. 1,00
Antriebs-Übersetzung	3,27	3,07	3,46 (bei 5 Gang) 2,88 (bei Automatic)
Fahrwerk	Selbsttragende Ganzstahlkarosserie		
Vorderradaufhängung	Dämpferbein-Vorderachse, Dreieck-Querlenker, Schraubenfedern Gasdruck-Stoßdämpfer, Drehstab-Stabilisator		
Hinterradaufhängung	»Raumlenker-Hinterachse«, beiderseits je 5 Stablenker, Schraubenfedern Gasdruck-Stoßdämpfer, Drehstab-Stabilisator Auf Wunsch: Hydropneumatische Niveauregulierung		
Lenkung	Kugelumlauf-Servolenkung, $3^{1}/_{3}$ Lenkraddrehungen		
Fußbremse	Zweikreis-Hydraulik, Servohilfe, ABS Scheibenbremsen vorn 284, hinten 258 mm ⌀		
Handbremse	Mechanisch, Hinterräder		
Allgemeine Daten			
Radstand	2800 mm	2800 mm	2800 mm
Spur	1497/1488 mm	1497/1488 mm	1497/1488 mm
Gesamtmaße	4740 × 1740 × 1446 mm	4740 × 1740 × 1446 mm	4740 × 1740 × 1446 mm
Felgen	$6^{1}/_{2}$ J × 15 H 2	$6^{1}/_{2}$ J × 15 H 2	$6^{1}/_{2}$ J × 15 H 2
Reifen	195/65 VR 15	195/65 VR 15	195/65 R 15 – 90 H
Wendekreis links/rechts	11,3/11,4 Meter	11,3/11,4 Meter	11,3/11,4 Meter
Wagengewicht	1490 kg Automatic + 40 kg	1500 kg Automatic + 40 kg	1530 kg Automatic + 40 kg
Zuläss. Gesamtgewicht			
Höchstgeschwindigkeit	215 km/h	230 km/h	190 km/h
Beschleunigung 0–100 km/h	9,5 sec	9 sec	15, Automatic 15,5 sec
Verbrauch/100 km	14 l Super	14,5 l Super	11, Automatic 12 l Diesel
Kraftstofftank	70 Liter (über Hinterachse)	70 Liter (über Hinterachse)	70 Liter (über Hinterachse)

Mercedes-Benz Typ 300 TD Turbo
Kombi 4 Türen
1985–1989

Mercedes-Benz Typ 300 TE
Kombi 4 Türen
1985–1989

Motor

Zylinderzahl
Bohrung × Hub
Hubraum
Leistung

Drehmoment

Verdichtung
Gemischbereitung

Ventile

Kurbelwellenlager
Kühlung
Schmierung
Batterie
Lichtmaschine

Kraftübertragung
Schaltgetriebe
Synchronisierung
Übersetzungen

Automatic-Getriebe

Übersetzungen

Antriebs-Übersetzung

Fahrwerk
Vorderradaufhängung

Hinterradaufhängung

Lenkung
Fußbremse

Allgemeine Daten
Radstand
Spur
Gesamtmaße
Felgen
Reifen
Wendekreis links/rechts
Wagengewicht

Zuläss. Gesamtgewicht
Höchstgeschwindigkeit
Beschleunigung 0–100 km/h
Verbrauch/100 km
Kraftstofftank

Mercedes-Benz Typ 200 T (W 124 S) 1985–1989	Mercedes-Benz Typ 230 TE (W 124 S) 1985–1989	Mercedes-Benz Typ 300 TE (W 124 S) 1985–1989	Mercedes-Benz Typ 300 TE 4-Matic (W 124 S) 1986
Daimler-Benz M 102	Daimler-Benz M 102	Daimler-Benz M 103	
Vergasermotor	Einspritzmotor	Einspritzmotor	
4 (Reihe)	4 (Reihe)	6 (Reihe)	
89,0 × 80,25 mm	95,5 × 80,25 mm	88,5 × 80,25 mm	
1997 ccm	2299 ccm	2962 ccm	
109 PS = 80 kW b. 5200 U/min	136 PS = 100 kW b. 5100 U/min	188 PS = 138 kW b. 5700 U/min	
bzw. mit Katalysator	bzw. mit Katalysator	bzw. mit Katalysator	
105 PS = 77 kW b. 5500 U/min	132 PS = 97 kW b. 5100 U/min	180 PS = 132 kW b. 5700 U/min	
17,0 mkg bei 2500 U/min	20,5 mkg bei 3500 U/min	26,0 mkg bei 4400 U/min	
bzw. mit Katalysator	bzw. mit Katalysator	bzw. mit Katalysator	
16,5 mkg bei 3000 U/min	19,8 mkg bei 3500 U/min	25,5 mkg bei 4400 U/min	
9,1:1	9,1:1	9,2:1	
1 Flachstromvergaser	Mech. Benzineinspritzung	Mech. Benzineinspritzung	
Stromberg 175 CD	Bosch KE-Jetronic	Bosch KE-Jetronic	
bzw. mit Katalysator			
1 Fallstrom-Registervergaser			
Pierburg-Electronic 2 E–E			
V-förmig hängend	V-förmig hängend	V-förmig hängend	
1 obenliegende Nockenwelle	1 obenliegende Nockenwelle	1 obenliegende Nockenwelle	
Antrieb durch Einfach-Kette	Antrieb durch Einfach-Kette	Antrieb durch Einfach-Kette	
5	5	7	
Pumpe, 8,5 Liter Wasser	Pumpe, 8,5 Liter Wasser	Pumpe, 8,5 Liter Wasser	
Druckumlauf, 5 Liter Öl	Druckumlauf, 5 Liter Öl	Druckumlauf, 6 Liter Öl	
12 V 62 Ah (im Motorraum)	12 V 62 Ah (im Motorraum)	12 V 62 Ah (im Motorraum)	
Drehstrom 55 A = 770 W	Drehstrom 55 A = 770 W	Drehstrom 70 A = 980 W	
Antrieb auf Hinterräder	Antrieb auf Hinterräder	Antrieb auf Hinterräder	Allrad-Antrieb »4-Matic«
4 Gang / 5 Gang	4 Gang / 5 Gang	5 Gang	
I–IV / I–V	I–IV / I–V	I–V	
I. 3,91 / I. 3,91	I. 3,91 / I. 3,91	I. 3,86	
II. 2,17 / II. 2,17	II. 2,17 / II. 2,17	II. 2,18	
III. 1,37 / III. 1,37	III. 1,37 / III. 1,37	III. 1,38	
IV. 1,00 / IV. 1,00	IV. 1,00 / IV. 1,00	IV. 1,00	
V. 0,78	V. 0,78	V. 0,80	
Wandler-4 Gang-Automatic	Wandler-4 Gang-Automatic	Wandler-4 Gang-Automatic	
Mercedes-Benz W 4 A 020	Mercedes-Benz W 4 A 020	Mercedes-Benz W 4 A 040	
I. 4,25	I. 4,25	I. 3,68	
II. 2,41	II. 2,41	II. 2,41	
III. 1,49	III. 1,49	III. 1,44	
IV. 1,00	IV. 1,00	IV. 1,00	
3,64	3,46	3,27	

Selbsttragende Ganzstahlkarosserie
Dämpferbein-Vorderachse, Dreieck-Querlenker, Schraubenfedern
Gasdruck-Stoßdämpfer, Drehstab-Stabilisator
»Raumlenker-Hinterachse«, beiderseits je 5 Stablenker, Schraubenfedern
Gasdruck-Stoßdämpfer, Drehstab-Stabilisator
Hydropneumatische Niveauregulierung
Kugelumlauf-Servolenkung (15,44:1), 3 1/3 Lenkraddrehungen
Zweikreis-Hydraulik, Servohilfe, auf Wunsch (bzw. Serie bei »4-Matic«): ABS
Scheibenbremsen vorn 284, hinten 278 mm Ø

2800 mm	2800 mm	2800 mm	2800 mm
1497/1491 mm	1497/1491 mm	1497/1491 mm	1497/1491 mm
4765 × 1740 × 1490 mm	4765 × 1740 × 1490 mm	4765 × 1740 × 1490 mm	4765 × 1740 × 1490 mm
6 1/2 J × 15 H 2	6 1/2 J × 15 H 2	6 1/2 J × 15 H 2	6 1/2 J × 15 H 2
195/65 R 15 – 91 T	195/65 R 15 – 91 H	195/65 VR 15	195/65 VR 15
11,3/11,4 Meter	11,3/11,4 Meter	11,3/11,4 Meter	11,3/11,4 Meter
1450 kg	1460 kg	1530 kg	1630 kg
Automatic + 40 kg	Automatic + 40 kg	Automatic + 40 kg	Automatic + 40 kg
2010 kg	2020 kg	2090 kg	
175 km/h	190 km/h	215 km/h	215 km/h
14, Automatic 14,5 sec	11,5 sec	9 sec	9 sec
13, Automatic 13,5 l Super	13 Liter Super	14,5 Liter Super	15 Liter Super
70 Liter (hinter Hinterachse)	70 Liter (hinter Hinterachse)	70 Liter (hinter Hinterachse)	70 Liter (hinter Hinterachse)

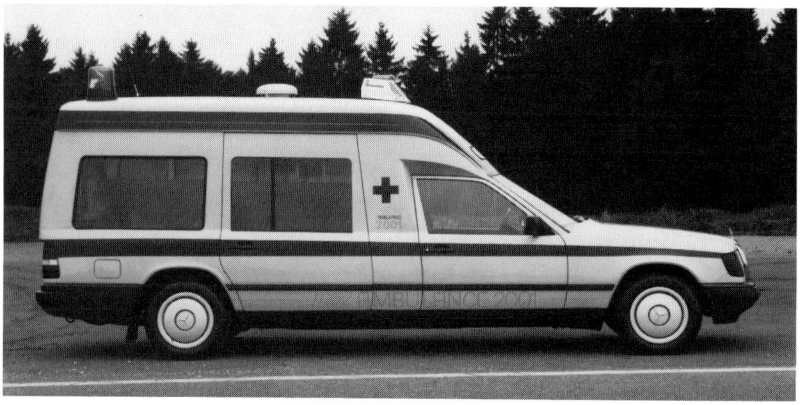

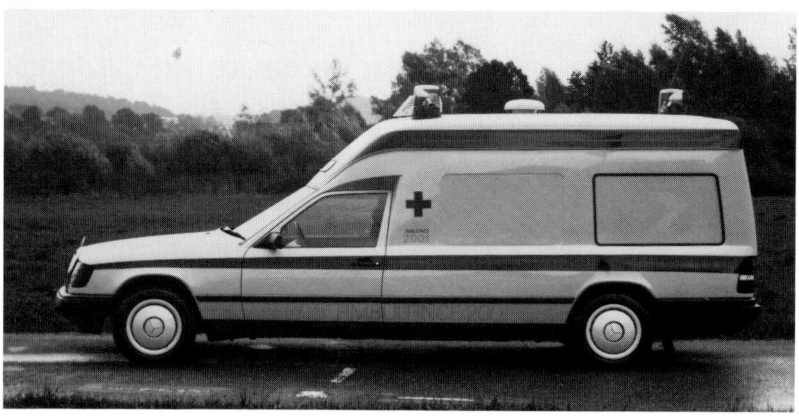

Mercedes-Benz Baureihe 124
Krankenwagen (langer Radstand)
Aufbau Binz, 1985

Motor

Zylinderzahl
Bohrung × Hub
Hubraum
Leistung
Drehmoment
Verdichtung
Gemischbereitung

Ventile

Kurbelwellenlager
Kühlung
Schmierung
Batterie
Lichtmaschine

Kraftübertragung
Schaltgetriebe
Synchronisierung
Übersetzungen

Automatic-Getriebe

Übersetzungen

Antriebs-Übersetzung

Fahrwerk
Vorderradaufhängung

Hinterradaufhängung

Lenkung
Fußbremse

Handbremse

Allgemeine Daten
Radstand
Spur
Gesamtmaße
Felgen
Reifen
Wendekreis links/rechts
Wagengewicht

Zuläss. Gesamtgewicht
Höchstgeschwindigkeit
Beschleunigung 0–100 km/h
Verbrauch/100 km
Kraftstofftank

Mercedes-Benz Typ 200 TD (W 124 S) 1985–1989	Mercedes-Benz Typ 250 TD (W 124 S) 1985–1989	Mercedes-Benz Typ 300 TD Turbo (W 124 S) 1985–1989	Mercedes-Benz Typ 300 TD Turbo 4-Matic (W 124 S) 1986–1989
Daimler-Benz OM 601	Daimler-Benz OM 602	Daimler-Benz OM 603 A	
Vorkammer-Dieselmotor	Vorkammer-Dieselmotor	Vorkammer-Dieselmotor mit Abgas-Turbolader	
4 (Reihe)	5 (Reihe)	6 (Reihe)	
87 × 84 mm	87 × 84 mm	87 × 84 mm	
1997 ccm	2497 ccm	2966 ccm	
72 PS = 53 kW bei 4600 U/min	90 PS = 66 kW bei 4600 U/min	143 PS = 105 kW bei 4600 U/min	
12,3 mkg bei 2800 U/min	15,4 mkg bei 2800 U/min	27,0 mkg bei 2800 U/min	
22,0:1	22,0:1	22,0:1	
Bosch Vierstempel-Diesel-Reihen-Einspritzpumpe	Bosch Fünfstempel-Diesel-Reihen-Einspritzpumpe	Bosch Sechsstempel-Diesel-Reihen-Einspritzpumpe	
Hängend	Hängend	Hängend	
1 obenliegende Nockenwelle	1 obenliegende Nockenwelle	1 obenliegende Nockenwelle	
Antrieb durch Duplex-Kette	Antrieb durch Duplex-Kette	Antrieb durch Duplex-Kette	
5	6	7	
Pumpe, 7,2 Liter Wasser	Pumpe, 8,2 Liter Wasser	Pumpe, 8,5 Liter Wasser	
Druckumlauf, 6,5 Liter Öl	Druckumlauf, 7 Liter Öl	Druckumlauf, 8 Liter Öl	
12 V 72 Ah (im Motorraum)	12 V 72 Ah (im Motorraum)	12 V 72 Ah (im Motorraum)	
Drehstrom 55 A = 770 W	Drehstrom 55 A = 770 W	Drehstrom 55 A = 770 W	
Antrieb auf Hinterräder	Antrieb auf Hinterräder	Antrieb auf Hinterräder	Allrad-Antrieb »4-Matic«
5 Gang	5 Gang	nicht lieferbar	
I–IV	I–V		
I. 3,91	I. 3,91		
II. 2,17	II. 2,17		
III. 1,37	III. 1,37		
IV. 1,00	IV. 1,00		
V. 0,78	V. 0,78		
Wandler-4 Gang-Automatic	Wandler-4 Gang-Automatic	Wandler-4 Gang-Automatic	
Mercedes-Benz W 4 A 020	Mercedes-Benz W 4 A 020	Mercedes-Benz W 4 A 040	
I. 4,25	I. 4,25	I. 3,68	
II. 2,41	II. 2,41	II. 2,41	
III. 1,49	III. 1,49	III. 1,44	
IV. 1,00	IV. 1,00	IV. 1,00	
3,91 (bei 5 Gang)	3,91 (bei 5 Gang)	2,65	
3,64 (bei Automatic)	3,23 (bei Automatic)		

Selbsttragende Ganzstahlkarosserie
Dämpferbein-Vorderachse, Dreieck-Querlenker, Schraubenfedern
Gasdruck-Stoßdämpfer, Drehstab-Stabilisator
»Raumlenker-Hinterachse«, beiderseits je 5 Stablenker, Schraubenfedern
Gasdruck-Stoßdämpfer, Drehstab-Stabilisator
Hydraulische Niveauregulierung
Kugelumlauf-Servolenkung (15,44:1), 3 1/3 Lenkraddrehungen
Zweikreis-Hydraulik, Servohilfe,
auf Wunsch (bzw. Serie bei »4-Matic«): ABS
Scheibenbremsen vorn 284, hinten 278 mm Ø
Mechanisch, Hinterräder

2800 mm	2800 mm	2800 mm	2800 mm
1497/1491 mm	1497/1491 mm	1497/1491 mm	1497/1491 mm
4765 × 1740 × 1490 mm	4765 × 1740 × 1490 mm	4765 × 1740 × 1490 mm	4765 × 1740 × 1490 mm
6 1/2 J × 15 H 2	6 1/2 J × 15 H 2	6 1/2 J × 15 H 2	6 1/2 J × 15 H 2
195/65 R 15 – 91 T	195/65 R 15 – 91 T	195/65 R 15 – 91 H	195/65 R 15 – 91 H
11,3/11,4 Meter	11,3/11,4 Meter	11,3/11,4 Meter	11,3/11,4 Meter
1470 kg	1500 kg	1600 kg	1700 kg
Automatic + 40 kg	Automatic + 40 kg		
2030 kg	2060 kg	2160 kg	
150 km/h	160 km/h	190 km/h	190 km/h
21,5, Automatic 22,5 sec	17,5, Automatic 18,5 sec	12 sec	12 sec
9,5, Automatic 10,5 l Diesel	10,5, Automatic 11,5 l Diesel	13 l Diesel	13,5 l Diesel
70 Liter	70 Liter	70 Liter	70 Liter
(hinter Hinterachse)	(hinter Hinterachse)	(hinter Hinterachse)	(hinter Hinterachse)

Produktionsbeginn und Markteinführung des Mercedes-Benz Coupés der Baureihe 124 (Typ 230 CE und Typ 300 CE) erfolgten im Frühjahr 1987. Der erste öffentliche Auftritt findet auf dem Genfer Automobil-Salon statt.

Zur Frankfurter Automobil-Austellung im September 1987 wird der völlig neue Tourensportwagen der SL-Reihe (Baureihe 129) erwartet. Der derzeit noch produzierte Vorgänger (jetzige Typen 300 SL, 420 SL, 500 SL) wird dann 16 Jahre alt sein! Auch der neue SL erscheint wieder als Roadster mit abnehmbarem Coupédach. Die Bilder zeigen einen nur noch wenig getarnten Erlkönig bei Hitzetests in Amerika.

Mercedes-Benz Typ 280 S, 280 SE, 280 SEL (1979–1985)
Mercedes-Benz Typ 260 SE, 300 SE, 300 SEL (1985–1991)
Mercedes-Benz Typ 380 SE, 380 SEL, 380 SEC (1979–1985)
Mercedes-Benz Typ 420 SE, 420 SEL, 420 SEC (1985–1991)
Mercedes-Benz Typ 500 SE, 500 SEL, 500 SEC (1979–1986)
Mercedes-Benz Typ 560 SEL, 560 SEC (1985–1992)

Die ursprüngliche Ausführung der heutigen S-Klasse (werksintern: Baureihe 126) wurde auf der Frankfurter Automobil-Ausstellung im September 1979 vorgestellt. Wichtigstes Konstruktionsziel für diese damals weitgehend neu konzipierte Typenfamilie war die Verringerung des Gewichtes und des Luftwiderstands, um den Kraftstoffverbrauch möglichst noch weiter zu verringern. Ob freilich ein bißchen Verbrauch mehr oder weniger für Besitzer eines Wagens der S-Klasse von so großer Wichtigkeit ist, erscheint doch fraglich, zumal die Kostenrechnung hiervon weit weniger beeinflußt wird als durch den immensen Entwicklungsaufwand, welchen selbst eine geringfügige Gewichtsverminderung erfordert und der sich im Listenpreis des Wagens sehr nachdrücklich auswirkt. Ebenso dürfte bei der Verringerung des Luftwiderstands inzwischen jene Grenze erreicht sein, wo der theoretische Erfolg durch praktische Nachteile in bezug auf Bequemlichkeit und Komfort mehr als aufgezehrt wird. Ungeachtet solcher Erwägungen zählen freilich die Wagen der S-Klasse nach wie vor zu den Spitzenautomobilen, und in ihrer Art sind sie zweifellos die besten der Welt. Saubere Verarbeitung und perfekte Technik, Zuverlässigkeit, Dauerhaftigkeit und Anspruchslosigkeit, überlegene Fahrleistungen und unübertroffene Fahreigenschaften bei müheloser Bedienbarkeit, größtmögliche innere Sicherheit auf der einen, selbstverständliches Prestige auf der anderen Seite zeichnen in einzigartiger Kombination diese wirklich ganz und gar erstklassigen Automobile aus. Im Vergleich zur vorhergehenden wirkt die jetzige S-Klasse äußerlich schmuckloser und vielleicht auch funktioneller, wobei die Schaumstoffblenden der unteren Karosserieflächen zwar nicht unbedingt schön aussehen, aber gewiß von Nutzen sind. Die Motorenstaffel war zunächst nahezu unverändert vom Vorgänger übernommen worden, wobei man lediglich den 4,5 Liter auf 5 Liter Hubraum aufgebohrt hatte.

Eine gründliche Überarbeitung der Achtzylinder-Motoren erfolgte zum Herbst 1981. Die gleichzeitige Verlängerung der Antriebsübersetzungen bezweckte und erreichte eine deutliche Reduzierung des Verbrauchs. Beim 3,8 Liter änderte man sogar ohne viel Aufhebens

Preise		280 S	280 SE	380 SE	500 SE	500 SEL	500 SEC
September 1979	DM	37 800,–	40 800,–	46 700,–	50 700,–	56 200,–	–
März 1980	DM	39 300,–	42 300,–	48 500,–	52 700,–	58 400,–	–
August 1980	DM	40 000,–	43 000,–	49 400,–	54 100,–	59 500,–	–
September 1981	DM	41 600,–	44 900,–	51 800,–	56 600,–	62 200,–	73 900,–
Januar 1982	DM	42 700,–	46 200,–	53 200,–	58 200,–	63 900,–	75 900,–
September 1982	DM	44 500,–	48 100,–	55 400,–	60 400,–	66 300,–	79 000,–
September 1983	DM	46 300,–	50 000,–	57 500,–	62 600,–	68 700,–	82 400,–
Januar 1984	DM	47 400,–	51 200,–	59 100,–	64 300,–	70 600,–	85 400,–
Dezember 1984	DM	48 800,–	52 700,–	63 700,–	69 700,–	76 200,–	91 400,–
		260 SE	**300 SE**	**420 SE**	**500 SEL**	**560 SEL**	**500 SEC**
September 1985	DM	53 200,–	57 600,–	70 700,–	83 900,–	121 400,–	100 400,–
Dezember 1985	DM	54 200,–	58 600,–	71 900,–	85 500,–	121 400,–	102 200,–

Alle Preise einschließlich Automatic

Mercedes-Benz S-Klasse Limousine 4 Türen 1979 – 1985

Produktion	1979	1980	1981	1982	1983	1984	1985
280 S	408	6 348	7 212	8 761	8 568	6 203	5 496
280 SE	812	22 482	26 654	23 287	25 229	22 656	12 835
280 SEL	1	887	2 423	3 843	4 302	4 598	4 601
260 SE							2 222
300 SE							5 432
300 SEL							1 379
380 SE	217	7 935	8 603	7 429	8 147	14 618	11 290
380 SEL	1	1 648	6 726	8 496	6 270	2 016	1 857
420 SE							1 689
420 SEL							6 102
500 SE	149	5 312	3 308	3 349	3 646	2 790	3 194
500 SEL	2	2 206	5 942	8 966	12 095	14 808	12 751
560 SEL							2 097
300 SD	3	4 857	16 595	18 122	20 291	12 546	6 311
300 SDL							47
380 SEC		3	945	4 393	3 829	1 310	787
420 SEC							273
500 SEC		1	726	4 059	6 058	6 664	5 865
560 SEC							989

die Zylinderabmessungen, wobei freilich trotz solchen Aufwands das Schicksal dieses Triebwerks bestehen blieb, zwischen dem 280 S einerseits und dem 500 SEL andererseits kein sonderlich attraktives Angebot darzustellen. Der ganz famose 280 S übrigens stand hier wie schon bei den vorhergehenden Baureihen viel zu sehr im Schatten des 280 SE, was größtenteils auf die Fehlinformation des Publikums durch unsinnige Vorurteile zweier großer Autozeitschriften zurückzuführen war.

Ebenfalls auf der Frankfurter Automobil-Ausstellung im September 1981 wurde ein völlig neues Familien-Coupé als Typ 380 SEC und Typ 500 SEC vorgestellt. Es übernahm die Nachfolge der zum gleichen Zeitpunkt aus der Produktion genommenen SLC-Coupés, denen gegenüber das neue Modell viel eindrucksvoller und stattlicher aussieht.

Mehr denn je zuvor werden abgewandelte Wagen der S-Klasse nachgefragt. Dies gilt vor allem für »beschußgesicherte« Limousinen, von welchen Daimler-Benz jährlich etwa 100 Stück an Politiker sowie andere attentats- oder entführungsgefährdete Persönlichkeiten liefert. (Einige weitere Wagen werden von darauf spezialisierten Karosseriefirmen im In- und Ausland entsprechend umgebaut.) Gepanzerte Limousinen sind von der serienmäßigen Normalausführung äußerlich kaum zu unterscheiden. Aber ihr Gewicht ist etwa um die Hälfte höher, und die Höchstgeschwindigkeit muß wegen der Reifen auf 180 km/h beschränkt bleiben. Der Mehrpreis für ein solches Auto beträgt mindestens 150 000 DM.

Die zweite Halbzeit der derzeitigen S-Klasse begann anläßlich der Frankfurter Automobil-Ausstellung im September 1985. Sowohl innen wie außen ließ man dem Wagen zahlreiche kleine Änderungen und Verbesserungen angedeihen, die aber alle zusammen relativ wenig Bedeutung besitzen. Daß die seitlichen Verkleidungen an der Karosserie nunmehr glattflächig statt geriffelt sind, ist insofern wichtig, weil dies äußerlich das wichtigste Merkmal der modifizierten S-Klasse darstellt. Echt neu hingegen präsentiert sich deren Motorenangebot. Von der Mittelklasse-Baureihe 124 hat man die neuen 2,6 und 3 Liter Sechszylinder-Motoren übernommen, womit der seitherige 2,8 Liter (und damit leider auch der Vergaser-Typ 280 S) entfiel. Bei den Achtzylindern wurde der 3,8 auf 4,2 Liter vergrößert, der 5 Liter erhielt etliche Detailverbesserungen, und dazu kam nun als Krönung des Programms ein 5,6 Liter-V8, ein 5 Liter mit größerer Kurbelwelle. Eine weitere Errungenschaft ist der Übergang von 14 auf 15 Zoll-Felgen mit entsprechend größeren Reifen und Scheibenbremsen.

Die derzeitige S-Klasse wurde bis Mitte 1991 produziert.

Motor

Zylinderzahl
Bohrung × Hub
Hubraum
Leistung
Drehmoment
Verdichtung
Gemischbildung

Zündung
Ventile

Kurbelwellenlager
Kühlung
Schmierung
Batterie
Lichtmaschine

Kraftübertragung
Getriebe

Antriebs-Übersetzung

Fahrwerk
Vorderradaufhängung

Hinterradaufhängung

Lenkung
Fußbremse

Allgemeine Daten
Radstand
Spur vorn/hinten
Gesamtmaße
Felgen
Reifen
Wendekreis links/rechts
Wagengewicht
Zuläss. Gesamtgewicht
Höchstgeschwindigkeit
Beschleunigung 0–100 km/h
Verbrauch/100 km

Kraftstofftank

Mercedes-Benz Typ 280 S (W 126 V 28) 1979 – 1985	Mercedes-Benz Typ 280 SE (W 126 E 28) 1979 – 1985	Mercedes-Benz Typ 280 SEL (W 126 E 28) 1978 – 1985	Mercedes-Benz Typ 300 SD Turbodiesel (W 126 D 30 A) 1979 – 1985
Daimler-Benz M 110 Vergasermotor	Daimler-Benz M 110 Einspritzmotor		Daimler-Benz OM 617 Vorkammer-Dieselmotor mit Abgas-Turbolader
6 (Reihe)	6 (Reihe)		5 (Reihe)
86 × 78,8 mm	86 × 78,8 mm		90,9 × 92,4 mm
2746 (Steuer 2717) ccm	2746 (Steuer 2717) ccm		2998 ccm
156 PS (115 kW) b. 5500 U/min	185 PS (136 kW) b. 5800 U/min		125 PS (92 kW) b. 4350 U/min
22,7 mkg bei 4000 U/min	24,5 mkg bei 4500 U/min		25 mkg bei 2400 U/min
9,0	9,0		21,5
1 Doppel-Register-Fallstromvergaser Solex 4 A 1 mit Startautomatik	Mechanische Bosch K-Jetronic Einspritzung		Bosch Fünfstempel-Pumpe Garrett Abgas-Turbolader
Batteriezündung	Transistorzündung		Selbstzündung
Hängend	Hängend		Hängend
2 obenliegende Nockenwellen	2 obenliegende Nockenwellen		1 obenliegende Nockenwelle
Antrieb durch Duzplex-Kette	Antrieb durch Duplex-Kette		Antrieb durch Duplex-Kette
7	7		6
Pumpe, 12 Liter Wasser	Pumpe, 12 Liter Wasser		Pumpe, 12 Liter Wasser
Druckumlauf, 6 Liter Öl	Druckumlauf, 6 Liter Öl		Druckumlauf, 8,6 Liter Öl
12 V 55 Ah (im Motorraum)	12 V 55 Ah (im Motorraum)		12 V 88 Ah (im Motorraum)
Drehstrom 55 A (770 W)	Drehstrom 55 A (770 W)		Drehstrom 55 A (770 W)

Antrieb auf Hinterräder, Gelenkwelle zweiteilig
Automatic, Wählhebel Wagenmitte
Hydraulischer Wandler + 4 Gang-Planetengetriebe
Alle Modelle (außer 300 SD) ebenso mit 4 Gang- oder (ab Herbst 1981) auch mit 5 Gang-Schaltgetriebe
3,46 (300 SD: 3,07)

Selbsttragende Ganzstahlkarosserie
Doppel-Querlenker, Schraubenfedern
Gummi-Zusatzfedern, Drehstab-Stabilisator
Diagonal-Pendelachse, Schräglenker, Schraubenfedern
Gummi-Zusatzfedern, Drehstab-Stabilisator
Auf Wunsch: Niveau-Regulierung
Kugelumlauf (14,35:1), Servohilfe, 2,75 Lenkraddrehungen
Zweikreis-Hydraulik, Servohilfe, auf Wunsch ABS
Scheibenbremsen vorn 286 mm ∅, hinten 279 mm ∅

2935 mm	2935 mm	3075 mm	2935 mm
1545/1517 mm	1545/1517 mm	1545/1517 mm	1545/1517 mm
4995 × 1820 × 1430 mm	4995 × 1820 × 1430 mm	5135 × 1820 × 1434 mm	5145 × 1820 × 1430 mm
6 J oder 6½ J × 14	6 J oder 6½ J × 14	6 J oder 6½ J × 14	6 J × 14
195/70 oder 205/70 HR 14	195/70 oder 205/70 HR 14	195/70 oder 205/70 HR 14	195/70 SR 14
12,0/12,0 Meter	12,0/12,0 Meter	12,3/12,3 Meter	12,0/12,0 Meter
1610 kg	1610 kg	1640 kg	1760 kg
2080 kg	2080 kg	2110 kg	
200 km/h	210 km/h	210 km/h	165 km/h
11, Automatic 12 sec	10, Automatic 11 sec	10, Automatic 11 sec	16 sec
16 bzw. (ab Herbst 1981) 15 Liter Super	16 bzw. (ab Herbst 1981) 15 Liter Super	16 bzw. (ab Herbst 1981) 15 Liter Super	14 Liter Diesel
90 Liter (über Hinterachse)	90 Liter (über Hinterachse)	90 Liter (über Hinterachse)	77 Liter (über Hinterachse)
			Nur für USA-Markt!

Mercedes-Benz Typ 380 SE Sedan
USA-Ausführung 1979 – 1985

Mercedes-Benz Typ 500 SEL Long-wheelbase Sedan
USA-Ausführung 1979 – 1985

Mercedes-Benz Typ 500 SEC Coupé
USA-Ausführung 1981 – 1985

Motor

Zylinderzahl
Bohrung × Hub
Hubraum
Leistung

Drehmoment

Verdichtung
Gemischbereitung
Zündung
Ventile
Kurbelwellenlager
Kühlung
Schmierung
Batterie
Lichtmaschine

Kraftübertragung
Getriebe

Antriebs-Übersetzung

Fahrwerk
Vorderradaufhängung

Hinterradaufhängung

Lenkung
Fußbremse

Allgemeine Daten
Radstand
Spur vorn/hinten
Gesamtmaße
Felgen
Reifen
Wendekreis links/rechts
Wagengewicht
Zuläss. Gesamtgewicht
Höchstgeschwindigkeit

Beschleunigung 0–100 km/h
Verbrauch/100 km

Kraftstofftank

Radstand
Gesamtmaße
Wendekreis links/rechts
Wagengewicht
Zuläss. Gesamtgewicht
Höchstgeschwindigkeit

Mercedes-Benz Typ 380 SE (W 126 E 38) 1979 – 1985	Mercedes-Benz Typ 380 SEL (W 126 E 38) 1979 – 1985	Mercedes-Benz Typ 500 SE (W 126 E 50) 1979 – 1985	Mercedes-Benz Typ 500 SEL (W 126 E 50) 1978 – 1985
Daimler-Benz M 116		Daimler-Benz M 117	
Einspritzmotor		Einspritzmotor	
V8 (90°-V-Form)		V8 (90°-V-Form)	
92,0 x 71,8 mm bzw. (ab Herbst 1981) 88,0 × 78,9 mm		96,5 x 85,0 mm	
3818 (3776) ccm bzw. (ab Herbst 1981) 3839 (3793) ccm		4973 (Steuer 4939) ccm	
218 PS (160 kW) bei 5500 U/min bzw. (ab Herbst 1981) 204 PS (150 kW) bei 5250 U/min		240 PS (177 kW) bei 4750 U/min bzw. (ab Herbst 1981) 231 PS (170 kW) bei 4750 U/min	
30,5 mkg bei 4000 U/min bzw. (ab Herbst 1981) 32,1 mkg bei 3250 U/min		41 mkg bei 3200 U/min bzw. (ab Herbst 1981) 41,2 mkg bei 3000 U/min	
9,0 bzw. (ab Herbst 1981) 9,4		8,8 bzw. (ab Herbst 1981) 9,2	
Mechanische Einspritzung Bosch K-Jetronic			
Transistorzündung			
Hängend, je Zylinderreihe 1 obenliegende Nockenwelle, Antrieb durch Duplex-Kette			
5			
Pumpe, 12,5 Liter Wasser		Pumpe, 13 Liter Wasser	
Druckumlauf, 7,5 Liter Öl			
12 V 66 Ah (im Motorraum)			
Drehstrom 70 A (980 W)			
Antrieb auf Hinterräder, Gelenkwelle zweiteilig			
Automatic, Wählhebel Wagenmitte			
Hydraulischer Wandler + 4 Gang-Planetengetriebe			
3,27 bzw. (ab Herbst 1981) 2,47		2,82 bzw. (ab Herst 1981) 2,24	
Selbsttragende Ganzstahlkarosserie			
Doppel-Querlenker, Schraubenfedern			
Gummi-Zusatzfedern, Drehstab-Stabilisator			
Diagonal-Pendelachse, Schräglenker, Schraubenfedern			
Gummi-Zusatzfedern, Drehstab-Stabilisator			
Auf Wunsch: Niveau-Regulierung			
Kugelumlauf (14,35:1), Servohilfe, 2,75 Lenkraddrehungen			
Zweikreis-Hydraulik, Servohilfe, ab 1979 auf Wunsch ABS			
Scheibenbremsen vorn 286 mm ∅, hinten 279 ∅			
2935 mm	3075 mm	2930 mm	3070 mm
1545/1517 mm	1545/1517 mm	1545/1517 mm	1545/1517 mm
4955 × 1820 × 1436 mm	5135 × 1820 × 1440 mm	4955 × 1820 × 1436 mm	5135 × 1820 × 1440 mm
6½ J × 14	6½ J × 14	6½ J × 14	6½ J × 14
205/70 VR 14	205/70 VR 14	205/70 VR 14	205/70 VR 14
12,0/12,0 Meter	12,3/12,3 Meter	12,0/12,0 Meter	12,3/12,3 Meter
1645 kg	1665 kg	1670 kg	1705 kg
2115 kg	2135 kg	2140 kg	2175 kg
215 km/h bzw. (ab Herbst 1981) 205 km/h	215 km/h bzw. (ab Herbst 1981) 205 km/h	225 km/h bzw. (ab Herbst 1981) 220 km/h	225 km/h bzw. (ab Herbst 1981) 220 km/h
9,5 sec	9,5 sec	8,5 sec	8,5 sec
18,5 Liter Super bzw. (ab Herbst 1981) 17 Liter Super	18,5 Liter Super bzw. (ab Herbst 1981) 17 Liter Super	18,5 Liter Super bzw. (ab Herbst 1981) 17 Liter Super	18,5 Liter Super bzw. (ab Herbst 1981) 17 Liter Super
90 Liter (über Hinterachse)	90 Liter (über Hinterachse)	90 Liter (über Hinterachse)	90 Liter (über Hinterachse)

Mercedes-Benz Typ 380 SEC (W 126 C E 38) 1981 – 1985		Mercedes-Benz Typ 500 SEC (W 126 C E 50) 1981 – 1985	
Abweichende Daten:		**Abweichende Daten:**	
2850 mm		2850 mm	
4910 × 1828 × 1406 mm		4910 × 1828 × 1406 mm	
11,8/11,8 Meter		11,8/11,8 Meter	
1635 kg		1660 kg	
2105 kg		2130 kg	
210 km/h		225 km/h	

Mercedes-Benz Typ 280 S, 280 SE, 380 SE und 500 SE Limousine 4 Türen (1978–1985)

Mercedes Benz Typ 380 SEC und 500 SEC Coupé (1981–1985)

Mercedes-Benz Typ 260 / 300 / 420 / 500 SE, Limousine 4 Türen, 1985–1991

Mercedes-Benz Typ 300 SE Limousine 4 Türen (1985–1991)

Mercedes-Benz Typ 560 SEL Limousine 4 Türen (1985–1991)

Mercedes-Benz Typ 560 SEC Coupé 4 Sitze (1985–1991)

	Mercedes-Benz Typ 260 SE (W 126 E 26) 1985–1991	Mercedes-Benz Typ 300 SE (W 126 E 30) 1985–1991	Mercedes-Benz Typ 300 SEL (W 126 E 30) 1985–1991
Motor	Daimler-Benz M 103 E 26	Daimler-Benz M 103 E 30	
	Einspritzmotor	Einspritzmotor	
Zylinderzahl	6 (Reihe)	6 (Reihe)	
Bohrung × Hub	82,9 × 80,25 mm	88,5 × 80,25 mm	
Hubraum	2599 ccm	2962 ccm	
Leistung	166 PS = 122 kW b. 5800 U/min	188 PS = 138 kW b. 5700 U/min	
	bzw. mit Katalysator	bzw. mit Katalysator	
	160 PS = 118 kW b. 5800 U/min	180 PS = 132 kW b. 5700 U/min	
Drehmoment	22,8 mkg bei 4600 U/min	26,0 mkg bei 4400 U/min	
	bzw. mit Katalysator	bzw. mit Katalysator	
	22,0 mkg bei 4600 U/min	25,5 mkg bei 4400 U/min	
Verdichtung	9,2	9,2	
Gemischbereitung	Mech. Benzineinspritzung	Mech. Benzineinspritzung	
	Bosch KE-Jetronic	Bosch KE-Jetronic	
Ventile	V-förmig hängend	V-förmig hängend	
	1 obenliegende Nockenwelle	1 obenliegende Nockenwelle	
	Antrieb durch Einfach-Kette	Antrieb durch Einfach-Kette	
Kurbelwellenlager	7	7	
Kühlung	Pumpe, 8,5 Liter Wasser	Pumpe, 8,5 Liter Wasser	
Schmierung	Druckumlauf, 6 Liter Öl	Druckumlauf, 6 Liter Öl	
Batterie	12 V 62 Ah (im Motorraum)	12 V 62 Ah (im Motorraum)	
Lichtmaschine	Drehstrom 70 A = 900 W	Drehstrom 70 A = 900 W	
Kraftübertragung	Antrieb auf Hinterräder,	Antrieb auf Hinterräder,	
	Gelenkwelle zweiteilig	Gelenkwelle zweiteilig	
Schaltgetriebe	5 Gang	5 Gang	
Synchronisierung	I–V	I–V	
Übersetzungen	I. 3,86	I. 3,86	
	II. 2,18	II. 2,18	
	III. 1,38	III. 1,38	
	IV. 1,00	IV. 1,00	
	V. 0,80	V. 0,80	
Automat. Getriebe	Hydraulischer Wandler +	Hydraulischer Wandler +	
	4 Gang-Planetengetriebe	4 Gang-Planetengetriebe	
Übersetzungen	I. 4,25	I. 3,68	
	II. 2,41	II. 2,41	
	III. 1,49	III. 1,44	
	IV. 1,00	IV. 1,00	
Antriebs-Übersetzung	3,46	3,46	
Fahrwerk	Selbsttragende Ganzstahlkarosserie		
Vorderradaufhängung	Doppel-Querlenker, Schraubenfedern		
	Gummi-Zusatzfedern, Drehstab-Stabilisator		
Hinterradaufhängung	Diagonal-Pendelachse, Schräglenker, Schraubenfedern		
	Gummi-Zusatzfedern, Drehstab-Stabilisator		
	Auf Wunsch: Niveauregulierung		
Lenkung	Kugelumlauf (14,35:1), Servohilfe, 3 Lenkraddrehungen		
Fußbremse	Zweikreis-Hydraulik, Servohilfe, auf Wunsch: ABS		
	Scheibenbremsen vorn 300, hinten 279 mm Ø		
Allgemeine Daten			
Radstand	2935 mm	2935 mm	3075 mm
Spur	1555/1527 mm	1555/1527 mm	1555/1527 mm
Gesamtmaße	5020 × 1820 × 1437 mm	5020 × 1820 × 1437 mm	5160 × 1820 × 1440 mm
Felgen	7 J × 15	7 J × 15	7 J × 15
Reifen	205 oder 215/65 HR 15	205/65 VR 15	205/65 VR 15
Wendekreis links/rechts	12,0/12,0 Meter	12,0/12,0 Meter	12,3/12,3 Meter
Wagengewicht	1580 kg	1580 kg	1610 kg
	Automatic + 40 kg	Automatic + 40 kg	Automatic + 40 kg
Zuläss. Gesamtgewicht	2040 kg	2040 kg	2070 kg
Höchstgeschwindigkeit	205 km/h	210 km/h	210 km/h
Beschleunigung 0–100 km/h	11, Automatic 12 sec	10, Automatic 11 sec	10, Automatic 11 sec
Verbrauch/100 km	15 Liter Super	15 Liter Super	15 Liter Super
Kraftstofftank	90 Liter	90 Liter	90 Liter
	(über Hinterachse)	(über Hinterachse)	(über Hinterachse)

SGS 800 – 5,0
Pullmann-Limousine 4 Türen
(Verlängerung 800 mm)
Umbau-Preis ca. 84 000 DM
Styling-Garage, Hamburg
bis 1985

SGS 500 – Station
Kombi 4 Türen
Umbau-Preis ca. 70 000 DM
Styling-Garage, Hamburg
bis 1985

SGS 500 SEC Cabriolet
Cabriolet 2 Türen
Umbau-Preis ca. 75 000 DM
Styling-Garage, Hamburg
bis 1985

SGS 500 SEC Gull-Wing
Coupé mit Flügeltüren
Umbau-Preis ca. 83 000 DM
Styling-Garage, Hamburg
bis 1985

Mercedes-Benz Typ 380 SEL
Mercedes-Benz Typ 500 SEL
Limousine 4 Türen in
gepanzerter Sonderausführung
ab 1980 (Seite 230)

	Mercedes-Benz Typ 420 SE (W 126 E 42) 1985–1991	Mercedes-Benz Typ 420 SEL (W 126 E 42) 1985–1991
Motor	Daimler-Benz M 116 E 42 Einspritzmotor	
Zylinderzahl	V8 (90°-V-Form	
Bohrung × Hub	92,0 × 78,9 mm	
Hubraum	4196 ccm	
Leistung	218 PS = 160 kW b. 5200 U/min bzw. mit Katalysator 204 PS = 150 kW b. 5200 U/min	
Drehmoment	33 mkg bei 3750 U/min bzw. mit Katalysator 31 mkg bei 3600 U/min	
Verdichtung	9,0	
Gemischbereitung	Mech. Benzineinspritzung Bosch KE-Jetronic	
Ventile	Hängend, je Zylinderreihe 1 obenliegende Nockenwelle, Antrieb durch Duplex-Kette	
Kurbelwellenlager	5	
Kühlung	Pumpe 12,5 Liter Wasser	
Schmierung	Druckumlauf, 8 Liter Öl	
Batterie	12 V 66 Ah (im Motorraum)	
Lichtmaschine	Drehstrom 80 A = 1120 W	
Kraftübertragung	Antrieb auf Hinterräder, Gelenkwelle zweiteilig	
Autom. Getriebe	Hydraulischer Wandler + 4 Gang-Planetengetriebe	
Übersetzungen	I. 3,68 II. 2,41 III. 1,44 IV. 1,00	
Antriebs-Übersetzung	2,47	
Fahrwerk	Selbsttragende Ganzstahlkarosserie	
Vorderradaufhängung	Doppel-Querlenker, Schraubenfedern, Gummi-Zusatzfedern, Drehstab-Stabilisator	
Hinterradaufhängung	Diagonal-Pendelachse, Schräglenker, Schraubenfedern, Gummi-Zusatzfedern, Drehstab-Stabilisator Auf Wunsch: Niveau-Regulierung	
Lenkung	Kugelumlauf (14,35:1), Servohilfe, 3 Lenkraddrehungen	
Fußbremse	Zweikreis-Hydraulik, Servohilfe, ABS Scheibenbremsen vorn 300, hinten 279 mm Ø	
Allgemeine Daten		
Radstand	2935 mm	3075 mm
Spur vorn/hinten	1555/1527 mm	1555/1527 mm
Gesamtmaße	5020 × 1820 × 1437 mm	5160 × 1820 × 1446 mm
Felgen	7 J × 15	7 J × 15
Reifen	205/65 VR 15	205/65 VT 15
Wendekreis links/rechts	12,0/12,0 Meter	12,3/12,3 Meter
Wagengewicht	1700 kg	1730 kg
Zuläss. Gesamtgewicht	2120 kg	2150 kg
Höchstgeschwindigkeit	215 km/h	215 km/h
Beschleunigung 0–100 km/h	10 sec	10 sec
Verbrauch/100 km	16 Liter Super	16 Liter Super
Kraftstofftank	90 Liter (über Hinterachse)	90 Liter (über Hinterachse)

	Mercedes-Benz Typ 420 SEC (W 126 C E 42) ab 1985
Abweichende Daten	
Radstand	2845 mm
Gesamtmaße	4935 × 1820 × 1406 mm
Wendekreis links/rechts	11,8/11,8 Meter
Wagengewicht	1640 kg
Zuläss. Gesamtgewicht	2120 kg
Höchstgeschwindigkeit	215 km/h

Mercedes-Benz Typ 500 SE (W 126 E 50) 1985–1991	Mercedes-Benz Typ 500 SEL (W 126 E 50) 1985–1992	Mercedes-Benz Typ 560 SEL (W 126 E 56) 1985–1992	
Daimler-Benz M 117 E 50		Daimler-Benz M 117 E 56	
Einspritzmotor		Einspritzmotor	
V8 (90°-V-Form)		V8 (90°-V-Form)	
96,5 × 85 mm		96,5 × 94,8 mm	
4973 ccm		5547 ccm	
245 PS = 180 kW b. 4750 U/min bzw. mit Katalysator 223 PS = 164 kW. b. 4700 U/min		300 PS = 220 kW b. 5000 U/min	272 PS = 200 kW b. 5000 U/min bzw. mit Katalysator 242 PS = 178 kW. b. 4800 U/min
40,0 mkg bei 3750 U/min bzw. mit Katalysator 36,5 mkg bei 2500 U/min		45,5 mkg bei 3750 U/min	43,0 mkg bei 3750 U/min bzw. mit Katalysator 39,0 mkg bei 3500 U/min
9,0		10,0	9,0
Mech. Benzineinspritzung Bosch KE-Jetronic		Mech. Benzineinspritzung Bosch KE-Jetronic	
Hängend, je Zylinderreihe 1 obenliegende Nockenwelle, Antrieb durch Duplex-Kette		Hängend, je Zylinderreihe 1 obenliegende Nockenwelle, Antrieb durch Duplex-Kette	
5		5	
Pumpe, 13 Liter Wasser		Pumpe, 13 Liter Wasser	
Druckumlauf, 8 Liter Öl		Druckumlauf, 8 Liter Öl	
12 V 66 Ah (im Motorraum)		12 V 92 Ah (im Motorraum)	
Drehstrom 80 A = 1120 W		Drehstrom 80 A = 1120 W	
Antrieb auf Hinterräder, Gelenkwelle zweiteilig		Antrieb auf Hinterräder, Gelenkwelle zweiteilig	
Hydraulischer Wandler + 4 Gang-Planetengetriebe		Hydraulischer Wandler + 4 Gang-Planetengetriebe	
I. 3,68		I. 3,87	I. 3,68
II. 2,41		II. 2,25	II. 2,41
III. 1,44		III. 1,44	III. 1,44
IV. 1,00		IV. 1,00	IV. 1,00
2,24		2,65	2,65

Selbsttragende Ganzstahlkarosserie
Doppel-Querlenker, Schraubenfedern,
Gummi-Zusatzfedern, Drehstab-Stabilisator
Diagonal-Pendelachse, Schräglenker, Schraubenfedern,
Gummi-Zusatzfedern, Drehstab-Stabilisator
Auf Wunsch (bzw. Serie beim 560 SEL): Niveau-Regulierung
Kugelumlauf (14,35:1), Servohilfe, 3 Lenkraddrehungen
Zweikreis-Hydraulik, Servohilfe, ABS
Scheibenbremsen vorn 300, hinten 279 mm Ø

2935 mm	3075 mm	3075 mm	
1555/1527 mm	1555/1527 mm	1555/1527 mm	
5020 × 1820 × 1437 mm	5160 × 1820 × 1446 mm	5160 × 1820 × 1446 mm	
7 J × 15	7 J × 15	7 J × 15	
205/65 VR 15	205/65 VR 15	215/65 VR 15	
12,0/12,0 Meter	12,3/12,3 Meter	12,3/12,3 Meter	
1720 kg	1770 kg	1900 kg	
2140 kg	2190 kg	2270 kg	
230 km/h	230 km/h	245 km/h	235 km/h
8,5 sec	8,5 sec	7,5 sec	8 sec
17 Liter Super	17 Liter Super	18 Liter Super	
90 Liter (über Hinterachse)	90 Liter (über Hinterachse)	90 Liter (über Hinterachse)	

Mercedes-Benz Typ 500 SEC (W 126 C E 50) ab 1985	Mercedes-Benz Typ 560 SEC (W 126 C E 56) ab 1985	
2845 mm	2845 mm	
4935 × 1820 × 1406 mm	4935 × 1820 × 1406 mm	
11,8/11,8 Meter	11,8/11,8 Meter	
1660 kg	1780 kg	
2140 kg	2205 kg	
230 km/h	250 km/h	240 km/h

Hohe Str.
STOP

Literatur- und Quellen-Hinweise

Deutsche Industrie – Deutsche Kultur
Nummer 11/1914: »Benz & Cie., Mannheim«
Ecksteins Verlag, Berlin 1914

Daimler-Motoren-Gesellschaft 1890 – 1915
Verlag Braunbeck, Berlin 1915

Wilfried Bade
»Das Auto erobert die Welt«
Zeitgeschichte-Verlag, Berlin 1936

Paul Siebertz
»Karl Benz«
Reclam-Verlag, Stuttgart, 2. Auflage 1950

Paul Siebertz
»Gottlieb Daimler«
Lehmanns Verlag, München 1940
Reclam-Verlag, Stuttgart, 4. Auflage 1950

Paul Siebertz
»Gottlieb Daimler zum Gedächtnis«
Daimler-Benz AG., Stuttgart 1950

Paul Siebertz
»Karl Benz und sein Lebenswerk«
Daimler-Benz AG., Stuttgart 1953

»Mercedes-Konstruktionen in fünf Jahrzehnten«
Daimler-Benz AG., Stuttgart 1951

»75 Jahre Motorisierung des Verkehrs«
Daimler-Benz AG., Stuttgart 1961

Hans-Heinrich von Fersen
»Autos in Deutschland 1885 – 1920«
Motorbuch-Verlag Stuttgart 1965

Werner Oswald
»Deutsche Autos 1920 – 1945«
Motorbuch-Verlag Stuttgart, 5. Auflage 1982

Werner Oswald
»Deutsche Autos 1945 – 1975«
Motorbuch-Verlag Stuttgart, 9. Auflage 1984

Werner Oswald
»Kraftfahrzeuge und Panzer der Reichswehr, Wehrmacht und Bundeswehr«
Motorbuch-Verlag Stuttgart, 11. Auflage 1983

H. C. Graf von Seherr-Thoss
»Die deutsche Automobil-Industrie –
Eine Dokumentation von 1886 bis heute«
Deutsche Verlags-Anstalt, Stuttgart 1974

Jan Mehlin
»Mercedes-Benz 8«
The Supercharged 8-Cylinder Cars of the 1930s
Nordbol International Co-Editions, Gothenburg (Schweden) 1985

»Tatsachen und Zahlen«
Verband der Automobilindustrie (VDA), Frankfurt (M)
Jahrbücher 1948 bis 1982

Historisches Archiv der Daimler-Benz AG.

Automobilhistorisches Archiv des Verfassers